深智數位
股份有限公司

深智數位
股份有限公司

序 言

自 AI 誕生之始，人們就試圖讓機器生成內容，與其對話。從 DALL·E 3、Stable Diffusion、Midjourney 等文生圖應用點燃了大眾的熱情，再到 ChatGPT 的從天而降，更是引發了全民關注。生成式 AI 是一種特定類型的 AI，專注於生成新內容，如文字、影像和音樂。未來，生成式 AI 很可能會對創意產業產生重大影響。在許多情況下，它可以協助創意人員工作，使他們能夠創造出更多個性化的內容，以及產生新的想法。

擴散模型是一類隱變數模型，採用變分推斷估計未知分佈。擴散模型的目標是透過對資料點在隱空間中的擴散方式進行建模，以近似估計資料集的分佈。擴散模型的靈感來自非平衡熱力學，首先定義擴散步驟的馬可夫鏈，逐步將隨機雜訊添加到資料中，然後學習逆向擴散過程從雜訊中構造所需的資料樣本。在電腦視覺中，這表示透過學習逆向擴散過程訓練神經網路，使其可以對疊加了高斯雜訊的影像進行去噪。擴散模型具有廣泛的應用，在影像、3D 內容、視訊、音訊等生成任務中表現出色，同時具有良好的可擴展性。

本書作者楊靈等來自北京大學，並長期和史丹佛大學、OpenAI 等知名研究機構交流合作。他們在生成式 AI 和擴散模型等領域有著長期的研究和實踐累積，因此本書呈現的內容具有實用性，可供高等院校電腦科學、人工智慧和醫學、生物學等交叉學科專業的師生，以及相關人工智慧應用程式的開發人員閱讀。

朱軍

北京清華大學電腦系教授、北京清華大學人工智慧研究院副院長

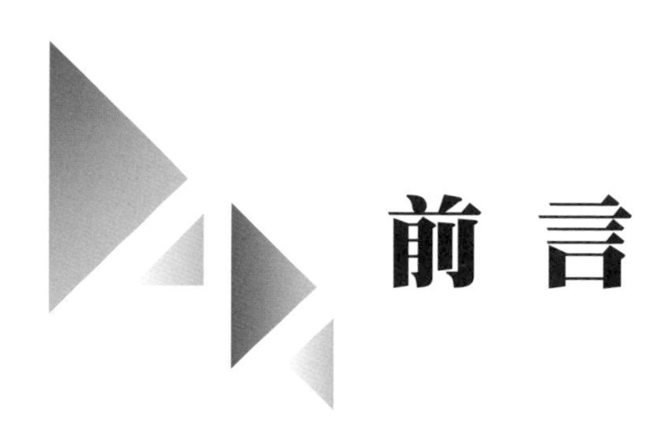

前言

人工智慧創造內容的浪潮已然來臨，它有兩項關鍵技術，一個是 ChatGPT 所代表的大型模型技術，另一個是 Midjourney 等 AI 繪畫背後的擴散模型技術。AI 繪畫、AI 對話、AI 遊戲創作等這些產物的背後是深度生成模型，它可以根據已有的資料和電腦程式生成新的資料。真實世界的資料是複雜的，其維度高，分佈複雜，變數之間還會有非線性關係，比如影像資料可以被認為是二維空間的像素點資料，並且影像內容決定了像素點之間有著複雜的互動關係，這對使用傳統模型擬合資料分佈提出了巨大挑戰。此外，我們不僅希望 AI 生成的內容有一定的真實性，還希望其是新穎的，可以對問題提出新的解決方案，而不只是複製已有的內容，等等。在這些需求下，擴散模型能夠捕捉複雜的資料分佈，產生真實、新穎的內容，並且能夠實現個性化的高效生產。因此，引起了人們的廣泛關注。

深度生成模型源於生成式建模和深度學習。生成式建模認為資料在相應的空間存在著機率密度分佈，其目的是建模和學習這種潛在分佈。早期的生成式建模如高斯混合模型（GMM）、隱馬可夫模型（HMM）在表達能力和可擴展性方面存在局限性，在現實資料的複雜性面前表現得較為吃力。隨後生成式建模成功地與深度學習結合，產生了著名的變分自編碼器（VAE）、生成對抗網路（GAN），等等。變分自編碼器將深度神經網路與變分推斷技術相結合，學習潛在先驗並生成新樣本。它們提供了點對點訓練的框架，擁有更靈活的生成式建模能力。生成對抗網路在深度生成模型的歷史中是另一個重要的里程碑，生成對抗網路引入了一種新穎的對抗訓練方法，同時訓練生成器網路和判別器網路。該架構透過生成器網路和判別器網路之間的最小、最大博弈來生成高度逼真的樣本。深度生成模型還有基於能量的模型和基於流的模型等。擴散模型於 2020

年被提出，但其發源可以追溯到 2015 年，理論背景甚至可以追溯到 20 世紀對於隨機過程、隨機微分方程的研究。擴散模型透過向原始資料逐步加入雜訊以破壞原始資訊，然後再逆轉這一過程來生成樣本。相較於以往的深度生成模型，擴散模型生成的資料品質更高、更具多樣性，並且擴散模型的結構也更靈活。這使得擴散模型快速成為研究和應用的熱點。在本書中，我們將詳細討論擴散模型與其他深度生成模型的關係。

我們可以用一個物理過程來通俗地解釋擴散模型。舉例來說，把真實世界的資料比作空氣中的一團分子，它們互相交織，形成了具有特定結構的整體。由於這個分子團過於複雜，我們無法直接了解其結構。但我們知道在空氣中做無規則運動的某種粒子，即對應著服從標準高斯分佈的某個變數。從無規則運動的粒子出發，我們不斷變換這些粒子的相對位置，每次只變換一小步，最終就可以將這些粒子的分佈狀態變換為我們想要的複雜的分子形態。也就是說，從純雜訊開始，我們進行了很多小的「去噪」變換，逐漸地將雜訊的分佈轉為資料的分佈。這樣就可以利用得到的資料分佈進行採樣，以便得到新的資料。可以看到，我們需要知道的資訊就是該如何進行每一步的變換。這比直接學習原始資料的分佈簡單得多。這樸素地解釋了擴散模型的有效性。在本書中，我們將詳細介紹擴散模型的原理和演算法。

擴散模型也有缺點，如採樣速度慢，對結構化資料處理能力較差，等等。舉例來說，擴散模型在將雜訊分佈逐步轉為資料分佈的過程中需要大量呼叫神經網路。這使得生成高品質影像時採樣時間較長。大量的研究致力於提升擴散模型各個方面的性能，並獲得了很好的成果。這使得擴散模型可以真正幫助人們高效解決現實問題。本書將詳細分析擴散模型的優缺點，並系統地講解擴散模型的未來發展。

得益於擴散模型的強大性能，目前在實際生產中已經出現了利用擴散模型進行創造性內容生成的程式。影像生成的應用包括 Stable Diffusion、DALL·E 3、Midjourney 等，這些應用程式利用擴散模型進行條件生成，即基於輸入的引導生成符合條件的內容。這種引導可以是自然敘述，可以是部分影像，還可以用低解析度的影像作為引導生成高解析度的影像，等等。此外還有利用擴散模型生成語音、視訊等各種模態資料的應用。藝術創作者們可以使用這些應用進行直接創作，或使用它來提供靈感，提升工作效率。但同時，擴散模型的強大能力和廣泛應用也導致了潛在的負面影響。AI 的高效讓部分創作者面臨失業的風險，擴散模型生成的內容存在版權問題、隱私問題和偏見問題，等等。

此外，擴散模型在科學研究領域也有應用，比如分子結構生成、分子動力學模擬。擴散模型可以生成表示分子的 3D 表示、分子的圖結構，或二者同時生成，以及控制生成分子的性質。這對 AI 製藥領域又是一大研究進展。在工業界的應用如點雲生成和補全，異常檢測。在醫學領域的應用包括醫學影像重建和病灶檢測，等等。總的來看，擴散模型領域正處於一個百花齊放的狀態，本書將詳細介紹擴散模型在各個領域的應用。

為了推進擴散模型的發展和應用，需要多個學科領域的合作，包括機器學習演算法、深度生成學習理論、隨機分析理論，各領域的應用研究、隱私保護、法律與監管要求等。目前擴散模型領域的資源分散於論文和網路上，因此我們有必要在一本書中進行系統介紹。

本書的結構如下。第 1 章介紹 AIGC 與相關技術，第 2 章從三個角度介紹擴散模型的基本理論、演算法，此外介紹了擴散模型的神經網路架構和程式實踐。第 3 章、第 4 章、第 5 章分別從擴散模型的高效採樣、擴散模型的似然最大化、將擴散模型應用於具有特殊結構的資料三個方面系統介紹擴散模型的特點，以及後續的改進工作。第 6 章討論了擴散模型與其他生成模型的連結，包括變分自編碼器、生成對抗網路、歸一化流、自回歸模型和基於能量的模型。第 7 章介紹了擴散模型的應用。第 8 章討論了擴散模型的未來——GPT 及和大型模型。

本書是為電腦科學、人工智慧和機器學習專業的學生，以及巨量資料和人工智慧應用程式的開發人員撰寫的。大學高年級學生、所究所學生、大學的教員和研究機構的研究人員都能夠發現這本書的有用之處。在課堂上，本書可以作為所究所學生研討課程的教科書，也可以作為研究擴散模型的參考用書。

生成式 AI 和擴散模型技術發展迅速，本書難免有遺漏的地方。無論是指出錯誤、提出建議，還是想和我進行科學研究合作、技術探討，都可以透過電子郵件（yangling0818@163.com）聯繫我。最後感謝為本書撰寫提供過幫助的老師和業界同行，還有電子工業出版社的編輯朋友們，謝謝你們！

楊靈

目 錄

第 1 章 AIGC 與相關技術

第 2 章 擴散模型基礎

第 3 章 擴散模型的高效採樣

第 4 章　擴散模型的似然最大化

第 5 章　將擴散模型應用於具有特殊結構的資料

第 6 章　擴散模型與其他生成模型的連結

第 7 章　擴散模型的應用

第 8 章　擴散模型的未來——GPT 及大型模型

附錄 A　相關資料說明

第1章 AIGC 與相關技術

1.1 AIGC 簡介

AIGC（AI Generated Content）指的是由人工智慧技術生成的內容，包括文字、音訊、影像、視訊等。這些內容是由電腦程式根據預設規則、模型和資料生成的，而非由人類創作的。AIGC 已經被應用於各種場景，舉例來說，新聞報導、廣告宣傳、產品描述、文學作品等。對有大規模內容生產、快速更新和多語種內容需求的企業和組織來說，AIGC 可以提高效率、降低成本，並實現更快速的內容交付。在 AIGC 的實現中，通常採用的是自然語言處理、電腦視覺、語音辨識等人工智慧技術。這些技術可以透過訓練機器學習模型、深度學習模型等方式，從大量的資料中學習規律和模式並生成符合要求的內容。AIGC 的技術分類按照處理的模態來看，可以分為以下幾類：

1. 文字類，主要包括文章生成、文字風格轉換、問答對話等生成或編輯文字內容的 AIGC 技術，如寫稿機器人、聊天機器人等。

2. 音訊類，包括文字轉音訊、語音轉換、語音屬性編輯等生成或編輯語音內容的 AIGC 技術，以及音樂合成、場景聲音編輯等生成或編輯非語音內容的 AIGC 技術，如智慧配音主播、虛擬歌手演唱、自動配樂、歌曲生成等。

3. 影像、視訊類，包括人臉生成、人臉替換、人物屬性編輯、人臉操控、姿態操控等 AIGC 技術，以及編輯影像、視訊內容、影像生成、影像增強、影像修復等 AIGC 技術，如美顏換臉、捏臉、複刻及修改影像風格、AI 繪畫等。

4. 虛擬空間類，主要包括三維重建、數位仿真等 AIGC 技術，以及編輯數位人物、虛擬場景相關的 AIGC 技術，如元宇宙、數位孿生、遊戲引擎、3D 建模、VR 等。

從 AIGC 應用來看，目前 AIGC 在提供更加豐富多元、動態、可互動的內容方面有很大優勢，在傳媒、電子商務、影視、娛樂等數位化程度高、內容需求豐富的行業，已經獲得了一些比較重大的創新進展。具有代表性的應用領域包括：AIGC+ 傳媒，如用人機協作生產來推動媒體融合，如寫稿機器人生成一篇深度報告的時間，已經由最初的 30 秒縮短到了兩秒以內；AIGC+ 電子商務，如生成商品 3D 模型，將其用於商品展示和虛擬試用，以提升線上購物體驗；AIGC+ 影視，如拓展影視創作空間，提升作品品質。目前已經有產品在為劇本創作提供新的想法；AIGC+ 娛樂，如生成趣味性影像、音樂、視訊等。此外，AIGC 在醫療、工業領域也有一些實踐，但還僅是在虛擬互動方面，對於深入行業、覆蓋行業業務邏輯方面還在探索中。

總結一下，AIGC 已經在許多領域得到廣泛應用了：

1. 內容創作。AIGC 可以為內容創作者提供幫助，使其更快地生成大量的高品質文章、部落格、評論等。舉例來說，人工智慧技術可以分析文字資料，提取關鍵字和主題，並生成相應的文章。

2. 廣告。廣告公司可以使用 AIGC 生成廣告文案、影像和視訊。這可以大大減少創意團隊的工作量，同時也可以提高廣告效果，分析目標受眾的興趣、喜好和行為，從而生成更有針對性的廣告內容。

3. 新聞。AIGC 可以幫助新聞媒體更快地生成新聞稿件，如自動摘要、快訊、報導等，分析新聞事件的趨勢和情感，從而生成更加客觀和準確的新聞報導。

4. 影視。AIGC 可以幫助拓展影視創作空間，提升作品品質。

5. 遊戲。遊戲公司可以使用 AIGC 生成虛擬世界中的各種元素。舉例來說，遊戲角色、場景、武器等。這可以幫助遊戲公司更快地開發遊戲，同時提高遊戲的可玩性和互動性。

6. 教育。AIGC 可以幫助教育機構生成各種形式的教育內容。舉例來說，練習題、教材、教案等。這可以節省教師的時間和精力，同時提高教學成果。

7. 行銷。企業可以使用 AIGC 生成行銷內容。舉例來說，宣傳海報、產品介紹、促銷活動文案等。幫助企業更快地推廣產品和服務，同時提高行銷效果。

總之，AIGC 已經廣泛應用於各個領域，並且為各行各業提供了更高效、更創新的解決方案。儘管 AIGC 帶來了高效、快速的內容生產，但也需要注意其潛在的風險和挑戰。舉例來說，內容品質問題、版權問題、道德問題等。因此，對 AIGC 的應用需要謹慎考慮並進行合理規範。本書將重點介紹 AIGC 中的關鍵演算法——擴散模型（Diffusion Model），並在本書最後結合 GPT、大型模型技術深入討論了擴散模型未來的研究方向。

1.2 擴散模型簡介

擴散模型發展歷史

擴散模型（Diffusion Model）是一類生成式模型，用於高維複雜資料的機率分佈的建模。它的核心思想是基於擴散過程描述資料的生成過程，透過逆向擴散過程從後驗機率逐步推斷出先驗機率分佈，從而實現對高維複雜資料的建模。該模型的發展歷史如下：

1. 朗之萬動力學（Langevin Dynamics）：擴散模型最初的靈感來自朗之萬動力學。朗之萬動力學是一種用於模擬隨機過程的方法，其中加入了隨機雜訊，類似於布朗運動。該方法在物理學和化學領域獲得了廣泛的應用。

2. 去噪分數匹配（Denoising Score Matching）：在 2010 年，Roux 等人提出了一種名為「去噪分數匹配」的演算法，它利用朗之萬動力學建立了一個基於梯度的機率模型。這種方法利用加噪的樣本和其周圍樣本之間的梯度來訓練模型，從而建立了一個對高維資料建模的框架。

3. 擴散過程（Diffusion Process）：在 2015 年，Sohl-Dickstein 等人提出了擴散模型，透過將朗之萬動力學與擴散過程結合，建立了一個能夠描述高維資料生成過程的模型。該模型使用擴散過程描述資料的生成過程，並透過逆向擴散過程推斷出先驗分佈。

4. 無參數擴散（Non-Parametric Diffusion）過程：在 2019 年，Song 等人提出了一種基於無參數擴散過程的生成模型，它將擴散過程嵌入串流模型中，從而實現了對高維資料的建模。

5. 擴散模型：2019 年至今，深度學習快速發展，擴散模型先後出現了 DDPM、SGM、SDE 等新的範式，大大提升了模型的生成效果。

本書將詳細闡釋擴散模型的理論基礎和細化分類等，結合程式對相關演算法進行講解（第 2 章 ~ 第 6 章），以及結合一些經典的論文詳細闡釋擴散模型在不同應用領域的使用方法（第 7 章）。

GPT 及大型模型簡介

GPT（Generative Pre-Training）是一種「無監督學習」的模型，即在訓練過程中不需要人工標注標籤或分類，而是使用大規模的無標注文字資料集進行訓練。這種方法使得模型可以學習到大量的語言知識和語言規則，從而在生成文字時表現得更加自然和流暢。GPT 的訓練方式包括兩個階段：預訓練和微調。在預訓練階段，模型使用大規模的無標注文字資料集進行訓練，以學習語言知識和規則。在微調階段，模型使用有標注的資料集進行訓練，以完成特定的任務。舉例來說，生成對話或回答問題。隨著預訓練資料和參數的規模越來越大，基礎模型（Foundation Model）又稱「大型模型」的概念應運而生。目前，GPT 及大型模型在自然語言、影像、多模態等多個領域都有著廣泛的應用，並誕生了像 ChatGPT、GPT-4、Visual ChatGPT 等一系列高性能人工智慧應用。在開發過程中，OpenAI 發佈了多個不同規模和預訓練資料集的版本，使得模型可以適應不同的應用場景。此外，許多研究人員也在對 GPT、大型模型本身進行改進和最佳化，以提高模型的性能和效率。本書（第 8 章）將結合 GPT 及大型模型對擴散模型的未來研究方向進行討論、分析。

第 2 章 擴散模型基礎

生成模型透過學習並建模輸入資料的分佈，從而擷取生成新的樣本，該模型廣泛運用於圖片視訊生成、文字生成和藥物分子生成。擴散模型是一類機率生成模型，擴散模型透過向資料中逐步加入雜訊來破壞資料的結構，然後學習一個相對應的逆向過程來進行去噪，從而學習原始資料的分佈。擴散模型可以生成與真實樣本分佈高度一致的高品質新樣本。擴散模型背後的靈感來源於物理學，在物理學中氣體分子從高濃度區域擴散到低濃度區域，這與雜訊的干擾而導致的資訊遺失的原理是類似的。圖 2-1 舉出了圖片擴散模型的直觀流程圖。

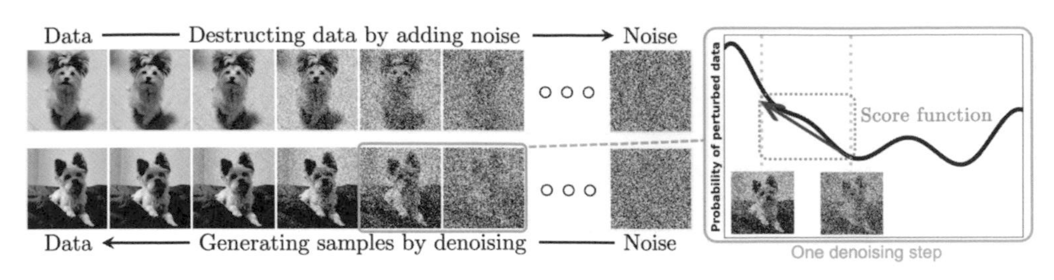

▲ 圖 2-1 圖片擴散模型的直觀流程圖

在圖 2-1 的左上範例中，原始圖片在加噪過程中逐漸失去了所有資訊，最終變成了無法辨識的白色雜訊。而在圖 2-1 的左下範例中，從雜訊開始，模型逐漸對資料進行去噪，可辨識的資訊越來越多，直到所有雜訊全部被去掉，並生成了新的圖片資料。在圖 2-1 的右邊範例中展示了去噪過程中最重要的概念——分數函式（score function），即當前資料對數似然的梯度，直觀上它指向擁有更大似然（更少雜訊）的資料分佈。逆向過程中去噪的每一步都需要計算當前資料的分數函式，然後根據分數函式對資料進行去噪。我們將在本章詳細介紹分數函式與去噪的關係。

一般的生成模型可以分為兩類：一類可以直接對資料分佈進行建模，比如自回歸模型（Autoregressive Model）和能量模型（Energy-Based Model，EBM）；另一類是基於潛在變數（latent variable）的模型，它們先假設了潛在變數的分佈，然後透過學習一個隨機或非隨機的變換將潛在變數進行轉換，使轉換後的分佈逼近真實資料的分佈。第二類的生成模型包括變分自編碼器（Variational Auto-Encoder，VAE）、生成對抗網路（Generative Adversarial Network，GAN）、歸一化流（Normalizing Flow）。與變分自編碼器、生成對抗網路、歸一化流等基於潛在變數的生成模型類似，擴散模型也是對潛在變數進行變換，使變換後的資料分佈逼近真實資料的分佈。但是變分自編碼器不僅需要學習從潛在變數到資料的「生成器」$q_\theta(x|z)$，還需要學習用後驗分佈 $q_\varphi(z\mid x)$ 來近似真實後驗分佈 $q_\theta(z|x)$ 以訓練生成器。而如何選擇後驗分佈是變分自編碼器的困難，如果選得比較簡單，那麼很可能沒辦法近似真實後驗分佈，從而導致模型效果不好；而如果選得比較複雜，那麼其計算又會很複雜。雖然生成對抗網路和歸一化流都不涉及計算後驗分佈，但它們也有各自的缺點。生成對抗網路的訓練需要額

外的判別器，這導致其訓練難、不穩定；歸一化流則要求潛在變數到資料的映射是可逆映射，這大大限制了其表達能力，並且不能直接使用 SOTA（state-of-the-art）的神經網路框架。而擴散模型則綜合了上述模型的優點並且避免了上述模型的缺點，只需要訓練生成器即可。損失函式的形式簡單且容易訓練，不需要如判別器等其他的輔助網路，表達能力強。如圖 2-2 所示，我們簡單展示了當前擴散模型和其他生成模型結合的範例，在第 6 章我們會更加詳細地介紹擴散模型與其他生成模型的關係，此處提及其他模型僅為幫助理解。

Variational Auto-Encoder

x → Forward Diffusion $q(x_i|x_{i-1})$ → x_T → Reverse Diffusion $p_\theta(x_{i-1}|x_i)$ → $\tilde{x}$

Generative Adversarial Network

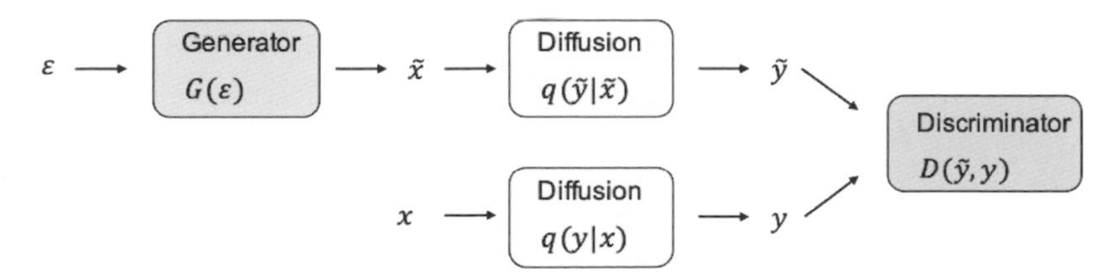

Normalizing Flow

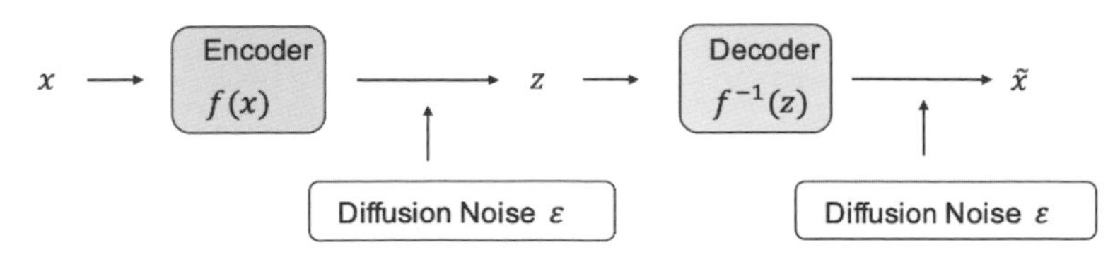

Autoregressive Model

x → Diffusion-based Training → $\tilde{x}$

Energy-Based Model

$x \sim p_\theta(x)$ → Perturbation $q(\tilde{x}|x)$ → Diffusion Recovery Likelihood $p_\theta(x|\tilde{x})$ → $\tilde{x}$

▲ 圖 2-2 擴散模型與其他生成模型的結合

當前對擴散模型的研究大多基於 3 個主要框架：去噪擴散機率模型（Denoising Diffusion Probabilistic Model，DDPM）[90, 166, 215]、基於分數的生成模型（Score-Based Generative Model，SGM）[220, 221]、隨機微分方程（Stochastic Differential Equation，SDE）[219, 225]。在本章我們將介紹這 3 種形式，並討論它們之間的聯繫。

2.1 去噪擴散機率模型

去噪擴散機率模型（DDPM）受到了非平衡熱力學的啟發，定義了一個馬可夫鏈（Markov Chain），並緩慢地向資料增加隨機雜訊，然後學習逆向擴散過程，從雜訊中建構所需的資料樣本。向資料中增加雜訊的過程可以想像成小分子在水中的擴散過程。一個 DDPM[90, 215] 由兩個馬可夫鏈組成，一個正向馬可夫鏈（以下簡稱「正向鏈」）將資料轉化為雜訊；一個逆向馬可夫鏈（以下簡稱「逆向鏈」）將雜訊轉化為資料。正向鏈通常是預先設計的，其目標是逐步將資料分佈轉化為簡單的先驗分佈，如標準高斯分佈。而逆向鏈的每一步的轉移核心（Transition Kernel）是由深度神經網路學習得到的，其目標是逆向鏈轉正向鏈從而生成資料。新資料的生成需要先從先驗分佈中取出隨機向量，然後將此隨機向量輸入逆向鏈並使用祖先採樣法（Ancestral Sampling）生成新資料 [125]。DDPM[90] 框架圖如圖 2-3 所示。

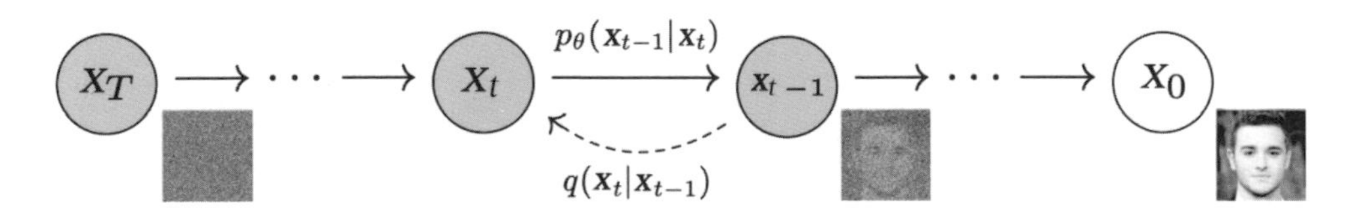

▲ 圖 2-3 DDPM 框架圖

來源：Jonathan Ho, Ajay Jain, and Pieter Abbeel. Denoising Diffusion Probabilistic Models. In Advances in Neural Information Processing Systems

嚴格來講，假設原始資料 $\boldsymbol{x}_0$ 服從分佈 $q(\boldsymbol{x}_0)$，正向鏈透過轉移核心 $q(\boldsymbol{x}_t|\boldsymbol{x}_{t-1})$ 生成一系列被擾動的隨機變數 $\boldsymbol{x}_1,\boldsymbol{x}_2,\cdots,\boldsymbol{x}_T$。使用貝氏公式和鏈的馬可夫性，$\boldsymbol{x}_1,\boldsymbol{x}_2,\quad,\boldsymbol{x}_T$ 在 $\boldsymbol{x}_0$ 下的條件分佈為 $q(\boldsymbol{x}_1,\boldsymbol{x}_2,\cdots,\boldsymbol{x}_T|\boldsymbol{x}_0)$。該條件分佈可以被分解為：

$$q(\boldsymbol{x}_1,\cdots,\boldsymbol{x}_T \mid x_0)=\prod_{1}^{T}q(\boldsymbol{x}_t \mid \boldsymbol{x}_{t-1}) \quad (2.1)$$

在 DDPM 中，我們會手工設計轉移核心 $q(\boldsymbol{x}_t \mid \boldsymbol{x}_{t-1})$，並逐步將資料分佈 $q(x_0)$ 轉化為容易處理的先驗分佈。轉移核心的典型設計是高斯擾動，最常見的轉移核心的選擇是：

$$q\left(\boldsymbol{x}_t|\boldsymbol{x}_{t-1}\right)=N\left(\boldsymbol{x}_t;\sqrt{1-\beta_t}\boldsymbol{x}_{t-1},\beta_t\boldsymbol{I}\right) \quad (2.2)$$

其中 $\beta_t\in\left(0,1\right)$ 是在模型訓練之前手工設計的超參數，這決定了每一步加噪的強度。儘管其他類型的核心也適用，但是我們用這個轉移核心來簡化討論。這個高斯轉移核心允許我們對公式（2.1）中的聯合分佈進行邊緣化，以得到 $q\left(\boldsymbol{x}_t|\boldsymbol{x}_0\right)$ 的解析形式：

$$q\left(\boldsymbol{x}_t|\boldsymbol{x}_0\right)=N\left(\boldsymbol{x}_t;\sqrt{\overline{\alpha}_t}\boldsymbol{x}_0,\left(1-\overline{\alpha}_t\right)\boldsymbol{I}\right) \quad (2.3)$$

這裡 $t\in\left\{1,2,\cdots,T\right\}$，$\overline{\alpha}_t=\prod_{i=0}^{t}1-\beta_i$。給定 $\boldsymbol{x}$，由此可以很容易獲得 $\boldsymbol{x}_t$，只需進行高斯採樣 $\epsilon\sim N\left(0,\boldsymbol{I}\right)$，然後根據

$$\boldsymbol{x}_t=\sqrt{\overline{\alpha}_t}\boldsymbol{x}_0+\sqrt{1-\overline{\alpha}_t}\epsilon \quad (2.4)$$

得到 $\boldsymbol{x}_t$。當 $\overline{\alpha}_T\approx 0$，$\boldsymbol{x}_T$ 近似於標準高斯分佈時，$q\left(\boldsymbol{x}_T\right)=\int q\left(\boldsymbol{x}_T|\boldsymbol{x}_0\right)q\left(\boldsymbol{x}_0\right)d\boldsymbol{x}_0\approx N\left(0,\boldsymbol{I}\right)$。這個正向過程會慢慢地向資料注入雜訊，直到資料中的所有結構都遺失為止。

生成新資料時，首先 DDPM 從先驗分佈生成非結構化雜訊向量（現代電腦程式很容易做到），然後透過執行逆向可學習的馬可夫鏈逐步去除其中的雜訊，直到生成新樣本。具體來說，逆向馬可夫鏈的組成包括一個先驗分佈 $p\left(\boldsymbol{x}_t\right)=N\left(0,\boldsymbol{I}\right)$ 和可學習轉移核心 $p_\theta\left(\boldsymbol{x}_{t-1}\mid\boldsymbol{x}_t\right)$ 我們選擇標準高斯分佈作為先驗分佈，因為正向過程最終會將資料轉化為 $q\left(\boldsymbol{x}_T\right)\approx N\left(0,\boldsymbol{I}\right)$。可學習的轉移核心有以下的形式：

$$p_\theta\left(\boldsymbol{x}_t|\boldsymbol{x}_0\right)=N\left(\boldsymbol{x}_t;\mu_\theta\left(\boldsymbol{x}_t,t\right),\Sigma_\theta\left(\boldsymbol{x}_t,t\right)\boldsymbol{I}\right) \quad (2.5)$$

上式中 θ 是可學習的參數，期望 $\mu_\theta\left(\boldsymbol{x}_t,t\right)$ 和方差 $\Sigma_\theta\left(\boldsymbol{x}_t,t\right)$ 被深度神經網路參數化。有了這個逆向馬可夫鏈，我們可以透過對雜訊向量進行採樣得到 $\boldsymbol{x}_T \sim N\left(0,\boldsymbol{I}\right)$，然後使用轉移核心迭代採樣 $\boldsymbol{x}_{t-1} \sim p_\theta\left(\boldsymbol{x}_{t-1} \mid \boldsymbol{x}_t\right)$，直到 =1 時，生成資料樣本 $\boldsymbol{x}_0$。

這個抽樣過程成功的關鍵是訓練逆向馬可夫鏈來匹配正向馬可夫鏈真正的時間反演。也就是說，我們要調整參數 θ，使逆向馬可夫鏈的聯合分佈 $p_\theta\left(\boldsymbol{x}_0,\boldsymbol{x}_1,\cdots,\boldsymbol{x}_T\right)=p_\theta\left(\boldsymbol{x}_T\right)\prod_{t=T}^{1} p_\theta(\boldsymbol{x}_{t-1} \mid \boldsymbol{x}_t)$ 嚴格近似於 $q\left(\boldsymbol{x}_0,\boldsymbol{x}_1,\cdots,\boldsymbol{x}_\mathrm{T}\right)=q\left(\boldsymbol{x}_0\right)\prod_{t=1}^{T}$ $p_\theta(\boldsymbol{x}_t \mid \boldsymbol{x}_{t-1})$（見公式（2.1））。

這是透過最小化二者的 Kullback-Leibler（KL）散度來實現的：

$$KL(q\left(\boldsymbol{x}_0,\boldsymbol{x}_1,\cdots,\boldsymbol{x}_T\right) \parallel p_\theta\left(\boldsymbol{x}_0,\boldsymbol{x}_1,\cdots,\boldsymbol{x}_T\right)) \tag{2.6}$$

$$=-E_q[\log p_\theta\left(\boldsymbol{x}_0,\boldsymbol{x}_1,\cdots\boldsymbol{x}_T\right)]+const \tag{2.7}$$

$$=E_q\left[-\log p\left(\boldsymbol{x}_T\right)-\sum_{t=1}^{T}\log\frac{p_\theta\left(\boldsymbol{x}_{t-1}|\boldsymbol{x}_t\right)}{q(\boldsymbol{x}_t \mid \boldsymbol{x}_{t-1})}\right]+const \tag{2.8}$$

$$\geq E\left[-\log p_\theta\left(\boldsymbol{x}_0\right)\right]+const \tag{2.9}$$

這裡公式（2.7）是由 KL 散度的定義得出的；公式（2.8）是因為 $p_\theta\left(\boldsymbol{x}_0,\boldsymbol{x}_1,\cdots,\boldsymbol{x}_T\right)$ 和 $q\left(\boldsymbol{x}_0,\boldsymbol{x}_1,\cdots,\boldsymbol{x}_T\right)$ 都是條件分佈的乘積，所以得出的；公式（2.9）是由 Jensen 不等式得出的。式子中的「const」表示並不相依於參數 θ 的項，所以不影響最佳化目標。公式（2.8）中的第一項是資料 $\boldsymbol{x}_0$ 對數似然的變分下界（VLB），VLB 是一個訓練機率生成模型的常見目標函式。DDPM 的訓練目標就是使 VLB 最大化或使「negative VLB」最小化，這是一個特別容易最佳化的目標，因為它是獨立項的和，因此可以透過蒙地卡羅抽樣 [164] 來高效率地估計並隨機最佳化方法，以進行有效最佳化 [226]。

Ho 等人 [90] 建議調整 VLB 中各項的權重，以獲得更好的樣本品質。在忽略常數的意義下，損失可以改寫為：

$$L=E_q\left[-\log\frac{p_\theta\left(\boldsymbol{x}_{\{0:T\}}\right)}{q\left(\boldsymbol{x}_{\{1:T\}}|\boldsymbol{x}_0\right)}\right]$$

$$= E_q\left[-\log p(\boldsymbol{x}_T) - \sum_{t\ge1}\log\frac{p_\theta(\boldsymbol{x}_{t-1}|\boldsymbol{x}_t)}{q(\boldsymbol{x}_t|\boldsymbol{x}_{t-1})}\right]$$

$$= E_q\left[-\log p(\boldsymbol{x}_T) - \sum_{t>1}\log\frac{p_\theta(\boldsymbol{x}_{t-1}|\boldsymbol{x}_t)}{q(\boldsymbol{x}_t|\boldsymbol{x}_{t-1})} - \log\frac{p_\theta(\boldsymbol{x}_0|\boldsymbol{x}_1)}{q(\boldsymbol{x}_1|\boldsymbol{x}_0)}\right]$$

$$= E_q\left[-\log p(\boldsymbol{x}_T) - \sum_{t>1}\log\frac{p_\theta(\boldsymbol{x}_{t-1}|\boldsymbol{x}_t)}{q(\boldsymbol{x}_{t-1}|\boldsymbol{x}_t,\boldsymbol{x}_0)}\frac{q(\boldsymbol{x}_{t-1}|\boldsymbol{x}_0)}{q(\boldsymbol{x}_t|\boldsymbol{x}_0)} - \log\frac{p_\theta(\boldsymbol{x}_0|\boldsymbol{x}_1)}{q(\boldsymbol{x}_1|\boldsymbol{x}_0)}\right]$$

$$= E_q\left[-\log\frac{p(\boldsymbol{x}_T)}{q(\boldsymbol{x}_T|\boldsymbol{x}_0)} - \sum_{t>1}\log\frac{p_\theta(\boldsymbol{x}_{t-1}|\boldsymbol{x}_t)}{q(\boldsymbol{x}_{t-1}|\boldsymbol{x}_t,\boldsymbol{x}_0)} - \log p_\theta(\boldsymbol{x}_0|\boldsymbol{x}_1)\right]$$

最終可以改寫為：

$$E_q[D_{KL}(q(\boldsymbol{x}_T|\boldsymbol{x}_0)\,\|\,p(\boldsymbol{x}_t)) + \sum_{t>1}D_{KL}(q(\boldsymbol{x}_{t-1}\mid\boldsymbol{x}_t,\boldsymbol{x}_0)\,\|\,p_\theta(\boldsymbol{x}_{t-1}|\boldsymbol{x}_t)) - \log p_\theta(\boldsymbol{x}_0|\boldsymbol{x}_1)]$$

可以看到 $q(\boldsymbol{x}_{t-1}\mid\boldsymbol{x}_0,\boldsymbol{x}_t)$ 也是高斯分佈，並且其期望和方差完全由 $\boldsymbol{x}_0$ 、 $\boldsymbol{x}_t$ 確定。根據 Ho 等人 [90] 的推導， $q(\boldsymbol{x}_{t-1}\mid\boldsymbol{x}_0,\boldsymbol{x}_t)$ 可以寫為：

$$q(\boldsymbol{x}_{t-1}|\boldsymbol{x}_t,\boldsymbol{x}_0) = N\left(\boldsymbol{x}_{t-1},\tilde{\mu}_t(\boldsymbol{x}_t,\boldsymbol{x}_0),\tilde{\beta}_t\boldsymbol{I}\right)$$

其中 $\tilde{\mu}_t(\boldsymbol{x}_t,\boldsymbol{x}_0) = \frac{\sqrt{\bar{\alpha}_{t-1}}\beta_t}{1-\bar{\alpha}_t}\boldsymbol{x}_0 + \frac{\sqrt{\alpha_t}(1-\bar{\alpha}_{t-1})}{1-\bar{\alpha}_t}\boldsymbol{x}_t$，$\tilde{\beta}_t = \frac{(1-\bar{\alpha}_{t-1})\beta_t}{1-\bar{\alpha}_t}$ 。

那麼對 $q(\boldsymbol{x}_{t-1}\mid\boldsymbol{x}_0,\boldsymbol{x}_t)$ 使用重參數化的技巧並利用高斯分佈的性質， L_t 可以寫成簡單 L_2 損失的形式。最終的損失函式的形式如下：

$$E_{t\sim U[1,T],\boldsymbol{x}_0,\epsilon}\left[\lambda(t)\,\|\,\epsilon-\epsilon_\theta(\boldsymbol{x}_t,t)\,\|^2\right] \tag{2.10}$$

其中 $\lambda(t)$ 是非負權重函式， $\boldsymbol{x}_T$ 由 $\boldsymbol{x}_0$ 和 ϵ 透過公式（2.4）生成，$U[1,T]$ 是在集合 $\{1,2，\cdots，T\}$ 上的均勻分佈，ϵ_θ 是一個具有參數 θ 的深度神經網路，它可以在替定 $\boldsymbol{x}_T$ 和的情況下預測雜訊向量 ϵ ，也就是說原來的 $p_\theta(\boldsymbol{x}_{t-1}\mid\boldsymbol{x}_t)$ 最終簡化成了預測雜訊。對於特定的 $\lambda(t)$，該目標簡化為公式（2.8），並且它與多尺度去噪分數匹配的損失有一樣的形式，後者是訓練基於分數的生成模型常用的損失函式。我們將在下一節討論這個模型。因為 ϵ 是標準高斯分佈，我們可以進行任意多的採樣，即可以對網路進行充足的訓練。同時， L_2 的損失函式訓練更穩定，效果更好。

DDPM 程式實踐

DDPM 程式如下：

```
# 程式來源：Denoising Diffusion Probabilistic Model, in PyTorch
# 人工設計的兩種加噪方式
# 注入雜訊的強度呈線性增長
def linear_beta_schedule(timesteps):
    scale = 1000 / timesteps
    beta_start = scale * 0.0001
    beta_end = scale * 0.02
    return torch.linspace(beta_start, beta_end, timesteps, dtype =
        torch.float64)

# 邊緣雜訊強度以餘弦函式的方式增長
def cosine_beta_schedule(timesteps, s = 0.008):
    steps = timesteps + 1
    x = torch.linspace(0, timesteps, steps, dtype = torch.float64)
    alphas_cumprod = torch.cos(((x / timesteps) + s) / (1 + s) * math.pi *
        0.5) ** 2
    alphas_cumprod = alphas_cumprod / alphas_cumprod[0]
    betas = 1 - (alphas_cumprod[1:] / alphas_cumprod[:-1])
    return torch.clip(betas, 0, 0.999)

# 定義一個擴散模型類別，包含訓練和生成所需的參數和類別方法
class GaussianDiffusion(nn.Module):
    def __init__(
                self, model, image_size, timesteps = 1000,
                sampling_timesteps = None, loss_type = 'l1',
                objective = 'pred_noise', beta_schedule = 'cosine',
                p2_loss_weight_gamma = 0., p2_loss_weight_k = 1,
                ddim_sampling_eta = 1.):
    # 參數
    # model：預測雜訊的模型
    # image_size：圖片維度
    # timesteps：馬可夫鏈的長度
    # sampling_timesteps：採樣步數
    # loss_type：損失函式類型
    # objective：用訓練模型預測雜訊
    # beta_schedule：前向加噪的強度設計
```

```
# p2_loss_weight_gamma：損失函式的加權方式
# ddim_sampling_eta：DDIM 採樣方式的參數

    super().__init__()
    # 使用內建的 GaussianDiffusion 類別；模型輸入和輸出與原始資料維度相同
    assert not (type(self) == GaussianDiffusion and model.channels !=
        model.out_dim)
    assert not model.random_or_learned_sinusoidal_cond
    self.model = model
    self.channels = self.model.channels
    # 是否使用條件擴散模型
    self.self_condition = self.model.self_condition
    self.image_size = image_size
    # 模型的預測目標，可以為雜訊、原始影像、速度
    self.objective = objective
    assert objective in {'pred_noise', 'pred_x0', 'pred_v'}
    # 加噪方式
    if beta_schedule == 'linear':
        betas = linear_beta_schedule(timesteps)
    elif beta_schedule == 'cosine': #iDDPM 提出的 cosine 加噪方式
        betas = cosine_beta_schedule(timesteps)
    else:
        raise ValueError(f'unknown beta schedule {beta_schedule}')
    # 根據公式（2.3）計算 alpha_t，和邊緣雜訊強度 alphas_cumprod
    alphas = 1. - betas
    alphas_cumprod = torch.cumprod(alphas, dim=0)
    alphas_cumprod_prev = F.pad(alphas_cumprod[:-1], (1, 0), value = 1.)
    timesteps, = betas.shape
    self.num_timesteps = int(timesteps)
    self.loss_type = loss_type
    self.sampling_timesteps = default(sampling_timesteps, timesteps)
    # 採樣步數（用於加速）要小於訓練步數
    assert self.sampling_timesteps <= timesteps
    # 是否使用 DDIM 採樣方法
    self.is_ddim_sampling = self.sampling_timesteps < timesteps
    self.ddim_sampling_eta = ddim_sampling_eta
    # 使用 register_buffer 定義更多超參數
    register_buffer = lambda name, val: self.register_buffer(name,
        val.to(torch.float32))
```

```
    # 增加之前定義過的加噪參數
    register_buffer('betas', betas)
    register_buffer('alphas_cumprod', alphas_cumprod)
    register_buffer('alphas_cumprod_prev', alphas_cumprod_prev)
    # 增加計算正向馬可夫鏈轉移核心 q(x_t | x_{t-1}) 所需要的參數
    register_buffer('sqrt_alphas_cumprod', torch.sqrt(alphas_cumprod))
    register_buffer('sqrt_one_minus_alphas_cumprod', torch.sqrt(1. -
        alphas_cumprod))
    register_buffer('log_one_minus_alphas_cumprod', torch.log(1. -
        alphas_cumprod))
    register_buffer('sqrt_recip_alphas_cumprod', torch.sqrt(1. /
        alphas_cumprod))
    register_buffer('sqrt_recipm1_alphas_cumprod', torch.sqrt(1. /
        alphas_cumprod - 1))
    # 計算逆向過程中的方差。此處為簡化的情形，逆向過程的方差是不可學習的
    posterior_variance = betas * (1. - alphas_cumprod_prev) / (1. -
        alphas_cumprod)
    register_buffer('posterior_variance', posterior_variance)
    # 在擴散過程的 0 時刻後驗方差是 0，所以需要對方差的對數做 clip
    register_buffer('posterior_log_variance_clipped',
    torch.log(posterior_variance.clamp(min =1e-20)))
    register_buffer('posterior_mean_coef1', betas *
        torch.sqrt(alphas_cumprod_prev) / (1. - alphas_cumprod))
    register_buffer('posterior_mean_coef2', (1. - alphas_cumprod_prev)
        * torch.sqrt(alphas)/(1. - alphas_cumprod))

# 訓練過程：先獲得並記錄雜訊和加噪資料，然後使用模型輸入加噪資料來預測雜訊，之後計算
預測的雜訊和真實雜訊的差距損失，以進行最佳化
# 定義 GaussianDiffusion 類別的方法來獲得加噪資料
def q_sample(self, x_start, t, noise=None):
# 參數
# x_start：輸入圖片
# noise：與圖片緯度相同的標準高斯雜訊
    noise = default(noise, lambda: torch.randn_like(x_start))
    def extract(a, t, x_shape):
        b, *_ = t.shape
        out = a.gather(-1, t)
        return out.reshape(b, *((1,) * (len(x_shape) - 1)))
    return (
```

```
        extract(self.sqrt_alphas_cumprod, t, x_start.shape) * x_start +
        extract(self.sqrt_one_minus_alphas_cumprod, t, x_start.shape) *
            noise
    )

# 計算損失的類別方法。進行一次 forward，即計算一次損失
def forward(self, img, *args, **kwargs):
# 參數
# img：一批用於訓練的原始資料
    b, c, h, w, device, img_size, = *img.shape, img.device, self.image_size
    assert h == img_size and w == img_size
    t = torch.randint(0, self.num_timesteps, (b,), device=device).long()
    # 對原始圖片進行標準化
    img = normalize_to_neg_one_to_one(img)
    return self.p_losses(img, t, *args, **kwargs)

    # 定義類別方法損失函式
    def p_losses(self, x_start, t, noise = None):
    # 參數
    # x_start：原始資料
    # noise：標準高斯雜訊
        b, c, h, w = x_start.shape
        noise = default(noise, lambda: torch.randn_like(x_start))
        # 產生加噪資料，用於之後的模型輸入
        x = self.q_sample(x_start = x_start, t = t, noise = noise)
        # 模型輸出在 t 時刻的預測
        model_out = self.model(x, t, x_self_cond)
        # 根據模型的目標（預測雜訊、原始資料、速度），計算真實值
        if self.objective == 'pred_noise':
            target = noise
        elif self.objective == 'pred_x0':
            target = x_start
        elif self.objective == 'pred_v':
            v = self.predict_v(x_start, t, noise)
            target = v
        else:
            raise ValueError(f'unknown objective {self.objective}')
        loss = self.loss_fn(model_out, target, reduction = 'none')
        # 對損失函式加權
```

```
        loss = loss * extract(self.p2_loss_weight, t, loss.shape)
        return loss.mean()

    # 從雜訊迭代生成資料。首先從標準高斯分佈中採樣，然後逐步透過逆向過程的轉移核心對數
    據進行去噪。去噪步驟為：
    1. 將 x_t 輸入模型以預測雜訊
    2. 使用預測的雜訊計算預測的圖片 x_0 3，使用 x_t 和 x_0 採樣獲得 x_t-1
    # 類別方法：一個迭代去噪的採樣函式
    def p_sample_loop(self, shape):
    # 參數
    # shape：輸出資料的維度，如果資料是圖片，則維度是 [batch,channels,256,256]
        batch, device = shape[0], self.betas.device
        # 進行高斯採樣獲得初始值
        img = torch.randn(shape, device=device)
        x_start = None
        # 迭代採樣，共進行 num_timesteps 次迭代
        for t in tqdm(reversed(range(0, self.num_timesteps)), total =
            self.num_timesteps):
            img, x_start = self.p_sample(img, t, self_cond)
        img = unnormalize_to_zero_to_one(img)
        return img
# 類別方法：採樣函式。採樣時不計算梯度
@torch.no_grad()
def p_sample(self, x, t, x_self_cond = None, clip_denoised = True):
# 參數
# x：上一步資料
# t：時間點
# x_self_cond：是否為條件擴散生成
# clip_denoised：是否進行 clip
    b, *_, device = *x.shape, x.device
    batched_times = torch.full((x.shape[0],), t, device = x.device, dtype
        = torch.long)
    # 用訓練好的模型預測下一步資料的期望和方差
    model_mean, _, model_log_variance, x_start = self.p_mean_variance(
        x = x, t = batched_times, x_self_cond = x_self_cond,
        clip_denoised = clip_denoised)
    noise = torch.randn_like(x) if t > 0 else 0. # no noise if t == 0
    # 使用預測的期望和方差對下一步資料進行採樣
    pred_img = model_mean + (0.5 * model_log_variance).exp() * noise
```

```
        return pred_img, x_start

    # 使用模型預測下一步的期望和方差
    def p_mean_variance(self, x, t, x_self_cond = None, clip_denoised = True):
    # 參數
    # x：上一步資料
    # t：時間點
    # x_self_cond：是否為條件擴散生成
    # clip_denoised：是否進行 clip

        # 計算預測結果
        preds = self.model_predictions(x, t, x_self_cond)
        # 根據預測的雜訊和公式計算出（預測的）原始圖片
        x_start = preds.pred_x_start
        if clip_denoised:
            x_start.clamp_(-1., 1.)
        # 使用時間 t 預測原始圖片和當前資料 x_t，計算下一步轉移核心的期望和方差
        model_mean, posterior_variance, posterior_log_variance =
            self.q_posterior(x_start = x_start, x_t = x, t = t)
        return model_mean, posterior_variance, posterior_log_variance, x_start

    # 使用預測的雜訊計算預測的原始圖片，從而獲得預測的下一步去噪資料。每一步去噪都需要進
    行計算
    def model_predictions(self, x, t, x_self_cond = None, clip_x_start =
        False):
    # 參數
    # x：上一步資料
    # t：時間點
    # x_self_cond：是否為條件擴散生成
    # clip_denoised：是否進行 clip

        model_output = self.model(x, t, x_self_cond)
        maybe_clip = partial(torch.clamp, min = -1., max = 1.) if clip_x_start
            else identity

        if self.objective == 'pred_noise':
            pred_noise = model_output
            # 根據公式（2.4）可以直接計算預測的原始圖片 x_0
            x_start = self.predict_start_from_noise(x, t, pred_noise)
```

```
        x_start = maybe_clip(x_start)
    return namedtuple('ModelPrediction', ['pred_noise', 'pred_x_start'])

# 使用時間 t 預測原始圖片和當前資料 x_t，計算下一步轉移核心的期望和方差
def q_posterior(self, x_start, x_t, t):
# 參數
# x_start：預測的原始圖片
# x_t：當前的資料來自上一步採樣
# t：時間

    # 計算下一步轉移核心的期望
    posterior_mean = (
        extract(self.posterior_mean_coef1, t, x_t.shape) * x_start +
        extract(self.posterior_mean_coef2, t, x_t.shape) * x_t
    )
    # 下一步轉移核心的方差預設是固定的參數
    posterior_variance = extract(self.posterior_variance, t, x_t.shape)
    posterior_log_variance_clipped =
        extract(self.posterior_log_variance_clipped,t,x_t.shape)
    return posterior_mean, posterior_variance,
        posterior_log_variance_clipped
```

由訓練完的 DDPM 生成得到的範例結果圖片，如圖 2-4 所示。

▲ 圖 2-4 DDPM 生成的教堂（左）和臥室（右）圖片

2.2 基於分數的生成模型

基於分數的生成模型（SGM）的核心是 Stein 分數（或分數函式）。給定一個機率密度函式 $p(\boldsymbol{x})$，其分數函式定義為對數機率密度的梯度 $\nabla_x \log p(\boldsymbol{x})$。與統計學上常用的 Fisher 分數 $\nabla_\theta \log p_\theta(\boldsymbol{x})$ 不同，此處考慮的 Stein 分數是資料 $\boldsymbol{x}$ 的函式，而非模型參數 $\boldsymbol{\theta}$。它是一個指向似然函式增長率最大的方向的向量場。

基於分數的生成模型（SGM）[220] 的核心思想是用一系列逐漸增強的高斯雜訊來擾動資料，並訓練一個深度神經網路來聯合地估計所有雜訊資料分佈的分數函式。也就是說，訓練一個深度神經網路，它可以接受雜訊強度作為輔助資訊，以估計在該雜訊強度下加噪後資料的分數函式，這個網路是雜訊條件分數網路（Noise Conditional Score Network，NCSN）。樣本的生成是使用雜訊強度逐漸減小的分數函式和基於分數的採樣方法，比如朗之萬蒙地卡羅（Langevin Monte Carlo）[81, 110, 176, 220, 225]、隨機微分方程 [109, 225]、常微分方程 [113, 146, 219, 225, 277]，以及它們之間的組合 [225]。在基於分數的生成模型中，訓練和抽樣是完全解耦的，因此可以估計分數函式之後使用各種的採樣技術來生成新樣本。

與第 2.1 節中的符號類似，設 $q(\boldsymbol{x}_0)$ 為資料分佈，$0<\sigma_1<\sigma_2<\cdots<\sigma_T$ 為一系列的雜訊等級。SGM 中的典型例子是透過高斯雜訊擾動資料點從 $\boldsymbol{x}_0$ 到 $\boldsymbol{x}_t \sim q(\boldsymbol{x}_t|\boldsymbol{x}_0)=N(\boldsymbol{x}_t,\boldsymbol{x}_0,\sigma_t^2\boldsymbol{I})$，將會產生一個雜訊資料密度序列 $q(\boldsymbol{x}_1),q(\boldsymbol{x}_2),\cdots,q(\boldsymbol{x}_T)$。我們需要訓練一個深度神經網路 $\boldsymbol{s}_\theta(\boldsymbol{x},t)$ 來估計分數函式 $\nabla_x \log p(\boldsymbol{x})$，這個神經網路即為上述的雜訊條件神經網路。從資料中學習分數函式（也稱為「分數估計」）的方法包括分數匹配（Score Matching）[101]、去噪分數匹配（Denoising Score Matching）[188, 189, 238]、切片分數匹配（Sliced Score Matching）[222]。我們可以直接使用這些方法從擾動資料點訓練我們的雜訊條件分數網路。舉例來說，與公式（2.10）中的符號相似，使用去噪分數匹配的訓練目標可以表示為：

$$E_{t\sim U[1,T],x_0,x_t}\left[\lambda(t)\sigma_t^2\left\|\nabla_{x_t}\log q(x_t)-s_\theta(x_t,t)\right\|^2\right] \quad (2.11)$$

$$=E_{t\sim U[1,T],x_0,x_t}\left[\lambda(t)\sigma_t^2\left\|\nabla_{x_t}\log q(x_t|x_0)-s_\theta(x_t,t)\right\|^2\right]+\text{const} \quad (2.12)$$

$$= E_{t\sim U[1,T],x_0,x_t}\left[\lambda(t)\sigma_t^2\left\|-\frac{x_t-x_0}{\sigma_t}-\sigma_t s_\theta(x_t,t)\right\|^2\right]+\text{const} \quad (2.13)$$

$$=E_{t\sim U[1,T],x_0,x_t}\left[\lambda(t)\sigma_t^2\left\|\in+\sigma_t s_\theta(x_t,t)\right\|^2\right]+\text{const} \quad (2.14)$$

其中公式（2.12）來自 [238] 的推導，即分數匹配與去噪分數匹配在相差一個常數的意義下是等價的；公式（2.13）來自 $q(\boldsymbol{x}_t|\boldsymbol{x}_0)=N(\boldsymbol{x}_t,\boldsymbol{x}_0,\sigma_t^2\boldsymbol{I})$；公式（2.14）來自 $\boldsymbol{x}_t=\boldsymbol{x}_0+\sigma_t\epsilon$。同樣，我們用 $\lambda(t)$ 表示一個正加權函式，用「const」表示一個不相依可訓練參數 θ 的常數。對比公式（2.14）和公式（2.10）可知，DDPM 和 SGM 的訓練目標是一樣的，只需要令 $\epsilon_\theta=-\sigma_t\boldsymbol{s}_\theta$，那麼學習分數函式實際上可以看作是在學習預測雜訊。直觀上來看，分數函式指向擁有更大似然（更少雜訊）的資料分佈，而去掉加在原始資料上的雜訊就可以還原資料，從而最大化似然函式。事實上，由 Tweedie 公式可知，假設 $\boldsymbol{y}=\boldsymbol{x}+\sigma\epsilon$。那麼 $E(\boldsymbol{x}|\boldsymbol{y})=\boldsymbol{y}+\sigma^2\nabla_y\log p(\boldsymbol{y})$。Tweedie 公式告訴我們，分數函式包含了原始資料的最小平方估計的全部資訊。加噪資料 $\boldsymbol{y}$ 在加上 $\sigma^2\nabla_y\log p(\boldsymbol{y})$后，就在一定意義下去掉了所有的雜訊，這從另一方面展現了分數函式與去噪的關係，向擁有更大似然的方向改變資料，就能實現資料去噪。Tweedie 公式的證明也比較簡單。首先，

$$\begin{aligned}\nabla_y p(\boldsymbol{y})&=\frac{1}{\sigma^2}\int(\boldsymbol{x}-\boldsymbol{y})g(\boldsymbol{y}-\boldsymbol{x})p(\boldsymbol{x})d\boldsymbol{x}\\&=\frac{1}{\sigma^2}\int(\boldsymbol{x}-\boldsymbol{y})p(\boldsymbol{y},\boldsymbol{x})d\boldsymbol{x}\end{aligned}$$

其中 $g(\cdot)$ 是標準高斯分佈的機率密度函式，$p(\boldsymbol{x})$、$p(\boldsymbol{y})$、$p(\boldsymbol{x},\boldsymbol{y})$ 分別是 $\boldsymbol{x}$、$\boldsymbol{y}$、$(\boldsymbol{x},\boldsymbol{y})$ 的機率密度函式。其次，

$$\sigma^2\frac{\nabla_y p(\boldsymbol{y})}{p(\boldsymbol{y})}=\int \boldsymbol{x}p(\boldsymbol{x}|\boldsymbol{y})d\boldsymbol{x}-\int \boldsymbol{y}p(\boldsymbol{x}|\boldsymbol{y})d\boldsymbol{x}=\hat{\boldsymbol{x}}(\boldsymbol{y})-\boldsymbol{y}$$

又因為 $\nabla_y\log p(\boldsymbol{y})=\dfrac{\nabla_y p(\boldsymbol{y})}{p(\boldsymbol{y})}$，帶入上式即可。

對於樣本生成，SGM 可以利用迭代方法使用 $\boldsymbol{s}_\theta(\boldsymbol{x}_T,T),\boldsymbol{s}_\theta(\boldsymbol{x}_{T-1},T-1),\cdots,\boldsymbol{s}_\theta(\boldsymbol{x}_1,1)$ 逐步生成樣本。由於 SGM 將訓練過程和生成過程解耦了，所以存在

許多抽樣方法，其中一些方法將在下一節中討論。這裡我們介紹 SGM 的第一個採樣方法，稱為「退火朗之萬動力學」（ALD）[220]。設 N 為每個時間步驟的迭代次數，$s_t > 0$ 為步進值。我們先初始化 ALD 和 $\boldsymbol{x}_t^N$，然後依次對 $t=T,T-1,\cdots,1$ 應用朗之萬蒙地卡羅方法。在每一步有 $0 \leqslant t < T$，我們從 $\boldsymbol{x}_t^0 = \boldsymbol{x}_{t+1}^N$ 開始，然後根據以下更新規則迭代 $i=0,1,\cdots,N-1$：

$$\epsilon^i \leftarrow N(0,\boldsymbol{I})$$

$$\boldsymbol{x}_t^{i+1} \leftarrow \boldsymbol{x}_t^i + \frac{1}{2}s_t\boldsymbol{s}_\theta\left(\boldsymbol{x}_t^i,t\right) + \sqrt{s_t}\epsilon^i$$

根據朗之萬蒙地卡羅方法的相關理論 [176]，當 $s_t \to 0$且$N \to \infty$ 時，$\boldsymbol{x}_0^N$ 將成為一個來自資料分佈 $q\left(\boldsymbol{x}_0\right)$ 的真實樣本。

2.3 隨機微分方程

DDPM 和 SGM 可以進一步推廣到無限時間步進值或雜訊強度的情況，其中擾動過程和去噪過程是隨機微分方程（SDE）的解。我們稱這個形式為「Score SDE」[225]，因為它利用 SDE 進行雜訊擾動和樣本生成，去噪過程需要估計雜訊資料分佈的分數函式。Score SDE 生成過程與去噪過程示意圖分別如圖 2-5 所示。

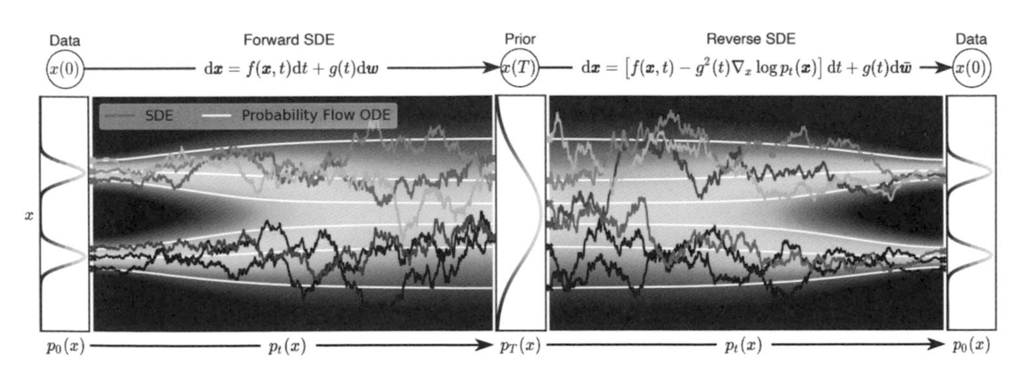

▲ 圖 2-5 Score SDE 生成過程與去噪過程示意圖

來源：Yang Song, Jascha Sohl-Dickstein, Diederik P Kingma, Abhishek Kumar, Stefano Ermon, and Ben Poole. Score-Based Generative Modeling

Score SDE 用下列的隨機微分方程對資料進行擾動 [225]：

$$dx = f(\boldsymbol{x},t)dt + g(t)dw \quad (2.15)$$

其中 $f(\boldsymbol{x},t)$ 和 $g(t)$ 是 SDE 的漂移和擴散係數，$\boldsymbol{w}$ 是標準維納過程（也就是「布朗運動」）。DDPM 和 SGM 中的正向過程都是該 SDE 的離散化。正如 Song 等人 [225] 所證，DDPM 相應的 SDE 為：

$$dx = -\frac{1}{2}\beta(t)xdt + \sqrt{\beta(t)}dw \quad (2.16)$$

其中 $\beta\left(\frac{t}{T}\right) = T\beta_t$，$T$ 趨於無窮。假設初始分佈的方差是 1，那麼在 T 趨於無窮時，該過程的方差會趨於 1，所以這個 SDE 被稱為「VP-SDE」（Variance Preserving SDE）。

對於 SGM，對應的 SDE 為：

$$dx = \sqrt{\frac{d\left[\sigma^2(t)\right]}{dt}}dw \quad (2.17)$$

其中 $\sigma\left(\frac{t}{T}\right) = \sigma_t$，$T$ 趨於無窮。不管初始分佈的方差如何，在 T 趨於無窮時，該 SDE 的解的方差都會「爆炸」，所以稱此 SDE 為「VE-SDE」（Variance Exploding SDE）。這裡我們用 $q_t(\boldsymbol{x})$ 表示 $\boldsymbol{x}_t$ 在正向過程中的分佈。

至關重要的是，對於公式（2.15）形式的任何擴散過程，Anderson[4] 表明透過求解以下逆向 SDE，可以被逆轉：

$$dx = \left[f(\boldsymbol{x},t) - g^2(t)\nabla_x \log q_t(\boldsymbol{x})\right]dt + g(t)d\bar{\boldsymbol{w}} \quad (2.18)$$

其中 $\bar{\boldsymbol{w}}$ 是時間反向的標準維納過程，dt 表示無限小的負的時間步進值。這種逆向 SDE 的解 p 與正向 SDE 的解 q 都是以時間 t 為下標的無窮維的機率測度。它們具有相同的邊際密度，只不過二者在時間上的演化是反向的。換句話說，設 q_t、p_t 分別是 q、p 在時間 t 的邊際分佈，那麼 $q_t = p_{T-t}, \forall t$。簡而言之，逆向 SDE 的解是逐漸將雜訊轉為資料的擴散過程。此外，Song 等人 [225] 證明了存在

一種常微分方程（Ordinary Differential Equation，ODE），被稱為「機率流 ODE」（Probability flow ODE），其解軌跡與逆向 SDE 具有相同的邊際分佈：

$$dx = \left[f(\boldsymbol{x}, t) - \frac{1}{2} g^2(t) \nabla_x \log q_t(\boldsymbol{x}) dt \right] \tag{2.19}$$

逆向 SDE 和機率流 ODE 都允許從相同的資料分佈中進行採樣，因為二者的軌跡有相同的邊緣分佈。

一旦知道每個時刻 t 的分數函式 $\nabla_x \log q_t(\boldsymbol{x})$，我們便完全了解了逆向 SDE（見公式（2.18））和機率流 ODE（見公式（2.19）），然後可以透過用各種數值方法求解它們來生成樣本 [225]，如退火朗之萬動力學（Annealed Langevin Dynamics）[220]（見第 2.2 節）、數值 SDE 求解器 [109,225]、數值 ODE 求解器 [113, 146, 217, 225, 277]、預估校正法（Predictor-Corrector Methods）、馬可夫鏈蒙地卡羅（Markov Chain Monte Carlo，MCMC）和數值 ODE/SDE 求解器的組合 [225]。像在 SGM 中一樣，我們參數化一個時間相依的分數模型 $\boldsymbol{s}_\theta(\boldsymbol{x}_t, t)$ 來估計分數函式，並將公式（2.14）中的分數匹配目標推廣到連續時間，以得到以下最佳化目標：

$$E_{t \sim U[0,T], \boldsymbol{x}_0, \boldsymbol{x}_t} \left[\lambda(t) \left\| \nabla_{\boldsymbol{x}_t} \log q_{0t}(\boldsymbol{x}_t \mid \boldsymbol{x}_0) - \boldsymbol{s}_\theta(\boldsymbol{x}_t, t) \right\|^2 \right] \tag{2.20}$$

其中 $U[0,T]$ 是在集合 $\{0,1,2,\cdots,T\}$ 上的均勻分佈。注意在上述目標中我們並沒有直接計算分數網路和分數函式 $\nabla_x \log q_t(\boldsymbol{x})$ 的損失，而是使用 $\nabla_{x_t} \log q_{0t}(\boldsymbol{x}_t \mid \boldsymbol{x}_0)$ 作為替代。這種分數匹配的方法叫作「去噪分數匹配」，是擴散模型的主要訓練方式。普通的分數匹配目標 $\left\| \nabla_x \log q_t(\boldsymbol{x}) - \boldsymbol{s}_\theta(\boldsymbol{x}_t, t) \right\|_2^2$ 是很難處理的，這是因為原資料分佈是未知的，而根據 $q_t(\boldsymbol{x}) = \int q_t(\boldsymbol{x} | \boldsymbol{y}) q_0(\boldsymbol{y}) d\boldsymbol{y}$，$\nabla_x \log q_t(\boldsymbol{x})$ 也是未知的。所以我們需要借助去噪分數進行匹配。Song 等人 [235] 的推導說明，分數匹配與去噪分數匹配之間只差了一個不相依模型參數的項，而在我們的設定下，去噪分數匹配 $\left\| \nabla_x \log q_t(\boldsymbol{x}_t \mid \boldsymbol{x}_0) - \boldsymbol{s}_\theta(\boldsymbol{x}_t, t) \right\|_2^2$ 是可以處理的。根據隨機微分方程理論，只要 SDE 的漂移項關於是線性的，那麼我們就可以求解出 $q_t(\boldsymbol{x}_t \mid \boldsymbol{x}_0)$，也就可以計算出 $\nabla_x \log q_t(\boldsymbol{x}_t \mid \boldsymbol{x}_0)$，並用於訓練。

如上所述，擴散模型的加噪過程可以視作「特定 SDE 的解」，而去噪過程可以視作「基於分數匹配學習到的逆向 SDE 的解」。這表示我們可以使用隨機分析領域的工具對擴散模型進行理論分析。擴散模型在電腦視覺、自然語言處理、多模態學習等領域中都有出色的表現，這表示擴散模型可以處理各種類型的資料，如連續型態資料、離散型態資料，或是存在於特定區域的資料。Chen 等人 [291] 在「Sampling is as easy as learning the score: theory for diffusion models with minimal data assumptions」中對上述觀察舉出了理論支持。理論分析表明，只要分數估計足夠精確，並且前向擴散的時間足夠長（使得最終加噪後的分佈趨於先驗分佈），那麼擴散模型就可以以多項式複雜度逼近任何（滿足較弱條件的）連續型分佈，而對於有緊支集的分佈（如存在於流形上的分佈）只需要進行「早期停止」（early stop），擴散模型就仍然具有多項式的收斂複雜度。這一方法要求分數估計的誤差較小，這與擴散模型的訓練目標一致。

Score SDE 程式實踐

Score SDE 程式如下：

```
# 程式來源：Score-Based Generative Modeling through Stochastic Differential Equations
# 訓練 Score SDE 的函式
def train(config, workdir):
# 參數
# config：使用的配置
# workdir：儲存存檔和結果的資料夾。如果資料夾中包含參數存檔，那麼會從存檔位置繼續訓練
# 建立記錄實驗日誌的資料夾
    sample_dir = os.path.join(workdir, "samples")
    tf.io.gfile.makedirs(sample_dir)

    tb_dir = os.path.join(workdir, "tensorboard")
    tf.io.gfile.makedirs(tb_dir)
    writer = tensorboard.SummaryWriter(tb_dir)

    # 初始化模型
    # 用於預測分數的神經網路
    score_model = mutils.create_model(config)

    ema = ExponentialMovingAverage(score_model.parameters(),
                                    decay=config.model.ema_rate)
```

```
optimizer = losses.get_optimizer(config, score_model.parameters())
state = dict(optimizer=optimizer, model=score_model, ema=ema, step=0)

# 記錄存檔的位址
checkpoint_dir = os.path.join(workdir, "checkpoints")
checkpoint_meta_dir = os.path.join(workdir,
    "checkpoints-meta","checkpoint.pth")
tf.io.gfile.makedirs(checkpoint_dir)
tf.io.gfile.makedirs(os.path.dirname(checkpoint_meta_dir))
# 如果有存檔的話，則會從存檔位置繼續訓練
state = restore_checkpoint(checkpoint_meta_dir, state, config.device)
initial_step = int(state['step'])

# 分割和前置處理資料
train_ds, eval_ds, _ = datasets.get_dataset(
    config,uniform_dequantization=config.data.uniform_dequantization)
    train_iter = iter(train_ds)
eval_iter = iter(eval_ds)
scaler = datasets.get_data_scaler(config)
inverse_scaler = datasets.get_data_inverse_scaler(config)

# 設置使用的 SDE，「vpsde」對應 DDPM，「vesde」對應 SGM，「subvpsde」對應 Score SDE
if config.training.sde.lower() == 'vpsde':
    sde = sde_lib.VPSDE(beta_min=config.model.beta_min,
                        beta_max=config.model.beta_max,
                        N=config.model.num_scales)
    sampling_eps = 1e-3
elif config.training.sde.lower() == 'subvpsde':
    sde = sde_lib.subVPSDE(beta_min=config.model.beta_min,
                           beta_max=config.model.beta_max,
                           N=config.model.num_scales)
    sampling_eps = 1e-3
elif config.training.sde.lower() == 'vesde':
    sde = sde_lib.VESDE(sigma_min=config.model.sigma_min,
                        sigma_max=config.model.sigma_max,
                        N=config.model.num_scales)
    sampling_eps = 1e-5
else:
    raise NotImplementedError(f"SDE {config.training.sde} unknown.")
```

```
optimize_fn = losses.optimization_manager(config)
#Score SDE 使用連續時間的訓練方式
continuous = config.training.continuous
reduce_mean = config.training.reduce_mean
likelihood_weighting = config.training.likelihood_weighting
# 建立一次訓練需要的函式，likelihood_weighting 是特殊的加權方式
train_step_fn = losses.get_step_fn(sde, train=True,
                                   optimize_fn=optimize_fn,
                                   reduce_mean=reduce_mean,
                                   continuous=continuous,
                                   likelihood_weighting=
                                   likelihood_weighting)
eval_step_fn = losses.get_step_fn(sde, train=False,
                                   optimize_fn=optimize_fn,
                                   reduce_mean=reduce_mean,
                                   continuous=continuous,
                                   likelihood_weighting=
                                   likelihood_weighting)
# 建立採樣函式
if config.training.snapshot_sampling:
    sampling_shape = (config.training.batch_size,
                      config.data.num_channels,
                      config.data.image_size, config.data.image_size)
    sampling_fn = sampling.get_sampling_fn(config, sde, sampling_shape,
                                           inverse_scaler, sampling_eps)
num_train_steps = config.training.n_iters
# 開始訓練
for step in range(initial_step, num_train_steps + 1):
    # 將資料轉為 JAX 序列並正規化
    batch =torch.from_numpy(next(train_iter)['image']._numpy()).
        to(config.device).float()
    batch = batch.permute(0, 3, 1, 2)
    batch = scaler(batch)
    # 進行一次訓練
    loss = train_step_fn(state, batch)
    # 週期性輸出
    if step % config.training.log_freq == 0:
    logging.info("step: %d, training_loss: %.5e" % (step, loss.item()))
    writer.add_scalar("training_loss", loss, step)
    # 暫時儲存存檔
```

```
        if step != 0 and step % config.training.snapshot_freq_for_preemption
            == 0:
        save_checkpoint(checkpoint_meta_dir, state)

        # 週期性地在測試資料集上評價模型的訓練結果
        if step % config.training.eval_freq == 0:
            eval_batch =
                torch.from_numpy(next(eval_iter)['image']._numpy()).
                    to(config.device).float()
        eval_batch = eval_batch.permute(0, 3, 1, 2)
        eval_batch = scaler(eval_batch)
        eval_loss = eval_step_fn(state, eval_batch) # 在測試資料集上的損失
        logging.info("step: %d, eval_loss: %.5e" % (step, eval_loss.item()))
        writer.add_scalar("eval_loss", eval_loss.item(), step)

        # 週期性儲存訓練結果，如有需要的話，則可以生成樣本
        if step != 0 and step % config.training.snapshot_freq
                                        == 0 or step == num_train_steps:
        # 儲存結果
        save_step = step // config.training.snapshot_freq
        save_checkpoint(os.path.join(checkpoint_dir,
               f'checkpoint_{save_step}.pth'), state)

# 核心程式：建立一次訓練 / 評價函式
def get_step_fn(sde, train, optimize_fn=None, reduce_mean=False,
                continuous=True, likelihood_weighting=False):
# 參數
# sde：一個 'sde_lib.SDE'object 表示前向 SDE
# optimize_fn：最佳化函式
# reduce_mean：如果為 True，則會對損失函式做平均，否則對資料所有維度的損失進行求和
# continuous：如果為 True，則使用的是連續時間模型
# likelihood_weighting：如果為 True，則使用特殊的最大化似然加權方法
# 傳回：訓練或評價用的函式
    if continuous:
        loss_fn = get_sde_loss_fn(sde, train, reduce_mean=reduce_mean,
                                  continuous=True,
                                  likelihood_weighting=likelihood_weighting)
    else:
        # 離散時間的目標函式，在原始的擴散模型中不支援 likelihood_weighting 這種特殊的
        加權方式
```

```
        assert not likelihood_weighting
        if isinstance(sde, VESDE):
            loss_fn = get_smld_loss_fn(sde, train, reduce_mean=reduce_mean)
        elif isinstance(sde, VPSDE):
            loss_fn = get_ddpm_loss_fn(sde, train, reduce_mean=reduce_mean)
        else:
            raise ValueError(f"Discrete training for {sde.__class__.__name__}
                             is not recommended.")

    def step_fn(state, batch):
    # 參數
    # state：包含訓練參數的字典、分數函式、最佳化器、EMA 狀態、最佳化步數
    # batch：一批訓練 / 測試資料
    # 傳回：此狀態下的平均損失
        model = state['model']
        if train:
        optimizer = state['optimizer']
            optimizer.zero_grad()
            # 使用剛引入的目標函式計算損失
                loss = loss_fn(model, batch)
                loss.backward()
                optimize_fn(optimizer, model.parameters(), step=state['step'])
                state['step'] += 1
                state['ema'].update(model.parameters())
        else:
                with torch.no_grad():
                ema = state['ema']
                ema.store(model.parameters())
                ema.copy_to(model.parameters())
                loss = loss_fn(model, batch)
                ema.restore(model.parameters())
        return loss
    return loss_fn

# 連續時間下的目標函式
def get_sde_loss_fn(sde, train, reduce_mean=True, continuous=True,
                        likelihood_weighting=True, eps=1e-5):
        reduce_op = torch.mean if reduce_mean else lambda *args, **kwargs:
            0.5 * torch.sum(*args, **kwargs)
    def loss_fn(model, batch):
```

```
# 參數
# model：預測分數函式的網路
# batch：mini-batch 的訓練資料

# 傳回：mini-batch 的平均損失
    # 獲得連續時間下的分數函式
    score_fn = mutils.get_score_fn(sde, model, train=train,
                                    continuous=continuous)
    # 生成訓練需要的加噪資料
    t = torch.rand(batch.shape[0], device=batch.device) * (sde.T - eps)
                  + eps
    z = torch.randn_like(batch) # 高斯雜訊
    mean, std = sde.marginal_prob(batch, t)
    perturbed_data = mean + std[:, None, None, None] * z
    # 預測分數函式
    score = score_fn(perturbed_data, t)
    # 計算損失
    if not likelihood_weighting:
        losses = torch.square(score * std[:, None, None, None] + z)
        losses = reduce_op(losses.reshape(losses.shape[0], -1), dim=-1)
    else: #likelihood weighting 加權
        g2 = sde.sde(torch.zeros_like(batch), t)[1] ** 2
        losses = torch.square(score + z / std[:, None, None, None])
        losses = reduce_op(losses.reshape(losses.shape[0], -1), dim=-1) * g2
    loss = torch.mean(losses)
return loss
```

這裡我們舉出訓練完成的 Score SDE 模型生成得到的範例結果圖片，如圖 2-6 所示。

▲ 圖 2-6 不同步數下生成的人臉圖片

2.4 擴散模型的架構

擴散模型需要訓練一個神經網路來學習加噪資料的分數函式 $\nabla_x \log q_t(\boldsymbol{x})$，或學習加在資料上的雜訊 ϵ。由於分數函式是對輸入資料的似然的導數，所以其維度和輸入資料的維度相同；同樣地，由於我們對輸入資料的每一個維度都加入了獨立的標準高斯雜訊，所以神經網路預測的雜訊維度與輸入資料相同。將擴散模型用在影像生成上，U-Net 是一個常用的選擇，因為它滿足輸出和輸入的解析度相同的條件。U-Net 是一種典型的編碼 - 解碼結構，主要由 3 部分組成：下採樣、上採樣和跳連（skip connection）。編碼器利用卷積層和池化層進行逐級下採樣。下採樣過程中因為進行池化，所以資料的空間解析度變小。但資料的通道數因為卷積的作用逐漸變大，從而可以學習圖片的高級語義資訊。解碼器利用反卷積進行逐級上採樣，空間解析度變大，資料維度變小。輸入原始影像中的空間資訊與影像中的邊緣資訊會被逐漸恢復。由此，低解析度的特徵圖最終會被映射為與原資料維度相同的像素級結果圖。因為下採樣和上採樣過程形成了一個 U 形結構，所以被稱為「U-Net」。而為了進一步彌補開發階段下採樣遺失的資訊，在網路的編碼器與解碼器之間，U-Net 演算法利用跳連來融合兩個過程中對應位置上的特徵圖，使得解碼器在進行上採樣時能夠融合不同層次的特徵資訊，進而恢復、完善原始影像中的細節資訊。如圖 2-7 所示，這是一個用於擴散模型的 U-Net 架構圖，該結構在第 t 步去噪過程中，接收去噪物件 x_t 和時間嵌入（time embedding）t_{emb}，輸出去噪結果。值得注意的是，由於去噪過程是相依於時間 t 的，所以 U-Net 中的殘差模組也進行了相應的修改，在取出特徵時，將 t_{emb} 考慮進來，如圖 2-8 所示。

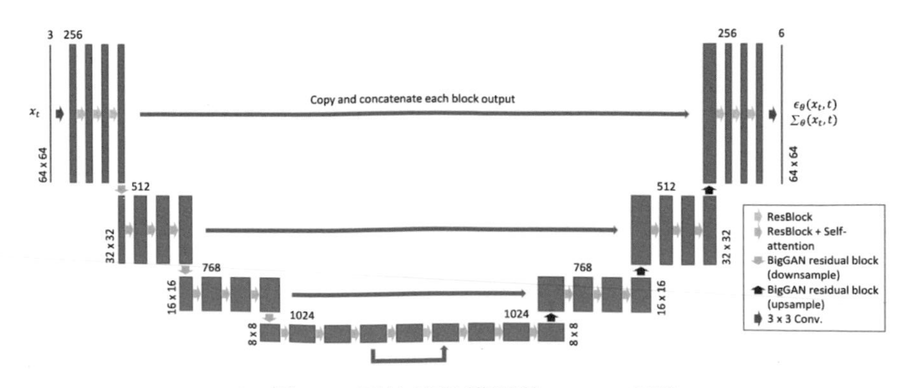

▲ 圖 2-7 用於擴散模型的 U-Net 架構

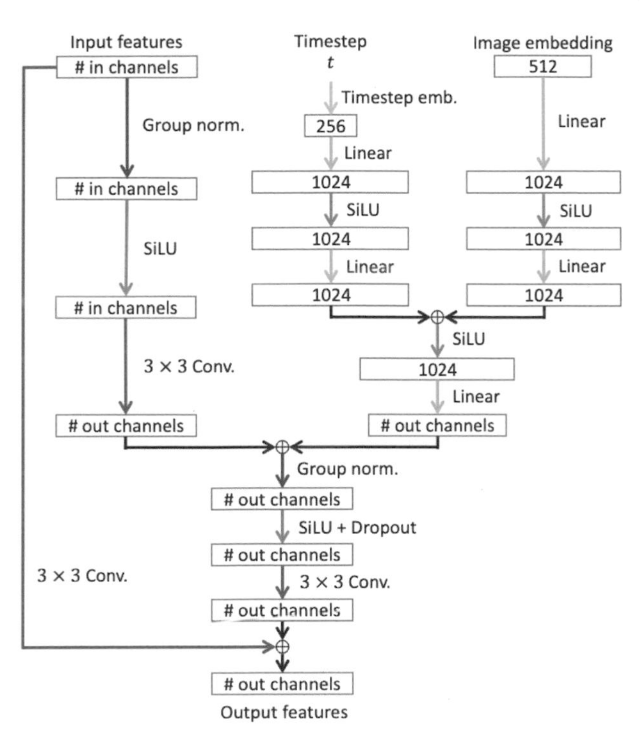

▲ 圖 2-8 用於擴散模型的殘差模組

目前 U-Net 是擴散模型的主流架構，但是研究人員發現使用其他架構也能實現較好的效果，比如使用 Transformer 架構。近年 Transformer 被廣泛地應用在深度學習的各個領域中。其在架構中拋棄了傳統的 CNN 和 RNN，整個網路結構完全由 Attention 機制組成，擁有平行能力和可擴展性。更準確地講，Transformer 僅由自注意力機制（Self-Attention Mechanism）和前饋神經網路（Feed Forward Neural Network）組成。在自注意力機制中，輸入序列中的每個元素都會與其他元素進行相互作用，從而生成一個新的特徵向量。這種機制允許模型對輸入序列進行非常靈活的處理，能夠捕捉輸入序列中的長程相依關係。除了自注意力機制，Transformer 中的前饋神經網路模組也發揮著重要作用。該模組由幾層全連接層組成，使用啟動函式 ReLU 對中間層進行啟動。前饋神經網路模組可以幫助模型捕捉輸入序列中的非線性關係，從而更進一步地進行資料建模。Transformer 的自注意力機制是 Transformer 最核心的內容，自注意力機制能夠對一個序列中的每個元素計算權重，表示該元素與其他元素之間的相關性，然後透過加權求和的方式將所有元素聚合起來得到一個新的表示。下面主要講解 Transformer 的開發階段，因為在擴散模型中我們只需要提取影像特徵從而學習分數函式，或逆向轉移核心的參數。為了使用 Transformer 架構處理影像資料，需要先透過 patch 操作將影像的空間表示轉化為一系列 token，並加入位置嵌入。對於一個 token 序列，首先透過可學習的線性映射計算出序列中的每個向量（$\boldsymbol{t}_i$）對應的 Query 向量（$\boldsymbol{Q}_i$），Key 向量（$\boldsymbol{K}_i$）和 Value 向量（$\boldsymbol{V}_i$），然後為每一個向量計算它和其他向量的評分：$\langle \boldsymbol{Q}_i, \boldsymbol{K}_j \rangle / \sqrt{d_k}$，其中 d_k 是 $\boldsymbol{K}$ 的維度。對評分進行 softmax 計算得到注意力係數 a_{ij}，最終得到輸出結果 $z_i = \sum_j a_{ij} v_j$。之後 z 就會被輸入前饋神經網路做進一步處理。Query、Key、Value 的概念取自資訊檢索系統。舉一個簡單的例子，當顧客在某電子商務平臺搜尋某件商品（如有深度學習程式的參考書）時，顧客在搜尋引擎中輸入的內容便是 Query，然後搜尋引擎根據 Query 為顧客匹配 Key（如「深度學習」「程式」「參考書」），然後根據 Query 和 Key 的相似度得到匹配的內容（Value）。這裡的 $\langle \boldsymbol{Q}_i, \boldsymbol{K}_j \rangle$ 可以視為向量 i 和向量 j 的相關程度，s_{ij} 就是向量 i 和向量 j 的注意力大小。為了防止學習退化，Self-Attention 中使用了殘差連結。一個向量可以擁有多個（$\boldsymbol{Q}, \boldsymbol{K}, \boldsymbol{V}$），對每個（$\boldsymbol{Q}, \boldsymbol{K}, \boldsymbol{V}$）都進行上述計算，最終的輸出結果就是所有平行 Head 中 Self-Attention 輸出結果的拼接，這種方式被稱為「Multi-Head Attention」（多頭注意力），如圖 2-9 所示 [293]。一個基於 Transformer 的可訓練的神經網路可以透過堆疊 Transformer 的形式進行架設。在擴散模型中，可以使用 Transformer 架構對每一步的加噪資料進行編碼，然後使用編碼結果來預測下一步轉移核心的期望和方差，從而代替 U-Net 架構。

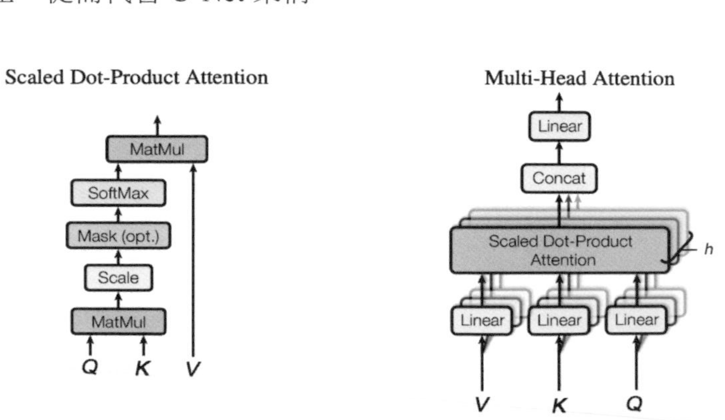

▲ 圖 2-9 Self-Attention（左）和 Multi-Head Attention（右）

Peebles 等人[290] 在「Scalable Diffusion Models with Transformers」中使用 Transformer 替換 U-Net，不僅速度更快（更高的 Gflops），而且在條件生成任務上，效果更好。該研究提出的 DiT 框架如圖 2-10 所示，DiT 基於「Latent Diffusion Transformer」進行了 3 種改進，將每一步中的 t_{emb} 和 label 等條件資訊作為引導資訊加入 Transformer 結構中，加入的方式分為 3 種：（1）自我調整的層標準化。將 Transformer 模組中常用的層標準化（Layer Normalization，LN）換成了自我調整的層標準化（Adaptive Layer Normalization，AdaLN），即用引導資訊去自我調整地生成相應的縮放和漂移參數；（2）交叉注意力（Cross-Attention）。將引導資訊直接和輸入的中間特徵進行混合；（3）上下文條件（In-Context Conditioning）。將引導資訊作為額外的輸入拼接在輸入端。其中，AdaLN 的效果更好，速度更快。在 ImageNet 上的生成實驗表明了基於 Transformer 的擴散模型架構的優越性。

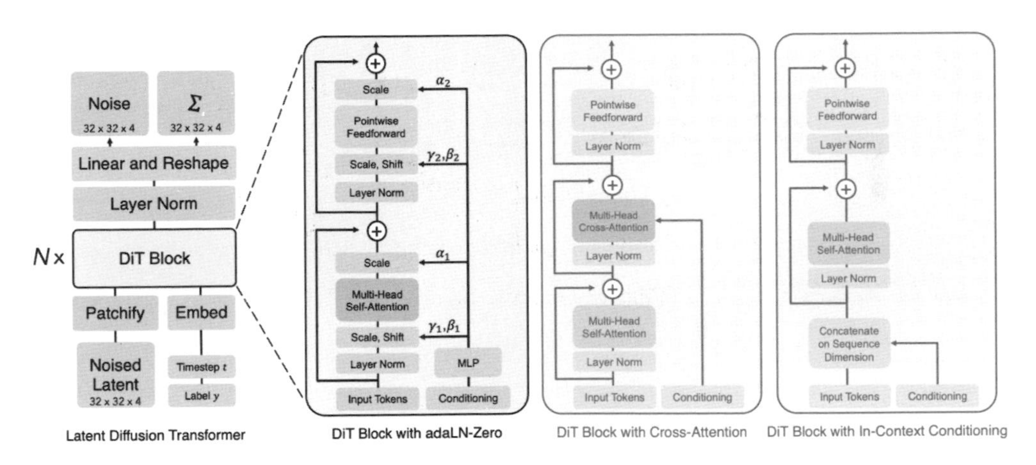

▲ 圖 2-10 Diffusion Transformer（DiT）框架圖

DiT 還做了一項驗證實驗，如圖 2-11 所示。增加 DiT 中「transformer」的深度 / 寬度，或增加輸入的「token」數量（減少影像「patch」的大小）都能夠提高生成影像的效果。

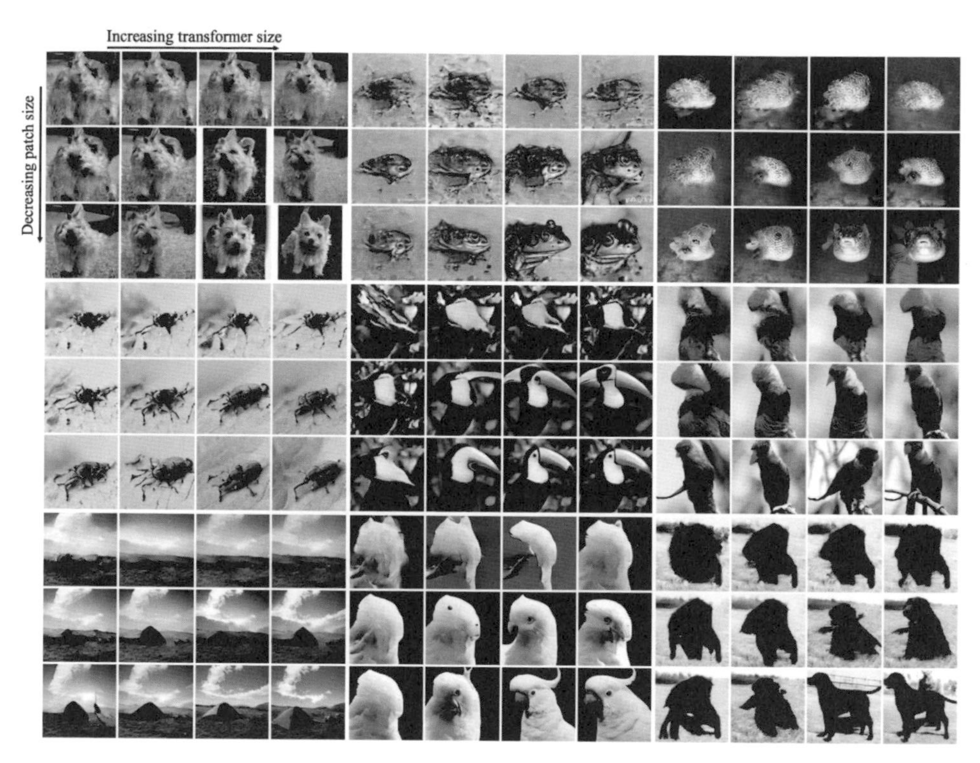

▲ 圖 2-11 DiT 架構分析實驗結果

U-Net 程式實踐

U-Net 程式如下：

```
# 程式來源：Denoising Diffusion Probabilistic Model, in PyTorch
class Unet(nn.Module):
    def __init__(
        self, dim, init_dim = None, out_dim = None, dim_mults=(1, 2, 4, 8),
            channels = 3,
        self_condition = False, resnet_block_groups = 8, learned_variance =
            False,
        learned_sinusoidal_cond = False, random_fourier_features = False,
        learned_sinusoidal_dim = 16
    ):
    # 參數
    # dim：維度參數
    # init_dim：初始的卷積層的輸出通道數
```

```
# out_dim：模型輸出通道數
# dim_mults：下採樣時每一步通道數是原始通道數的倍數
# channels：原始通道數
# self_condition：是否使用條件擴散
# resnet_block_groups：使用組歸一化時的組數
# learned_variance：是否學習逆向擴散過程的方差
# learned_sinusoidal_cond：時間嵌入是否使用學習的嵌入方式
# random_fourier_features：是否使用傅立葉特徵
# learned_sinusoidal_dim：學習的時間嵌入維數
    super().__init__()
    # 確定維數
    self.channels = channels
    self.self_condition = self_condition
    input_channels = channels * (2 if self_condition else 1)
    init_dim = default(init_dim, dim)
    # 進行第一次卷積將輸入資料的 3 個通道轉為 init_dim 個通道
    self.init_conv = nn.Conv2d(input_channels, init_dim, 7, padding = 3)
    # 建立下採樣和上採樣時資料的通道數
    dims = [init_dim, *map(lambda m: dim * m, dim_mults)]
    # 獲得下採樣的每一步輸入維度和輸出維度，即表中正序排列的每一個二元組。獲得上採樣
    的每一步輸入維度和輸出維度，只需將串列進行反向排列
    in_out = list(zip(dims[:-1], dims[1:]))
    # 初始化非線性映射模組，利用了時間嵌入的殘差連接網路
    block_klass = partial(ResnetBlock, groups = resnet_block_groups)
    # 時間嵌入
    time_dim = dim * 4
    self.random_or_learned_sinusoidal_cond = learned_sinusoidal_cond or
        random_fourier_features
    # 使用預先學習的嵌入方式
    if self.random_or_learned_sinusoidal_cond:
        sinu_pos_emb = RandomOrLearnedSinusoidalPosEmb(
                        learned_sinusoidal_dim,random_fourier_features)
        fourier_dim = learned_sinusoidal_dim + 1
    else:
        # 使用內建的時間嵌入方式
        sinu_pos_emb = SinusoidalPosEmb(dim)
        fourier_dim = dim
    self.time_mlp = nn.Sequential(
```

```
        sinu_pos_emb,
        nn.Linear(fourier_dim, time_dim),
        nn.GELU(),
        nn.Linear(time_dim, time_dim))
    # 映射層。in_out 記錄了下採樣的每一步的輸入維度和輸出維度
    self.downs = nn.ModuleList([])
    self.ups = nn.ModuleList([])
    num_resolutions = len(in_out)
    # 進行下採樣
    for ind, (dim_in, dim_out) in enumerate(in_out):
        is_last = ind >= (num_resolutions - 1)
        self.downs.append(nn.ModuleList([
            # 非線性映射，不改變資料維度
            block_klass(dim_in, dim_in, time_emb_dim = time_dim),
            block_klass(dim_in, dim_in, time_emb_dim = time_dim),
            # 有正規化和線性注意力的殘差網路
            Residual(PreNorm(dim_in, LinearAttention(dim_in))),
            # 在此映射後資料長度和寬度都除以 2，維度增加為 2 倍
            Downsample(dim_in, dim_out) if not is_last else
                    nn.Conv2d(dim_in, dim_out, 3, padding = 1)
        ]))
    # 對低維度特徵進一步卷積來提取特徵，但保持維度不變
    mid_dim = dims[-1]
    self.mid_block1 = block_klass(mid_dim, mid_dim, time_emb_dim =
        time_dim)
    # 有正規化和注意力的殘差網路
    self.mid_attn = Residual(PreNorm(mid_dim, Attention(mid_dim)))
    self.mid_block2 = block_klass(mid_dim, mid_dim, time_emb_dim =
        time_dim)
    # 進行上採樣
    for ind, (dim_in, dim_out) in enumerate(reversed(in_out)):
        is_last = ind == (len(in_out) - 1)
        self.ups.append(nn.ModuleList([
            block_klass(dim_out + dim_in, dim_out, time_emb_dim = time_dim),
            block_klass(dim_out + dim_in, dim_out, time_emb_dim = time_dim),
            Residual(PreNorm(dim_out, LinearAttention(dim_out))),
            # 上採樣函式，將資料的長度和寬度乘以 2，並將通道數除以 2
            Upsample(dim_out, dim_in) if not is_last else
```

```
                nn.Conv2d(dim_out, dim_in, 3, padding = 1)
            ]))
        # 如果學習逆向方差，則需要額外 1 倍的通道來進行學習
        default_out_dim = channels * (1 if not learned_variance else 2)
        self.out_dim = default(out_dim, default_out_dim)
        # 最後的輸出層
        self.final_res_block = block_klass(dim * 2, dim, time_emb_dim =
            time_dim)
        self.final_conv = nn.Conv2d(dim, self.out_dim, 1)

    def forward(self, x, time, x_self_cond = None):
        # 使用條件擴散
        if self.self_condition:
            x_self_cond = default(x_self_cond, lambda: torch.zeros_like(x))
            x = torch.cat((x_self_cond, x), dim = 1)
        # 初始化資料、資料複製和時間嵌入
        x = self.init_conv(x)
        r = x.clone()
        t = self.time_mlp(time)

        h = []
        # 下採樣時記錄映射結果，之後需要拼接到上採樣對應層的特徵
        for block1, block2, attn, downsample in self.downs:
            x = block1(x, t)
            h.append(x)
            x = block2(x, t)
            x = attn(x)
            h.append(x)
            x = downsample(x)
        # 對高級語義特徵進一步卷積
        x = self.mid_block1(x, t)
        x = self.mid_attn(x)
        x = self.mid_block2(x, t)
        # 上採樣
        for block1, block2, attn, upsample in self.ups:
            x = torch.cat((x, h.pop()), dim = 1)
            x = block1(x, t)
            x = torch.cat((x, h.pop()), dim = 1)
```

```
            x = block2(x, t)
            x = attn(x)
            x = upsample(x)
        # 將初始特徵拼接到經過下採樣、上採樣學習得到的特徵，從而充分利用資訊
        x = torch.cat((x, r), dim = 1)
        # 輸出前最後的卷積
        x = self.final_res_block(x, t)
        return self.final_conv(x)

# 非線性映射模組
class ResnetBlock(nn.Module):
    def __init__(self, dim, dim_out, *, time_emb_dim = None, groups = 8):
    # 參數
    # dim：輸入維度
    # dim_out：輸出維度
    # time_emb_dim：時間嵌入
    # groups GroupNorm：組數
        super().__init__()
        self.mlp = nn.Sequential(
            nn.SiLU(),
            nn.Linear(time_emb_dim, dim_out * 2)
        ) if exists(time_emb_dim) else None

        self.block1 = Block(dim, dim_out, groups = groups)
        self.block2 = Block(dim_out, dim_out, groups = groups)
        self.res_conv = nn.Conv2d(dim, dim_out, 1) if dim != dim_out else
            nn.Identity()

    def forward(self, x, time_emb = None):
        scale_shift = None
        # 使用時間嵌入學習對資料進行縮放的參數
        if exists(self.mlp) and exists(time_emb):
            time_emb = self.mlp(time_emb)
            time_emb = rearrange(time_emb, 'b c -> b c 1 1')
            scale_shift = time_emb.chunk(2, dim = 1)
        h = self.block1(x, scale_shift = scale_shift)
        h = self.block2(h)
        # 仍然使用殘差連結
```

```
        return h + self.res_conv(x)

class Block(nn.Module):
    def __init__(self, dim, dim_out, groups = 8):
        super().__init__()
        self.proj = WeightStandardizedConv2d(dim, dim_out, 3, padding = 1)
        self.norm = nn.GroupNorm(groups, dim_out)
        self.act = nn.SiLU()

def forward(self, x, scale_shift = None):
    # 對資料進行卷積，然後進行組歸一化
        x = self.proj(x)
        x = self.norm(x)
        # 使用時間嵌入的資訊對資料進行縮放
        if exists(scale_shift):
            scale, shift = scale_shift
            x = x * (scale + 1) + shift
        x = self.act(x)
        return x
# 下採樣：降低資料解析度，提高資料通道數（特徵維度）
from einops import rearrange, reduce
from einops.layers.torch import Rearrange
def Downsample(dim, dim_out = None):
# 參數
# dim：輸入通道數
# dim_out：輸出通道數
    return nn.Sequential(
        Rearrange('b c (h p1) (w p2) -> b (c p1 p2) h w', p1 = 2, p2 = 2),
        nn.Conv2d(dim * 4, default(dim_out, dim), 1)
    )
# 上採樣：使用內建的上採樣函式，預設將資料長度和寬度變為原來的 2 倍
def Upsample(dim, dim_out = None):
# 參數
# dim：輸入通道數
# dim_out：輸出通道數
    return nn.Sequential(
        nn.Upsample(scale_factor = 2, mode = 'nearest'),
        nn.Conv2d(dim, default(dim_out, dim), 3, padding = 1)
    )
```

Transformer 程式實踐

Transformer 程式如下：

```
# 程式來源：BERT-PyTorch
# 一個 Transformer 模組
import torch.nn as nn
from .attention import MultiHeadedAttention
from .utils import SublayerConnection, PositionwiseFeedForward

class TransformerBlock(nn.Module):
    def __init__(self, hidden, attn_heads, feed_forward_hidden, dropout):
    # 參數
    # hidden：中間層大小
    # attn-heads：多頭注意力的頭數量
    # feed_forward_hidden：ffn（feed-forward network）大小，一般是 4*hidden_size
    # dropout：dropout 比例

        super().__init__()
        self.attention = MultiHeadedAttention(h=attn_heads, d_model=hidden)
        self.feed_forward = PositionwiseFeedForward(d_model=hidden,
                                                    d_ff=feed_forward_hidden,
                                                    dropout=dropout)
        self.input_sublayer = SublayerConnection(size=hidden,
                                                 dropout=dropout)
        self.output_sublayer = SublayerConnection(size=hidden,
                                                  dropout=dropout)
        self.dropout = nn.Dropout(p=dropout)

    def forward(self, x, mask):
        x = self.input_sublayer(x, lambda _x: self.attention.forward(_x, _x,
            _x, mask=mask))
        x = self.output_sublayer(x, self.feed_forward)
        return self.dropout(x)

# 殘差連結和層正規化
from .layer_norm import LayerNorm
class SublayerConnection(nn.Module):
    def __init__(self, size, dropout):
```

```
        super(SublayerConnection, self).__init__()
        self.norm = LayerNorm(size)
        self.dropout = nn.Dropout(dropout)

    def forward(self, x, sublayer):
        # 先進行正規化，再進行 sublayer 指定的運算，然後增加殘差連結
        "Apply residual connection to any sublayer with the same size."
        return x + self.dropout(sublayer(self.norm(x)))

# 輸入 query,key,value，計算歸一化的內積注意力
class Attention(nn.Module):
    def forward(self, query, key, value, mask=None, dropout=None):

        # 將 key 轉置來計算 batch 的 score
        scores = torch.matmul(query, key.transpose(-2, -1)) /
                              math.sqrt(query.size(-1))
        if mask is not None:
            scores = scores.masked_fill(mask == 0, -1e9)
        p_attn = F.softmax(scores, dim=-1)
        if dropout is not None:
            p_attn = dropout(p_attn)
        return torch.matmul(p_attn, value), p_attn

# 多頭注意力模組
from .single import Attention
class MultiHeadedAttention(nn.Module):
    def __init__(self, h, d_model, dropout=0.1):
    # 參數
    # h：頭的數量
    # d_model：模型隱層維度
        super().__init__()
        assert d_model % h == 0
        # 假設 d_v=d_k
        self.d_k = d_model // h
        self.h = h
        self.linear_layers = nn.ModuleList([nn.Linear(d_model, d_model) for
                                                   _ in range(3)])
        self.output_linear = nn.Linear(d_model, d_model)
```

```
        self.attention = Attention()
        self.dropout = nn.Dropout(p=dropout)

    def forward(self, query, key, value, mask=None):
        batch_size = query.size(0)
        # 計算 batch 中所有的線性映射，獲得 query、key、value，d_model 被拆分為 h*d_k
        query, key, value = [l(x).view(batch_size, -1, self.h,
        self.d_k).transpose(1, 2)
            for l, x in zip(self.linear_layers, (query, key, value))]
        # 對 batch 中所有資料應用注意力機制
        x, attn = self.attention(query, key, value, mask=mask,
                                 dropout=self.dropout)
        # 拼接資料，然後進行最後的映射
        x = x.transpose(1, 2).contiguous().view(batch_size, -1, self.h *
            self.d_k)
        return self.output_linear(x)

# 前饋網路，線性映射 +gelu 啟動 +dropout+ 線性映射
from .gelu import GELU
class PositionwiseFeedForward(nn.Module):
    def __init__(self, d_model, d_ff, dropout=0.1):
    # 參數
    # d_model：隱層維度
    # d_ff：前饋網路維度
        super(PositionwiseFeedForward, self).__init__()
        self.w_1 = nn.Linear(d_model, d_ff)
        self.w_2 = nn.Linear(d_ff, d_model)
        self.dropout = nn.Dropout(dropout)
        self.activation = GELU()

    def forward(self, x):
        return self.w_2(self.dropout(self.activation(self.w_1(x))))
```

後續擴散模型的研究重點是改進這些經典方法（DDPM、SGM 和 SDE）。我們將在接下來的章節（第 3 章至第 5 章）中對「擴散模型的高效採樣」「擴散模型的似然最大化」「將擴散模型應用於具有特殊結構的資料」各個主題中的一些經典論文進行詳細的闡釋。在表 2-1 中，我們對 3 種類型的擴散模型進行了更詳細的分類，還記錄了對應文章和年份，並進行連續和離散兩種時間設定。

表 2-1

Table 1. Three types of diffusion models are listed with corresponding articles and years, under continuous and discrete settings.

Primary	Secondary	Tertiary	Article	Year	Setting
Efficient Sampling	Learning-Free Sampling	SDE Solvers	Song et al. [225]	2020	Continuous
			Jolicoeur et al. [110]	2021	Continuous
			Jolicoeur et al. [109]	2021	Continuous
			Chuang et al. [37]	2022	Continuous
			Song et al. [220]	2019	Continuous
			Karras et al. [113]	2022	Continuous
			Dockhorn et al. [54]	2021	Continuous
		ODE Solvers	Song et al. [217]	2020	Continuous
			Zhang et al. [278]	2022	Continuous
			Karras et al. [113]	2022	Continuous
			Lu et al. [146]	2022	Continuous
			Zhang et al. [277]	2022	Continuous
			Liu et al. [142]	2021	Continuous
	Learning-Based Sampling	Optimized Discretization	Watson et al. [243]	2021	Discrete
			Watson et al. [242]	2021	Discrete
			Dockhorn et al. [55]	2021	Continuous
		Knowledge Distillation	Salimans et al. [203]	2021	Discrete
			Luhman et al. [148]	2021	Discrete
		Truncated Diffusion	Lyu et al. [156]	2022	Discrete
			Zheng et al. [284]	2022	Discrete
Improved Likelihood	Noise Schedule Optimization	Noise Schedule Optimization	Nichol et al. [166]	2021	Discrete
			Kingma et al. [121]	2021	Discrete
	Reverse Variance Learning	Reverse Variance Learning	Bao et al.[8]	2021	Discrete
			Nichol et al. [166]	2021	Discrete
	Exact Likelihood Computation	Exact Likelihood Computation	Song et al. [219]	2021	Continuous
			Huang et al. [98]	2021	Continuous
			Song et al. [225]	2020	Continuous
			Lu et al. [145]	2022	Continuous
Data with Special Structures	Manifold Structures	Learned Manifolds	Vahdat et al. [234]	2021	Continuous
			Wehenkel et al. [244]	2021	Discrete
			Ramesh et al. [186]	2022	Discrete
			Rombach et al. [198]	2022	Discrete
		Known Manifolds	Bortoli et al. [45]	2022	Continuous
			Huang et al. [97]	2022	Continuous
	Data with Invariant Structures	Data with Invariant Structures	Niu et al. [171]	2020	Discrete
			Jo et al. [108]	2022	Continuous
			Shi et al. [210]	2022	Continuous
			Xu et al. [259]	2021	Discrete
	Discrete Data	Discrete Data	Sohl et al. [215]	2015	Discrete
			Austin et al. [6]	2021	Discrete
			Xie et al. [255]	2022	Discrete
			Gu et al. [83]	2022	Discrete
			Campbell et al. [21]	2022	Continuous

第 3 章 擴散模型的高效採樣

使用擴散模型生成樣本通常需要使用迭代的方法，涉及大量的計算步驟，時間複雜度較高。最近大量的工作集中在加快擴散模型的採樣過程，同時提高所生成樣本的品質。我們將這些高效的抽樣方法分為兩大類：一類是不涉及學習的抽樣方法（無學習採樣）；另一類是在擴散模型訓練後需要進行額外學習的抽樣方法（基於學習的採樣）。

3.1 微分方程

微分方程是描述某一類函式與其導數關係的方程式，微分方程的解是滿足微分方程的一類函式。微分方程的應用十分廣泛，可以解決許多與導數有關的問題。物理中許多涉及變力的運動學、動力學問題，如空氣的阻力為速度函式的落體運動等問題，很多可以用微分方程求解。此外，微分方程在化學、工程學、經濟學和人口統計等領域都有應用，比如流行病學中的 SIR 模型、金融行業中的布萊克 - 舒爾斯模型，等等。傳統的微分方程需要研究者根據自己對系統的底層邏輯和規則的認知對方程式的形式和參數進行設計，然後使用資料對模型進行驗證，再進一步對模型進行改進，循環往復。隨著深度學習的蓬勃發展，我們可以利用現代電腦的強大算力和機器學習演算法，直接從資料中學習這些系統執行的邏輯或規則，實現讓資料說話。現代的深度學習演算法不僅可以最佳化微分方程的參數，還可以對給定的（偏）微分方程進行求解。反過來，使用跳連的深度神經網路可以被視作常微分方程的離散形式，如 ResNET 可以被視為一個常微分方程的尤拉離散。從這個角度出發，我們可以利用微分方程領域的知識對神經網路進行設計和分析 [328]。隨機微分方程是一類特殊的微分方程，它描述了一類隨機過程的軌跡。一般的隨機微分方程形式為

$$d\boldsymbol{x}_t = f\left(\boldsymbol{x}_t, t\right)dt + g\left(\boldsymbol{x}_t, t\right)dw$$

設 $g\left(\boldsymbol{x}_t, t\right) = g\left(t\right)$ 可以得到簡化的公式（2.15）。但由於布朗運動的軌跡不是可微的，所以本質上隨機微分方程是由相應的積分方程式定義的：

$$\boldsymbol{x}_t = \int f\left(\boldsymbol{x}_t, t\right)dt + \int g\left(\boldsymbol{x}_t, t\right)dw$$

而其中對軌跡的隨機積分 $\int g\left(\boldsymbol{x}_t, t\right)dw$ 在擴散模型中通常指的是「伊藤積分」。利用隨機微積分的工具，我們可以研究擴散模型的性質並進行改進，比如利用福克 - 普朗克方程式（Fokker-Planck Equation）我們可以證明 Score SDE 與機率流 ODE 的等價性，利用吉爾薩諾夫變換（Girsanov Transformation）和伊藤對稱性我們可以證明 Score SDE 的訓練方法和最大似然訓練的關係。

如 2.3 節所述，擴散模型可以被視為隨機微分方程的離散化。擴散模型的生成過程就是對逆向 SDE 進行數值求解。在 Score SDE 中，首先我們使用深度學

習演算法在資料中對真實的逆向 SDE（見公式（2.18））進行還原，然後透過數值演算法（進一步利用深度學習）對擬合的逆向 SDE 進行求解。值得注意的是，由於前人對微分方程的研究，我們不需要從頭開始學習，我們只要對分數函式進行估計，就能還原出完整的 SDE，而分數網路的訓練透過去噪分數匹配的方式可以轉化成簡單且穩定的 L_2 損失。此外，在 Score SDE 中對微分方程的估計和求解是解耦的，這使得我們可以對特定形式的或訓練好的擴散模型設計採樣方案，進一步最佳化擴散模型的效果。擴散模型的問題之一是其採樣速度慢。這是因為對 SDE 進行數值求解實際上就是對 SDE 的解進行離散化近似，因此會存在離散化誤差。當離散步數多、步進值值小時，誤差就小，就能產生精確的資料，但是也導致了採樣時間過長的問題，因為每一步的求解都需要呼叫一次深度神經網路來計算分數函式。下面我們將介紹如何透過無學習採樣（無學習）和基於學習的採樣（有學習）這兩種方式提高擴散模型的採樣效率。

3.2 確定性採樣

許多擴散模型的抽樣方法相依於對於公式（2.18）中的逆向 SDE 或公式（2.19）中的機率流 ODE 進行離散化數值求解。從理論上看，離散化的時間間隔越短、時間步數越多，數值近似求解的結果越好，生成的樣本分佈越接近於原始資料分佈。但是增加採樣的時間步數將導致採樣成本增加，因為採樣的時間與離散時間步數成正比。所以許多研究人員專注於開發更好的離散化數值求解方法，在減少時間步數的同時儘量減小離散化誤差。

3.2.1 SDE 求解器

DDPM[90, 215] 的生成過程可以被看作是一個逆向 SDE 的特殊離散化。正如第 2.3 節所討論的，DDPM 的前向過程離散化了公式（2.16）中的 SDE，其相應的逆向 SDE 的形式為：

$$dx = -\frac{1}{2}\beta(t)(\boldsymbol{x}_t - \nabla_{x_t} \log q_t(\boldsymbol{x}_t))dt + \sqrt{\beta(t)}d\bar{\boldsymbol{w}} \tag{3.1}$$

Song 等人 [225] 證明，由公式（2.5）定義的逆向馬可夫鏈相當於公式（3.1）中的數值 SDE 求解器。

雜訊條件分數網路（Noise-Conditional Score Network，NCSN）[220] 和臨界阻尼朗之萬擴散（Critically-Damped Langevin Diffusion，CLD）[54] 都是在朗之萬動力學（Langevin Dynamics）的啟發下求解逆向 SDE 的。特別是，雜訊條件分數網路利用退火朗之萬動力學（ALD，見第 2.2 節）迭代生成的資料，同時平滑地降低雜訊水準，直到生成的資料收斂到原始資料的分佈。朗之萬方程式是一個用來描述粒子在流體裡因為受到粒子間不斷碰撞和潛在的外部力場，而表現出隨機移動的布朗運動的方程式。在應用中，朗之萬方法使用分數函式 $\nabla_y \log p(y)$ 來產生服從 $p(x)$ 的樣本。具體方法是，給定步進值 h 和初始分佈 $\boldsymbol{x}_0 \sim \pi(\boldsymbol{x})$，朗之萬方法使用下面的方法進行迭代：

$$\boldsymbol{x}_t = \boldsymbol{x}_{t-1} + \frac{h}{2} \nabla_x \log p(\boldsymbol{x}_{t-1}) + \sqrt{h} \boldsymbol{z}_t$$

其中 $\boldsymbol{z}_t$ 服從獨立的標準正態分佈。當 $h \to 0$，$T \to \infty$ 時，在一定正規條件下 $\boldsymbol{x}_T$ 的分佈會趨於原始資料的分佈。但是此方法存在問題。首先，現實世界的資料往往存在於一個低維流形上，這樣對於不在這個低維流形上的點就無法定義該位置的分數函式；其次，對於處於低密度區的點，模型也很可能因為無法獲得足夠多的資料而無法準確地學習該位置的分數函式。事實上，只有當資料的支撐集是全空間的時候，傳統的分數匹配方法才能提供對分數函式的相合估計 [220]。Song 等人 [220] 使用對資料加噪的方式解決了上述問題，因為向資料中加入高斯雜訊後，資料的支撐集就成了全空間而不再是低維流形，並且增加大量的高斯雜訊實質上擴展了分佈裡的各個眾數的範圍，使得資料分佈裡的低密度區得到訓練訊號。如 2.2 節所述，雜訊條件分數網路向資料中增加了不同強度的雜訊，然後訓練雜訊條件分數網路來擬合每一個雜訊強度上的樣本分數函式。訓練好分數神經網路後使用一種退火朗之萬動力學（ALD）方法進行採樣，即在每個雜訊強度上都應用朗之萬方法，並且下一個雜訊強度上採樣的初始樣本是上一個朗之萬採樣的結果。當增加的雜訊強度足夠強、足夠平滑時，雜訊條件分數網路的加噪過程就會趨於公式（2.17）定義的 VP-SDE。假設朗之萬動力學在每個雜訊水準上都能收斂到其平衡狀態，那麼 ALD 就能得到正確的邊際分佈，因此可以產生正確的樣本。儘管其整體的採樣軌跡不是逆向 SDE 的精確解。ALD 被一致退火採樣（Consistent Annealed Sampling，CAS）[110] 進一步改進，這是一種基於分數的馬可夫鏈蒙地卡羅（MCMC）方法，並且具有更好的時間步數和增加雜訊的方式。

Song 等人 [225] 提出的逆向擴散方法，用與正向 SDE 相同的方式離散逆向 SDE。對於正向 SDE（見公式（2.15））的任何一步離散化，我們可以寫出下面的一般形式：

$$\boldsymbol{x}_{i+1} = \boldsymbol{x}_i + f_i\left(\boldsymbol{x}_i\right) + g_i \boldsymbol{z}_i,\ \ i = 0,1,\cdots,N-1 \tag{3.2}$$

其中 $\boldsymbol{z}_i \sim N\left(0,\boldsymbol{I}\right)$， f_i和g_i 由 SDE 的漂移和擴散係數和離散化方案決定。逆向擴散方法提出，用與正向 SDE 類似的方式離散化逆向 SDE 方法，即：

$$\boldsymbol{x}_i = \boldsymbol{x}_{i+1} - f_{i+1}\left(\boldsymbol{x}_{i+1}\right) + g_{i+1} g_{i+1}^t \boldsymbol{s}_\theta\left(\boldsymbol{x}_{i+1}, t_{i+1}\right) + g_{i+1}\boldsymbol{z}_i, i = 0,1,\cdots,N-1 \tag{3.3}$$

其中 $\boldsymbol{s}_\theta\left(\boldsymbol{x}_{i+1}, t_{i+1}\right)$ 是經過訓練的雜訊條件分數模型。逆向擴散方法是公式（2.18）中逆向SDE的數值SDE求解器，即公式（2.18）的一種特殊的離散方式。這個過程可以應用於任何類型的前向 SDE 中，並且經驗結果表明，這種採樣器對一種特殊的 SDE（稱為「VP-SDE」）表現得比 DDPM[225] 略好。Song 等人 [225] 進一步提出了預測 - 校正方法透過結合數值 SDE 求解器（稱為「預測器」）和迭代 MCMC 方法（稱為「校正器」）來求解逆向 SDE。在每個時間步驟，預測器 - 校正器方法首先採用數值 SDE 求解器來產生一個相對粗略的樣本，然後採用「校正器」使用基於分數的 MCMC 方法對樣本的邊際分佈進行修正。這樣產生的樣本與逆向 SDE 的解軌跡具有相同的邊際分佈。也就是說，它們在所有時刻上的分佈是相同的。實驗結果表明，增加一個基於朗之萬蒙地卡羅（Langevin Monte Carlo）的校正器比使用一個額外的預測器而不使用校正器 [225] 更高效。

Karras 等人 [113] 進一步改進 Song 等人 [225] 提出的朗之萬動力學（Langevin Dynamics）校正器。他們提出了一個類似朗之萬的「攪動」（churn）步驟，用來在採樣過程中交替地增加和去除雜訊。將朗之萬採樣法的步驟分為對資料進行加噪和去噪 「攪動」，第一步加噪得到 $\hat{\boldsymbol{x}}_{t+1} = \boldsymbol{x}_t + \sqrt{h}\boldsymbol{z}_t$ ；第二步去噪得到下一步資料 $\boldsymbol{x}_{t+1} = \hat{\boldsymbol{x}}_{t+1} + \frac{h}{2}\nabla_x \log p\left(\boldsymbol{x}_t\right)$。受此啟發，Karras 等人提出在生成過程中的每一步先進行正常加噪步驟，然後在去噪的部分使用更高階的分數函式，從而更進一步地去噪。具體方法是，只需將 $\bigtriangledown_x \log p\left(\boldsymbol{x}_t\right)$ 替換為 $\bigtriangledown_x \log p\left(\hat{\boldsymbol{x}}_{t+1}\right)$ ，然後使用高階分數函式進行矯正即可。對於高階分數函式採用了 Heun 方法 [5]。最終此方法在 CIFAR-10[128] 和 ImageNet-64[47] 等資料集上實現了最佳的樣本品質。

受統計力學的啟發，臨界阻尼郎之萬擴散（Critically-Damped Langevin Diffusion，CLD）提出了一個帶有「速度項」的擴展 SDE，類似於欠阻尼郎之萬擴散（Underdamped Langevin Diffusion）。擴展 SDE 的精心設計對 CLD 高效採樣和訓練造成了關鍵作用。CLD 對資料 $\boldsymbol{x}_0$ 增加了速度項 $\boldsymbol{v}_0$ 。$\boldsymbol{v}_0$ 服從獨立的標準高斯分佈，然後對耦合資料 $\left(\boldsymbol{x}_0, \boldsymbol{v}_0\right)$ 進行擴散，具體擴散方程式如下：

$$
\begin{gathered}
d\boldsymbol{x}_t = M^{-1}\boldsymbol{v}_t \beta dt \\
d\boldsymbol{v}_t = -\boldsymbol{x}_t \beta dt + -\Gamma M^{-1}\boldsymbol{v}_t \beta dt + \sqrt{2\Gamma\beta}\, d\boldsymbol{w}_t
\end{gathered}
$$

其中非負超參數 M 決定了 $\boldsymbol{x}_t$ 和 $\boldsymbol{v}_t$ 的耦合（強度），β 使得資料分佈可以收斂於先驗分佈，Γ 決定了增加雜訊的強度。Γ 和 M 的關係決定了上述 SDE 的收斂方式，其中 $\Gamma^2 = 4M$ 被稱為「臨界阻尼」（Critical Damping）。CLD 用此臨界阻尼朗之萬動力學使得 SDE 以最快的方式收斂，避免振盪。原資料與速度的互動作用源自哈密頓力學（Hamiltonian Dynamics），以幫助擴散過程更快速、更光滑地收斂到先驗分佈，如同哈密頓力學在 MCMC 方法中的作用一樣。因為 CLD 只對速度進行了擾動，所以為了得到擴展 SDE 的時間反演，CLD 只要學習速度 $\boldsymbol{v}_t$ 在資料 $\boldsymbol{x}_t$ 下條件分佈的得分函式即可。這比直接學習資料的分數函式更容易。因為 CLD 有複雜的漂移係數，所以耦合資料的邊緣分佈和條件分佈無法直接計算，這使得分數匹配和去噪分數匹配都不再適用。為了進行訓練，CLD 使用了一種混合分數匹配的目標函式（HSM）：

$$
E_{t\sim U[0,T],\boldsymbol{x}_0,\boldsymbol{u}_t}\left[\lambda(t) \| \bigtriangledown_{\boldsymbol{v}_t} \log q_{0t}\left(\boldsymbol{u}_t \mid \boldsymbol{x}_0\right) - s_\theta\left(\boldsymbol{u}_t, t\right) \|_2^2\right]
$$

其中 $\boldsymbol{u}_t = \left(\boldsymbol{x}_t, \boldsymbol{v}_t\right)$ ，之後 CLD 使用訓練的條件分數函式 $s_\theta\left(\boldsymbol{u}_t, t\right)$ 進行逆向擴散採樣，並設計了一種適用於 CLD 的採樣方法。使用訓練好的方法，增加的速度項可以提高採樣速度和品質，並且訓練的複雜度也降低了。

CLD 程式實踐

CLD 程式如下：

```
# 程式來源：Score-Based Generative Modeling with Critically-Damped Langevin Diffusion
# 計算訓練損失
def get_loss_fn(sde, train, config):
# 參數
# sde：使用的擴散方程式
# train：是否進行訓練
# config：訓練配置
    def loss_fn(model, x):
    # 參數
    # model：分數模型
    # x：一批訓練資料
        # 建立初始資料
        if sde.is_augmented:
            if config.cld_objective == 'dsm':
                v = torch.randn_like(x, device=x.device) * \
                    np.sqrt(sde.gamma / sde.m_inv)
                batch = torch.cat((x, v), dim=1)
            elif config.cld_objective == 'hsm':
                # 對於 HSM，我們對所有的初始速度進行邊緣化
                v = torch.zeros_like(x, device=x.device)
                batch = torch.cat((x, v), dim=1)
            else:
                raise NotImplementedError(
                    'The objective %s for CLD-SGM is not implemented.' %
                    config.cld_objective)
        else:
            batch = x
        t = torch.rand(batch.shape[0], device=batch.device,
            dtype=torch.float64) \ * (1.0 - config.loss_eps) + config.loss_eps
        # 獲取訓練用的加噪資料
        perturbed_data, mean, _, batch_randn = sde.perturb_data(batch, t)
        perturbed_data = perturbed_data.type(torch.float32)
        mean = mean.type(torch.float32)
        # 對於 CLD，我們只需要速度部分的雜訊來計算損失
        if sde.is_augmented:
            _, batch_randn_v = torch.chunk(batch_randn, 2, dim=1)
```

```
        batch_randn = batch_randn_v
    # 使用分數模型進行預測
    score_fn = mutils.get_score_fn(config, sde, model, train)
    score = score_fn(perturbed_data, t)
    # 損失函式的權重
    multiplier = sde.loss_multiplier(t).type(torch.float32)
    multiplier = add_dimensions(multiplier, config.is_image)
    # 從雜訊計算分數函式
    noise_multiplier = sde.noise_multiplier(t).type(torch.float32)
    # 計算損失
    if config.weighting == 'reweightedv1':
        loss = (score / noise_multiplier - batch_randn)**2 * multiplier
    elif config.weighting == 'likelihood':
        # 使用最大似然訓練
        loss = (score - batch_randn * noise_multiplier)**2 * multiplier
    elif config.weighting == 'reweightedv2':
        loss = (score / noise_multiplier - batch_randn)**2
    else:
        raise NotImplementedError(
            'The loss weighting %s is not implemented.' % config.weighting)
    loss = torch.sum(loss.reshape(loss.shape[0], -1), dim=-1)
    if torch.sum(torch.isnan(loss)) > 0:
        raise ValueError(
            'NaN loss during training; if using CLD, consider increasing
            config.numerical_eps')

    return loss
return loss_fn

# 基於 sde 的類別方法，獲取加噪資料
def perturb_data(self, batch, t, var0x=None, var0v=None):
# 參數
# batch：訓練資料
# t：訓練時間點
# var0x：初始時原資料的方差，一般預設為 0
# var0v：初始時附加的速度的方差，使用 HSM 方法將其設置為 γM
    # 計算條件轉移核心的期望與方差
    mean, var = self.mean_and_var(batch, t, var0x, var0v)
    cholesky11 = (torch.sqrt(var[0]))
```

```
cholesky21 = (var[1] / cholesky11)
cholesky22 = (torch.sqrt(var[2] - cholesky21 ** 2.))
if torch.sum(torch.isnan(cholesky11)) > 0 or
    torch.sum(torch.isnan(cholesky21)) > 0 or
    torch.sum(torch.isnan(cholesky22)) > 0:
    raise ValueError('Numerical precision error.')
# 使用重參數化技巧，對加入的雜訊採樣
batch_randn = torch.randn_like(batch, device=batch.device)
batch_randn_x, batch_randn_v = torch.chunk(batch_randn, 2, dim=1)
noise_x = cholesky11 * batch_randn_x
noise_v = cholesky21 * batch_randn_x + cholesky22 * batch_randn_v
noise = torch.cat((noise_x, noise_v), dim=1)
# 計算加噪資料
perturbed_data = mean + noise
```

Jolicoeur-Martineau 等人 [109] 開發了一個具有自我調整步進值的 SDE 求解器，以加快生成速度。直觀上使用高階的數值求解器來求解逆向 SDE（見公式（2.18））可以減小對連續軌跡進行離散化而導致的誤差。因為高階的求解器可以捕捉到解軌跡的局部變異。但是實驗發現直接使用高階求解器有可能使採樣效率下降，因為雖然離散化誤差降低了，但是高階求解器需要計算高階的分數函式，而高階演算法提高的精確度往往不值得付出高階分數函式的計算成本。低階的數值求解器往往更快但是效果較差，所以我們的目標是能夠動態地平衡二者，如果低階求解器能夠產生較準確的資料，那麼就使用低階求解器進行運算，否則就使用高階求解器。然後根據當前樣本的穩定性來動態調整步進值。步進值是透過比較高階 SDE 求解器的輸出和低階 SDE 求解器的輸出控制的。在每個時刻，高階和低階求解器分別從先前的樣本 x'_{prev} 中產生新的樣本 x'_{high} 和 x'_{low}。然後透過比較新生成的兩個樣本之間的差異來調整步進值。如果 x'_{high} 和 x'_{low} 比較相似，那麼演算法將傳回 x'_{high} 並增加步進值。x'_{high} 和 x'_{low} 的相似性是透過以下公式度量的：

$$E_q = \left\| \frac{x'_{low} - x'_{high}}{\delta\left(x'_{low}, x'_{prev}\right)} \right\|^2 \qquad (3.4)$$

其中 $\delta\left(x'_{\text{low}}, x'_{\text{prev}}\right)=\max\left(\epsilon_{\text{abs}}, \epsilon_{\text{rel}}\max\left(\left|x'_{\text{low}}\right|, \left|x'_{\text{prev}}\right|\right)\right)$。$\epsilon_{abs}$和$\epsilon_{rel}$是超參數，分別被稱為「絕對容忍度」和「相對容忍度」。如果 $E_q \leq 1$，那麼就選擇 x'_{high} 作為本步的樣本，然後更新原步進值 h 為 $min\left(t-h, \theta h E_q^{-r}\right)$。其中非負超參數 θ 和 r 是決定增加步進值強度的超參數。實驗發現此方法可以加快採樣速度，並且保持甚至提高生成樣本的品質。

3.2.2 ODE 求解器

大量關於擴散模型高效採樣的工作都是基於改進第 2.3 節中介紹的機率流 ODE（見公式（2.19））的求解方式完成的。與 SDE 求解器不同的是，ODE 求解器的軌跡是確定的，因此不受隨機波動的影響。這種確定性的 ODE 求解器的收斂速度通常比隨機性的 SDE 求解器的收斂速度更快，但代價是樣本品質稍差。

去噪擴散隱式模型（Denoising Diffusion Implicit Model，DDIM）[217] 可完成早期的加速擴散模型採樣的工作。其最初的動機是將原來的 DDPM 擴展到非馬可夫鏈的情況下，它的前向擴散過程是以下定義的馬可夫鏈：

$$q\left(\boldsymbol{x}_1, \cdots, \boldsymbol{x}_T | \boldsymbol{x}_0\right)=\prod_1^T q\left(\boldsymbol{x}_t | \boldsymbol{x}_{t-1}, \boldsymbol{x}_0\right) \tag{3.5}$$

$$q_\sigma\left(\boldsymbol{x}_{t-1} | \boldsymbol{x}_t, \boldsymbol{x}_0\right)=N\left(\boldsymbol{x}_{t-1} | \tilde{\mu}\left(\boldsymbol{x}_t, \boldsymbol{x}_0\right), \sigma_t^2 \boldsymbol{I}\right) \tag{3.6}$$

$$\tilde{\mu}\left(\boldsymbol{x}_t, \boldsymbol{x}_0\right)=\sqrt{\bar{\alpha}_t} \boldsymbol{x}_0+\sqrt{1-\bar{\alpha}_t-\sigma_t^2} \frac{\boldsymbol{x}_t-\sqrt{\bar{\alpha}_t} \boldsymbol{x}_0}{\sqrt{1-\bar{\alpha}_t}} \tag{3.7}$$

公式（3.5）到公式（3.7）的參數化方式描述了更一般的隨機過程，包含 DDPM 和 DDIM 作為其特殊情況，其中 DDPM 對應於設置 $\sigma_t^2=\frac{\hat{\beta}_{t-1}}{\hat{\beta}_t} \beta_t$，DDIM 對應於設置 $\sigma_t^2=0$。這樣設置前向馬可夫鏈的理由是它可以產生與 DDPM 相同的邊際分佈，使其可以用與 DDPM 相同的方式來訓練逆向過程。DDIM 透過訓練一個條件雜訊網路 ϵ_θ 來預測雜訊，並透過邊緣分佈計算出預測的 $\tilde{\boldsymbol{x}}_{0\theta}=(\boldsymbol{x}_t-\sqrt{1-\alpha_t}\epsilon_\theta(\boldsymbol{x}_t, \boldsymbol{t}))/\sqrt{\alpha_t}$。將 $\tilde{\boldsymbol{x}}_{0\theta}(\boldsymbol{x}_t)$、$\boldsymbol{x}_t$ 插入公式（3.6）中就獲得了對 $\boldsymbol{x}_{t-1}$ 的預測。迭代這個步驟就獲得了 DDIM 的採樣過程。DDIM 使用前向過程和後向過程的 KL 散度作為訓練目標函式，並且證明了這個目標函式等價於 DDPM 的

目標函式。另外，為了得到更好的 DDIM 效果可以將 σ_t^2 設置為零，也就是進行確定性採樣。在後續研究 [113, 146, 203, 217] 中，DDIM 採樣過程相當於是機率流 ODE 的特殊離散化方案（數值求解演算法）。為了進一步加速採樣過程，DDIM 還提出了一種「跳步」的方法，即僅在原始時間點的子集上進行前向加噪過程和後向去噪過程，如圖 3-1 所示。實驗表明 DDIM 可以進行高效的採樣，並且因為其使用確定性的採樣過程，從而使得其可以對樣本進行有語義的內插。

▲ 圖 3-1 馬可夫擴散過程（左）和非馬可夫擴散過程（右）

廣義去噪擴散隱式模型（generalized Denoising Diffusion Implicit Model，gDDIM）[278] 在狄拉克分佈上（僅包含一個點的分佈）分析了 DDIM 的性質。gDDIM 對 DDIM 的高效採樣進行了解釋，並提出了在採樣速度方面，確定性採樣相比於隨機性採樣的優勢。並受此啟發改進了分數網路參數化方式，使更普遍的擴散過程可以進行確定性採樣，如 CLD[54]。gDDIM 的作者首先觀察並證明了，對於只包含一個點的狄拉克分佈，確定性 DDIM 可以在有限步甚至一步計算中完美地還原原始分佈。而對於一般的 ODE 或 SDE 求解器，則是對解的軌跡進行了離散化，理論上需要無窮步的迭代計算才可以復原原始資料分佈。此外，對於狄拉克分佈，我們只需要一次分數函式的計算就可以根據公式推導出其他時間點的分數函式，並且這個公式和 DDIM 的離散採樣方式是匹配的。這就解釋了 DDIM 在狄拉克分佈上確定性採樣和離散方式的優勢。另外，基於流形假設（現實世界的影像分佈於低維流形上），上述分析對現實資料集也適用。在上述分析的基礎上，gDDIM 的作者提出了類似於 DDIM 的一種對分數函式的參數化方式，使得 DDIM 的優勢可以展現在其他的擴散模型如 CLD[54] 中。

擴散模型的偽數值方法（Pseudo Numerical Methods for Diffusion Model，PNDM）[142] 是指使用一種偽數值方法來生成在 R^n 中特定流形的樣本。使用帶有非線性傳遞部分的數值解算器來解決流形上的微分方程，然後生成樣本，或將DDIM封裝為一個特例。Liu 等人 [142] 首先分析了傳統SDE和ODE求解器的缺陷，它們在高速採樣時會引入顯著的雜訊，並且會從遠離樣本主要分佈的區域（基於流形假設）進行採樣，致使採樣的效果較差。所以 Liu 等人提出應該將生成器看作在流形上求解微分方程。Liu 等人分析了傳統數值求解方法並將其分為兩部分：第一部分稱為「梯度部分」（Gradient Part），用來計算每一步的梯度；第二部分稱為「變換部分」（Transfer Part），用來生成下一步的資料。新方法與經典的數值求解方法的梯度部分有所不同，但兩種方法都使用了線性的變換部分。為了使每一步生成的樣本更接近於原始樣本存在的流形，Liu 等人提出了使用非線性變換部分的偽數值方法，在這種非線性變換部分保證如果使用估計準確的分數函式，那麼生成的下一步資料也是準確的。而 DDIM 是其中的特例。基於 DDIM，Liu 等人使用其他（高階）梯度部分與非線性變換部分進行組合，如線性多步方法（Linear Multi-Step Method）和龍格 - 庫塔方法（Runge-Kutta Method）。實驗結果表明，使用非線性變換部分和高階梯度部分的偽數值求解器，可以顯著減少採樣步數並產生高品質樣本。

PNDM 程式實踐

PNDM 程式如下：

```
# 程式來源：Pseudo Numerical Methods for Diffusion Models on Manifolds (PNDM, PLMS |
ICLR2022)
# 在 PNDM 中，使用一階的非線性變換部分，得到 DDIM
def gen_order_1(img, t, t_next, model, alphas_cump, ets):
# 參數
# img：上一步採樣的資料
# t：本次採樣時間點
# t_next：下一步採樣的時間點
# model：分數模型
# alphas_cump：邊緣雜訊強度 ā_t
# ets：雜訊
    noise = model(img, t)
    # 進行變換
```

```
    img_next = transfer(img, t, t_next, noise, alphas_cump)
    return img_next
# 變換部分
def transfer(x, t, t_next, et, alphas_cump):
    at = alphas_cump[t.long()].view(-1, 1, 1, 1)
    at_next = alphas_cump[t_next.long()].view(-1, 1, 1, 1)
    x_delta = (at_next - at) * ((1 / (at.sqrt() * (at.sqrt() + at_next.sqrt())))
        * x - \
        1 / (at.sqrt() * (((1 - at_next) * at).sqrt() + ((1 - at) *
            at_next).sqrt())) * et)
    x_next = x + x_delta
    return x_next

# 使用高階的梯度部分
def gen_order_4(img, t, t_next, model, alphas_cump, ets):
    # 使用龍格 - 庫塔方法需要多個時間點來計算高階梯度
    t_list = [t, (t+t_next)/2, t_next]
    if len(ets) > 2:
        noise_ = model(img, t)
        ets.append(noise_)
        # 當有前三步生成的時候，使用線性多步方法計算分數函式
        noise = (1 / 24) * (55 * ets[-1] - 59 * ets[-2] + 37 * ets[-3] - 9
            * ets[-4])
    else:# 否則使用高階的龍格 - 庫塔方法計算分數函式
        noise = runge_kutta(img, t_list, model, alphas_cump, ets)
    # 使用和 DDIM 相同的變換部分
    img_next = transfer(img, t, t_next, noise, alphas_cump)
    return img_next
```

透過大量的實驗調查，Karras 等人 [113] 表明 Heun 的二階方法 [5] 在採樣品質和採樣速度之間提供了一個很好的平衡。擴散模型的求解器可以視為數值求解 SDE（見公式（2.15））或 ODE（見公式（2.19））。傳統的方法是使用低階數值求解器如尤拉法，但低階方法可能會導致較大的離散化誤差，並且在迭代過程中進行累積。而使用高階數值求解器則可以獲得較小的離散化誤差，即在迭代公式中包含分數函式的高階導數。使用高階導數可以捕捉到解軌跡的局部曲率，進而得到更好的近似，但代價是每個時刻需要對所學的分數函式進行額外的計算，以求得分數函式的高階導數。透過大量探索和實驗，Karras 等人發現

Heun 的二階方法以較少的採樣步驟產生了與使用尤拉法相當的甚至更好的樣本。從演算法上來看，該方法在逆向方差大於 0 時多呼叫了一次分數函式，以此來調整預測。這多一次的呼叫確認了 $O(h^3)$ 的局部誤差，尤拉法的局部誤差為 $O(h^2)$，其中 h 是步進值。Karras 等人還進一步討論了對離散時刻的選取。

擴散指數積分採樣器（Diffusion Exponential Integrator Sampler，DEIS）[277] 和 DPM-Solver[146] 利用機率流 ODE 的半線性結構，透過數學推導的方式簡化了需要求解的方程式，開發出更高效的高階 ODE 求解器。具體方法是，機率流 ODE（見公式（2.19））的解可以寫成以下積分方程式：

$$\boldsymbol{x}_t = e^{\int_s^t f(\tau)d\tau}\boldsymbol{x}_s + \int_s^t e^{\int_\tau^t f(r)dr}\frac{g^2(\tau)}{2\sigma_\tau}\epsilon_\theta(\boldsymbol{x}_\tau,\tau)d\tau$$

其中插入了預測的分數函式 $s_\theta = -\epsilon_\theta \backslash \sigma_t$。如果 $f(t)$ 的形式比較簡單，那麼該方程式的線性部分具有解析形式，即 $\boldsymbol{x}_s$ 前的係數可以直接計算。而非線性部分，即上式的第二項，可以用類似於 ODE 求解器中的指數積分技術來解決。DPM-Solver 使用換元法簡化上式：

$$\boldsymbol{x}_t = \frac{\alpha_t}{\alpha_s}\boldsymbol{x}_s - \alpha_t\int_{\lambda_s}^{\lambda_t} e^{-\lambda}\hat{\epsilon}_\theta(\boldsymbol{x}_\lambda,\lambda)d\lambda$$

其中 $\lambda_t = \log(\alpha_t \backslash \sigma_t)$ 可以設計為關於 t 單調下降，因為前向過程中保留的資訊越來越少，雜訊越來越大。進一步對 $\hat{\epsilon}_\theta$ 關於時間 λ 進行泰勒展開，展開式中多項式部分的積分可以解析計算，而分數函式的高階導數可以用低階分數函式近似，這樣便獲得了高階數值求解器。該方法包含 DDIM 作為其一階近似。當使用高階的積分器時，可以在短短 10~20 次迭代中產生高品質的樣本，這遠遠少於擴散模型通常所需的數百次迭代。

3.3 基於學習的採樣

基於學習的採樣是改善擴散模型採樣效率的另一種有效方法。透過使用部分採樣步驟或訓練一個採樣器的方式，實現更快的採樣速度，但代價是採樣品質的輕微降低。與使用手工偵錯的確定性採樣方法不同，基於學習的採樣通常涉及透過最佳化某些學習目標來選擇採樣步驟。

3.3.1 離散方式

給定一個預訓練的擴散模型，Watson 等人 [243] 提出了一個策略來尋找在替定採樣步數時最佳的離散化方案。他們的方案是選擇最佳的 K 個時間步驟以最大化 DDPM 的訓練目標。使用這種方法的關鍵是觀察到 DDPM 目標可以分解為單一 KL 散度損失項的總和，其適合使用動態規劃方法來最佳化。假設在原始擴散模型的 N 個採樣時間點中給定了 K 個時間點 $\{t_1',t_2',\cdots,t_K'\}$，並且 K 遠小於 N，那麼原始 DDPM 的訓練目標可以拆分為：

$$-L_{\text{ELBO}} = E_q D_{\text{KL}}\left(q\left(\boldsymbol{x}_1|\boldsymbol{x}_0\right) \| \, p_\theta\left(\boldsymbol{x}_1\right)\right) + \sum_{i=1}^{K} L\left(t_i', t_{i-1}'\right),$$

其中

$$L\left(t,s\right) = \begin{cases} -E_q \log p_\theta\left(\boldsymbol{x}_t \mid \boldsymbol{x}_0\right) & s=0 \\ E_q D_{\text{KL}}(q(\boldsymbol{x}_s \mid \boldsymbol{x}_t, \boldsymbol{x}_0) \| \, p_\theta\left(\boldsymbol{x}_s|\boldsymbol{x}_t\right)) & s>0 \end{cases}$$

對於訓練好的擴散模型 $L(t,s)$ 可以直接計算出來。剩下的任務就是如何選擇這 K 個時間點，使得 VLB 最大。這個問題可以使用動態規劃解決，因為任意兩個時間點 t、s 的 $L(t,s)$ 都可以計算。然而眾所皆知，用於 DDPM 訓練的變分下界與樣本品質沒有直接關係 [232]，一些研究發現直接以 VLB 為目標函式最佳化採樣器，會讓用於評價生成圖片品質的 FID（Fréchet Inception Distance）的評分變差，特別是當採樣步驟很少的時候 [243,219]。

隨後的一項工作，可微擴散採樣搜尋（Differentiable Diffusion Sampler Search，DDSS）[242] 可以透過直接最佳化樣本品質的通用指標 KID（Kernel Inception Distance）[15] 來解決這個問題。這種最佳化在重參數化 [123, 195] 的幫助下是可行的。Watson 等人 [242] 考察並推廣了一系列擴散模型的參數，使這些參數可以使用深度神經網路進行學習，比如 DDIM 採樣器的超參數 σ_t^2 、DDPM 中前向擴散的邊際方差 $\bar{\alpha}_t$ 、採樣的時間點，還有文章 [242] 中定義的一種非馬可夫採樣過程。然後 Watson 等人研究了如何最佳化一個可以用來改善樣本品質的目標函式。為了提高樣本品質，Watson 等人提出可以使用 KID 的類似於蒙地卡羅模擬的無偏估計作為目標函式，使得目標函式可以進行微分和梯度傳播。因為採樣過程是逆向擴散過程，每一步採樣都可以使用重參數化的方法進行採樣，這樣梯度就可以順利地進行傳播了。此方法廣泛適用於各種擴散模型及其參數，並可以在採樣步數較少的情況下改善生成樣本的品質。在此基礎上，該研究還提出了一類新的擴散模型範式，廣義高斯擴散模型（Generalized Gaussian Diffusion Model，GGDM)，如圖 3-2 所示。GGDM 在每一個逆向過程中結合了之前所有的結果，所以 DDIM 可以視為該範式的一種特例。

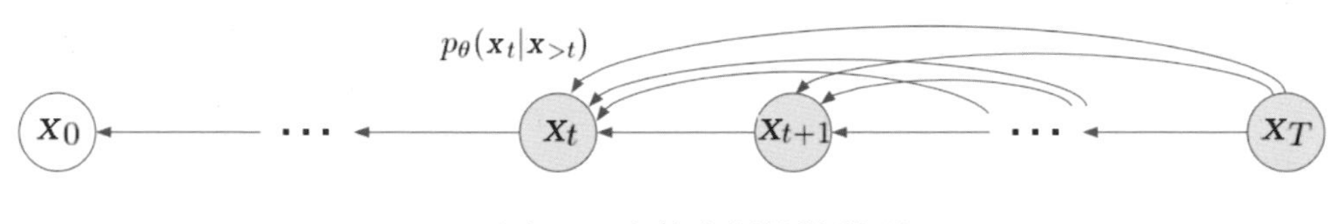

▲ 圖 3-2 廣義高斯擴散模型

基於截斷泰勒法（Truncated Taylor Method），Dockhorn 等人 [55] 提出了一個二階的數值求解器，透過在一階得分網路的基礎上訓練一個額外的頭來計算高階分數函式，並在採樣中使用高階分數函式加速採樣。使用高階求解器來求解 ODE 能夠獲得更精確的結果，因為高階求解器可以捕捉到 ODE 的局部曲率，這使得高階求解器即使在時間步進值較大時也能生成較好的樣本。Dockhorn 等人提出使用二階截斷泰勒法來求解機率流 ODE。與原始的 ODE 求解器如 DDIM 的不同點在於，它在每一步迭代中需要估計和使用分數函式的導數 $\nabla_x\nabla_x \log q_t(\boldsymbol{x})$。給定預訓練的分數函式 $s_\theta(\boldsymbol{x}_t,t)$，我們可以對其使用自動微分，再求出二階分數函式的近似，但這會使得採樣過程多了一倍的計算。因為我們不僅需要一個前向傳播計算 $s_\theta(\boldsymbol{x}_t,t)$，還需要一個反向傳播計算梯度。所以 Dockhorn 等人提出在訓練過程中就計算好二階分數函式，在訓練分數函式的神經網路上加一個小的、額外的頭來預測二階分數函式。這比重新訓練一個神經網路來預測二階分數函式更高效。實驗結果表明此方法允許較大的時間步進值，從而加速了採樣過程。

3.3.2 截斷擴散

我們可以透過截斷正向和反向擴散過程來提高採樣速度 [156, 284]。關鍵的步驟是在早期停止正向擴散過程，只進行幾步的正向擴散使樣本分佈趨於一個非高斯的先驗分佈 q，然後用這個非高斯分佈 q 作為初始分佈開始反向去噪過程。這種分佈的樣本的生成過程為：先透過預先訓練好的生成模型從簡單先驗分佈產生服從非高斯分佈 q 的樣本，如使用 VAE[123, 195] 或 GAN[73] 的生成器，然後對生成的樣本進一步去噪，最終得到近似服從原始資料分佈的樣本。這樣需要的去噪步驟就減小了，同時樣本品質也得以保證。早期停止（early stop）DDPM[156] 提出使用 VAE 來擬合分佈 q。該方法指使用 DDPM 的前向過程對原始樣本進行較少次數的加噪，同時將原始樣本嵌入非高斯分佈 q 的潛在變數 z。其逆向過程首先透過解碼器從高斯分佈生成服從 q 分佈的樣本 $\hat{z}$，然後再使用 DDPM 的去噪過程對 z 進行去噪，得到最終的樣本。其目標函式結合了 VAE 的目標函式和 DDPM 的目標函式，並進行共同訓練。

截斷擴散機率模型（Truncated Diffusion Probabilistic Model，TDPM）[284] 使用 GAN 來擬合分佈 q。DDPM 的目標函式可以分解為以下的項：

$$E_q[D_{\mathrm{KL}}(q(\boldsymbol{x}_T|\boldsymbol{x}_0)\,\|\,p(\boldsymbol{x}_t))+\sum_{t>1}D_{\mathrm{KL}}(q(\boldsymbol{x}_{t-1}\,|\,\boldsymbol{x}_t,\boldsymbol{x}_0)\,\|\,p_\theta(\boldsymbol{x}_{t-1}|\boldsymbol{x}_t))-\log p_\theta(\boldsymbol{x}_0|\boldsymbol{x}_1)]$$

經典的擴散模型認為 $D_{\mathrm{KL}}(q(\boldsymbol{x}_T|\boldsymbol{x}_0)\,\|\,p(\boldsymbol{x}_t))$ 近似於 0，因為其加噪過程保證 $q(\boldsymbol{x}_T|\boldsymbol{x}_0)$ 近似於標準高斯分佈 $p(\boldsymbol{x}_T)$。但在截斷擴散中因為前向加噪次數較少，$p(\boldsymbol{x}_T)$ 不再是標準高斯分佈，而是可學習的非高斯分佈 $p_\theta(\boldsymbol{x}_T)$，所以 TDPM 可以使用 GAN 來擬合 $p_\theta(\boldsymbol{x}_T)$ 並最佳化 L_T。使用 GAN 的生成器對 $p_\theta(\boldsymbol{x}_T)$ 建模，然後使用 GAN 的訓練方法讓 $p_\theta(\boldsymbol{x}_T)$ 匹配 $q(\boldsymbol{x}_T|\boldsymbol{x}_0)$，從而最小化 L_T。實驗表明該方法可以大大減小擴散過程的步數，同時保證生成樣本的品質。

TDPM 程式實踐

TDPM 程式如下：

```
# 程式來源，TDPM: Truncated Diffusion Probabilistic Models
# 基於 Gaussian 類別的方法訓練 TDPM
def train(self):
        # 初始化訓練資料和分數模型
        args, config = self.args, self.config
        tb_logger = self.config.tb_logger
        dataset, test_dataset = get_dataset(args, config)
        train_loader = data.DataLoader(
```

```
        dataset,
        batch_size=config.training.batch_size,
        shuffle=True,
        num_workers=config.data.num_workers,
        drop_last=True,
    )
    model = Model(config)
    # 初始化 GAN 的判別器
    discriminator = Discriminator(c_dim=0,
                                  img_resolution=config.data.image_size,
                                  img_channels=config.data.channels,
                                  channel_base=config.discriminator.
                                  channel_base)
    model = model.to(self.device)
    model = torch.nn.DataParallel(model)
    discriminator = discriminator.to(self.device)
    discriminator = torch.nn.DataParallel(discriminator)
    d_criterion = nn.BCEWithLogitsLoss()

    optimizer = get_optimizer(self.config, model.parameters())
    optimizer_d = get_d_optimizer(self.config,
                                  discriminator.parameters())
    optimizer_g = get_g_optimizer(self.config, model.parameters())
    # 是否使用滑動平均更新參數
    if self.config.model.ema:
        ema_helper = EMAHelper(mu=self.config.model.ema_rate)
        ema_helper.register(model)
    else:
        ema_helper = None
    start_epoch, step = 0, 0
    # 在上次記錄處載入資料，繼續訓練
    if self.args.resume_training:
        states = torch.load(os.path.join(self.args.log_path, "ckpt.pth"))
        model.load_state_dict(states[0])
        states[1]["param_groups"][0]["eps"] = self.config.optim.eps
        optimizer.load_state_dict(states[1])
        start_epoch = states[2]
        step = states[3]
```

```
    if self.config.model.ema:
        ema_helper.load_state_dict(states[4])
#開始訓練
for epoch in range(start_epoch, self.config.training.n_epochs):
    epoch_start_time = data_start = time.time()
    data_time = 0
    for i, (x, y) in enumerate(train_loader):
        n = x.size(0)
        data_time += time.time() - data_start
        model.train()
        step += 1
        x = x.to(self.device)
        x = data_transform(self.config, x) #資料前置處理
        e = torch.randn_like(x) #雜訊
        b = self.betas #加噪進行
        #獲得加噪資料，truncated_timestep 決定採樣時間點的上界，上界小則採樣
        步驟少、速度快
        t = torch.randint(low=0, high=self.truncated_timestep,
            size=(n // 2 + 1,)
            ).to(self.device)
        t = torch.cat([t, self.truncated_timestep - t - 1], dim=0)[:n]
        t_max = torch.tensor([self.truncated_timestep]).
            to(self.device)
        #獲得預測雜訊的損失，如一般的擴散模型
        loss = loss_registry[config.model.type](model, x, t, e, b)
        #反向傳播，更新參數
        optimizer.zero_grad()
        loss.backward()
        try:
            torch.nn.utils.clip_grad_norm_(
                model.parameters(), config.optim.grad_clip
            )
        except Exception:
            pass
        optimizer.step()
        if self.config.model.ema:
            ema_helper.update(model)
        #計算截斷擴散的損失來更新分數模型
```

```
# 獲得標準高斯雜訊
z_si = torch.randn_like(x).to(self.device)
# 在生成器輸入雜訊，輸出預測的 x_T
x_gen_prime_implicit = model(z_si, t_max)
# 獲得判別器的分類結果並計算損失。此處只更新生成器，所以只需計算生成樣本
的判別損失
x_fake_logits = discriminator(x_gen_prime_implicit, c=0)
loss_T = torch.nn.functional.softplus(-x_fake_logits).mean()
tb_logger.add_scalar("implicit loss", loss_T,
                                global_step=step)
tb_logger.add_scalar("loss", loss, global_step=step)
logging.info(
    f"Epoch: {epoch}, step: {step}, loss: {loss.item()},
        implicit loss:
        {loss_T.item()}, data time: {data_time / (i+1)}"
)
# 更新分數模型的權重
optimizer_g.zero_grad()
loss_T.backward()
optimizer_g.step()

# 訓練判別器
do_Dr1 = (i % self.Dreg_interval == 0)
# 獲得真實資料和生成資料
z_si = torch.randn_like(x).to(self.device)
x_t_implicit = q_sample(x, self.alphas_bar_sqrt,
    self.one_minus_alphas_bar_sqrt,
    t_max).detach().requires_grad_(do_Dr1)
x_t_gen_implicit = model(z_si, t_max)
# 真實資料的判別損失
real_logits = discriminator(x_t_implicit, c=0)
loss_Dreal =
    torch.nn.functional.softplus(-real_logits).mean()
tb_logger.add_scalar("Dloss/Dreal", loss_Dreal,
    global_step=step)
# 生成資料的判別損失
gen_logits = discriminator(x_t_gen_implicit, c=0)
loss_Dgen = torch.nn.functional.softplus(gen_logits).mean()
```

```
tb_logger.add_scalar("Dloss/Dgen", loss_Dgen,
    global_step=step)

loss_Dr1 = 0
if do_Dr1:
# 對真實資料的梯度做正規化
    with torch.autograd.profiler.record_function('r1_grads'),
        conv2d_gradfix.no_weight_gradients():
        r1_grads = torch.autograd.grad(outputs=
            [real_logits.sum()],
            inputs=[x_t_implicit], create_graph=True
            only_inputs=True)[0]
    r1_penalty = r1_grads.square().sum([1,2,3])
    loss_Dr1 = (r1_penalty * (self.r1_gamma / 2)).mean()
    tb_logger.add_scalar('DLoss/r1_penalty',
        r1_penalty.mean())
    tb_logger.add_scalar('DLoss/reg', loss_Dr1)

d_loss = loss_Dreal + loss_Dgen + loss_Dr1
# 更新判別器的參數
optimizer_d.zero_grad()
d_loss.backward()
optimizer_d.step()
# 儲存和輸出
if step % self.config.training.snapshot_freq == 0 or step == 1:
    states = [
        model.state_dict(),
        optimizer.state_dict(),
        optimizer_d.state_dict(),
        epoch,
        step,
    ]
    if self.config.model.ema:
        states.append(ema_helper.state_dict())
    torch.save(
        states,
        os.path.join(self.args.log_path,
                        "ckpt_{}.pth".format(step)),
```

```
                )
                torch.save(states, os.path.join(self.args.log_path,
                                                "ckpt.pth"))
            data_start = time.time()
        logging.info(
                f"Epoch: {epoch}, epoch training time: {time.time() -
                    epoch_start_time}"
            )
```

3.3.3 知識蒸餾

知識蒸餾（Knowledge Distillation）是一種機器學習技術，它的目的是透過將一個大型、複雜的模型的知識傳遞給一個小型、簡單的模型來提高後者的性能。知識蒸餾的基本思想是利用已經訓練好的模型的知識來輔助訓練新模型，從而加快模型的訓練過程、提高模型的泛化能力和性能。在知識蒸餾中，通常有一個稱為「教師模型」的大型模型和一個稱為「學生模型」的小型模型。教師模型的任務是對輸入進行分類或生成輸出，舉例來說，進行影像分類、語音辨識、機器翻譯等任務。學生模型的任務是盡可能準確地模擬教師模型的行為，並對輸入進行相同的分類或生成輸出。透過將教師模型的知識轉移到學生模型中，學生模型可以在保持高準確率的同時減少模型大小，降低計算成本。

知識蒸餾的基本過程如下：

1. 首先，使用教師模型對訓練集進行預測，並將預測結果作為「軟標籤」或「偽標籤」來訓練學生模型。軟標籤通常是由教師模型輸出的機率分佈決定的，而非單一的類別標籤決定的。

2. 接下來，使用學生模型對訓練集進行訓練，使其盡可能地擬合軟標籤。

3. 最後，在測試集上評估學生模型的性能，以確定其是否可以準確地模擬教師模型的行為。

知識蒸餾可以應用於各種機器學習任務中，包括影像分類、語音辨識、自然語言處理等。它已經被證明可以提高小型模型的性能，並幫助深度學習模型在行動裝置等資源受限的環境下實現高性能。

使用知識蒸餾的方法 [148, 203] 可以顯著提高擴散模型的採樣速度。具體來說，在漸進蒸餾（Progressive Distillation）[203] 中，Salimans 等人提出將使用整個採樣過程的原始採樣器蒸餾成一個只需要一半步驟的、更快的採樣器，如圖 3-3 所示。透過將新的採樣器參數化為一個深度神經網路，漸進蒸餾能夠訓練新模型的採樣器以匹配原始採樣器的輸入和輸出。Salimans 等人採用了機率流 ODE 的角度，預訓練的擴散模型採用確定性的迭代採樣來生成樣本。這種預訓練的擴散模型稱為「教師模型」。教師模型有 T 步的採樣步數，每次迭代教師模型輸入 $\boldsymbol{x}_t$ 並輸出 $\boldsymbol{x}_{t-1}$。漸進蒸餾提出訓練一個學生模型，使其在迭代生成過程中的每一步接收 $\boldsymbol{x}_t$，然後輸出 $\boldsymbol{x}'_{t-2}$，也就是說學生模型的一次計算等價於教師模型進行了兩步計算，這樣就減少了一半的採樣步數。為了保證生成樣本的品質，學生模型需要向教師模型學習。學生模型與教師模型採用同樣的框架，保證學生模型進行一次計算所需資源與教師模型所需資源相同，然後透過最佳化教師模型兩步計算結果 $\boldsymbol{x}_{t-2}$ 和學生模型一次計算結果 ${}'_{t-2}$ 的 L_2 損失，使學生模型匹配教師模型。如果教師模型能夠較準確地求解機率流 ODE，那麼經過足夠多訓練的學生模型也可以生成較高品質的樣本。重複這個過程可以進一步減少採樣步驟，而減少採樣步驟會導致採樣品質下降。Salimans 等人認為這是源於在擴散步數較少時，分數函式的預測誤差會被放大。為了解決這個問題，Salimans 等人提出了擴散模型的新參數化方式和目標函式新的加權方案。實驗表明，此方法可以將擴散模型的步數壓縮到十位數甚至個位數，而生成的圖片品質沒有明顯下降。

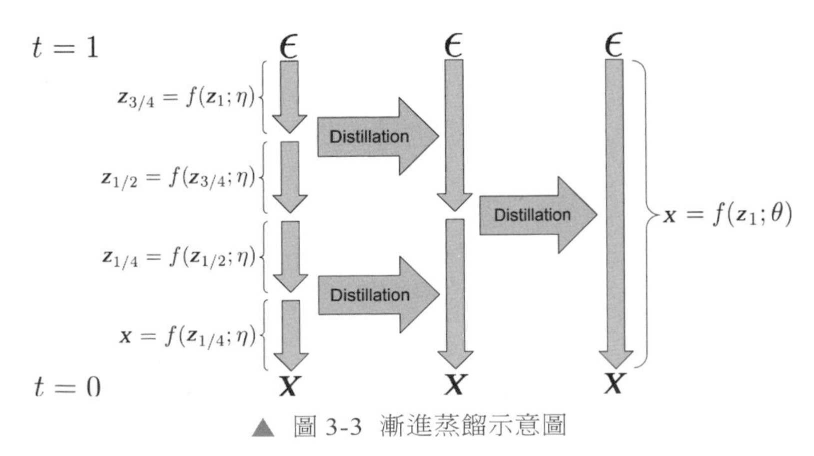

▲ 圖 3-3 漸進蒸餾示意圖

Progressive Distillation 程式實踐

Progressive Distillation 程式如下：

```
#程式來源：PyTorch Implementation of "Progressive Distillation for Fast Sampling of
Diffusion Models(v-diffusion)
#計算蒸餾訓練損失的類別方法
    def train_student(self, distill_train_loader, teacher_diffusion,
    student_diffusion, student_ema,
    student_lr, device, make_extra_args=make_none_args,
    on_iter=default_iter_callback):
    #參數
    # distill_train_loader：訓練資料集
    # teacher_diffusion：教師模型
    # student_diffusion：學生模型
    # student_ema：學生模型訓練的滑動平均
    # student_lr：學生模型的學習率
    # device：cuda
        #訓練初始化
        scheduler = self.scheduler
        total_steps = len(distill_train_loader)
        scheduler.init(student_diffusion, student_lr, total_steps)
        teacher_diffusion.net_.eval()
        student_diffusion.net_.train()
        print(f"Distillation...")
        pbar = tqdm(distill_train_loader)
        N = 0
        L_tot = 0
        for img, label in pbar:
            scheduler.zero_grad()
            img = img.to(device)
            #教師模型的時間點是學生模型時間點的 2 倍
            time = 2 * torch.randint(0, student_diffusion.num_timesteps,
                (img.shape[0],),device=device)
            extra_args = make_extra_args(img, label, device)
            #使用教師模型的類別方法計算訓練損失
            loss = teacher_diffusion.distill_loss(student_diffusion, img,
                time, extra_args)
            L = loss.item()
            L_tot += L
```

```
            N += 1
            pbar.set_description(f"Loss: {L_tot / N}")
            loss.backward()
            scheduler.step()
            moving_average(student_diffusion.net_, student_ema)
            if scheduler.stop(N, total_steps):
                break
            on_iter(N, loss.item())
        on_iter(N, loss.item(), last=True)

# 計算訓練損失。此處的 ground truth 選擇為漸進蒸餾中推薦的「速度」
def distill_loss(self, student_diffusion, x, t, extra_args, eps=None, student_
device=None):
# 參數
# student_diffusion：學生模型
# x：原始圖片資料
# t：訓練時間點
# eps：標準高斯雜訊
        if eps is None:
            eps = torch.randn_like(x)
        # 不訓練教師模型
        with torch.no_grad():
            # 獲取教師模型時間 t 處的加噪資料
            alpha, sigma = self.get_alpha_sigma(x, t + 1)
            z = alpha * x + sigma * eps
            # 獲取學生模型時間 t/2 處的加噪資料，用於計算預測目標 v
            alpha_s, sigma_s = student_diffusion.get_alpha_sigma(x, t // 2)
            alpha_1, sigma_1 = self.get_alpha_sigma(x, t)
            # 計算教師模型的第一步預測
            v = self.inference(z.float(), t.float() + 1, extra_args).double()
            rec = (alpha * z - sigma * v).clip(-1, 1)
            z_1 = alpha_1 * rec + (sigma_1 / sigma) * (z - alpha * rec)
            # 計算教師模型的第二步預測
            v_1 = self.inference(z_1.float(), t.float(),
                extra_args).double()
            x_2 = (alpha_1 * z_1 - sigma_1 * v_1).clip(-1, 1)
            eps_2 = (z - alpha_s * x_2) / sigma_s
            v_2 = alpha_s * eps_2 - sigma_s * x_2
            # 損失的權重
            if self.gamma == 0:
```

```
        w = 1
    else:
        w = torch.pow(1 + alpha_s / sigma_s, self.gamma)
# 計算學生模型的一次預測
v = student_diffusion.net_(z.float(), t.float() * self.time_scale,
    **extra_args)
my_rec = (alpha_s * z - sigma_s * v).clip(-1, 1)'
# 傳回教師模型兩步預測和學生模型一次預測的損失
return F.mse_loss(w * v.float(), w * v_2.float())
```

第 4 章 擴散模型的似然最大化

如第 2.1 節所述，擴散模型的訓練目標是負的對數似然的變分下界（VLB）。然而，這個下界在很多情況下可能並不嚴格[121]，導致擴散模型的對數似然有可能不理想。在本節中，我們總結並調查最近關於擴散模型的似然最大化的工作。首先我們介紹似然函式最大化的意義，然後重點討論 3 種類型的方法：雜訊排程最佳化、逆向方差學習和精確的對數似然估計。需要注意的是，目前擴散模型的似然提高方法是透過改善負對數似然的 VLB 實現的，不能像歸一化流（Normalizing Flow）那樣直接改善似然函式值。

4.1 似然函式最大化

在生成模型中，我們認為真實世界的個資料是某個隨機變數一個一個實現的。為了生成趨於真實的資料，我們希望能夠學習到真實資料的分佈 q，然後透過模擬這個分佈來生成新樣本。所以我們會建立深度學習模型來對分佈 q 進行參數化和學習。似然函式指的是，資料點在模型中的機率密度函式值即 $p(\boldsymbol{x},\theta)$所组成的函数 ，其中 x 是資料點，θ 是參數，$p(\cdot,\theta)$ 是模型在參數 θ 下的生成樣本的分佈。

我們先介紹統計學中極大似然估計方法。假設觀測到了包含 N 個獨立樣本的資料集 $\{\boldsymbol{x}_1,\boldsymbol{x}_2,\cdots,\boldsymbol{x}_N\}$，那麼這個樣本的似然函式就是 $L_\theta=\prod_{i=1}^N p(\boldsymbol{x}_i,\theta)$。似然函式是一個關於模型參數 θ 的函式，當選擇不同的參數 θ 時，似然函式的值是不同的，它描述了在當前參數 θ 下，使用模型分佈 $p(\boldsymbol{x},\theta)$ 產生資料集中所有樣本的機率。一個樸素的想法是，在最好的模型參數 θ_{ML} 下，產生資料集中的所有樣本的機率是最大的，即 $\theta_{\mathrm{ML}}\in\operatorname{argmax} L_\theta$。但在電腦中，多個機率的乘積結果並不方便計算和儲存，舉例來說，在計算過程中可能發生數值下溢的問題，即對比較小的、接近於 0 的數進行四捨五入後成為 0。我們可以對似然函式取對數來緩解該問題，即 $l_\theta=\log[L_\theta]$，並且仍然求解最好的模型參數 θ_{ML} 使對數似然函式最大：$\theta_{\mathrm{ML}}\in\operatorname{argmax} l_\theta$。可以證明這兩者是等價的。在統計學中，參數 θ 往往有明確的含義，所以，人們希望知道參數的設定值及其置信區間。透過數學推導可以證明，假設資料真實分佈是 $p(\boldsymbol{x},\theta^*)$，那麼在一定的正規條件下，$\theta_{\mathrm{ML}}$ 是 θ^* 的相合估計，即 $\sqrt{n}(\theta_{\mathrm{ML}}-\theta^*)$ 有漸進常態性，並且是漸進最佳（漸進有效）的。這些優良的性質讓極大似然估計成為統計學中估計參數的常用方法。

但是對深度學習來說，參數 θ 並不一定是可辨識的，並且因為深度學習中的參數往往沒有具體含義，所以我們常常不關心 θ 具體的設定值。但我們仍然希望能夠讓似然函式以某種形式最大化，這是因為似然函式的最大化可以視作對模

型的分佈 p 和真實資料的分佈 q 做匹配。如定義的 $-l_\theta = \sum_{i=1}^{N} -\log p(\cdot,\theta)$，可以在相差一個常數的意義下改寫為 $D_{\mathrm{KL}}(q_{\mathrm{emp}} \| p(\cdot,\theta))$，其中 q_{emp} 在 $\{\boldsymbol{x}_1,\boldsymbol{x}_2,\cdots,\boldsymbol{x}_N\}$ 上均勻分佈。所以最大化 l_θ 等價於最小化 $D_{\mathrm{KL}}(q_{\mathrm{emp}} \| p(\cdot,\theta))$，模型分佈與經驗分佈的 KL 散度。進一步把 q_{emp} 改為資料的真實分佈 q，也就是對不和的資料點乘上了不同的權重，那麼似然函式在相差一個常數的意義下就變成了 $D_{\mathrm{KL}}(q(\cdot) \| p(\cdot,\theta))$，那麼最大化似然函式就是在極小化模型分佈和真實分佈的差距。有的人可能會注意到了，q 的真實分佈是我們不知道的，所以沒辦法顯式地計算這個 KL 散度，但是在資料量較大的情況下可以透過蒙地卡羅方法來模擬。這也是擴散模型最常用的損失函式，不僅如此，基於能量的模型（Energy-Based Model）、VAE、歸一化流（Normalizing Flow）的訓練方式都採用的最大化似然方式。GAN 的訓練方式也是在匹配模型分佈和資料分佈，但不是透過最大化似然的方式，而是使用 GAN 的判別器（test function）來評判兩個分佈的差別。這就導致 GAN 會出現模式崩潰（mode collapse）的情況，即產生的樣本單一。而最大化似然的方式就不會出現這個問題，因為它強制模型考慮到所有數據點。下面我們介紹如何提高擴散模型的似然值從而獲得高品質、多樣性的樣本。

4.2 加噪策略最佳化

在擴散模型中，我們希望最佳化生成樣本分佈的對數似然，也就是 $E_{q_0} \log p_0$，其中 q_0 是真實樣本的分佈，p_0 是生成的樣本的分佈。這等價於最小化 q_0 與 p_0 之間的 KL 散度 $D_{\mathrm{KL}}(p_0 \| q_0)$。但直接計算 KL 散度是很難處理的，因為在擴散模型中樣本是迭代生成的，一般一個樣本就需要幾百甚至上千次計算。所以為了提高計算效率，我們轉而最佳化 $D_{\mathrm{KL}}(p_\pi \| q_\pi)$，這裡 p_π 是整個前向加噪過程的分佈，q_π 是整個逆向去噪過程的分佈。根據 KL 散度的性質，可以證明 $D_{\mathrm{KL}}(p_\pi \| q_\pi)$ 是 $D_{\mathrm{KL}}(p_0 \| q_0)$ 的上界，即可以透過減小 $D_{\mathrm{KL}}(p_\pi \| q_\pi)$ 近似最佳化生成樣本的似然。在經典的擴散模型（如 DDPM）中，前向過程中的雜訊處理程序是手工偵錯的，沒有可訓練的參數。也就是說，q_π 是固定的，我們唯一能做的事就是學習 p_π 的分佈使其與 q_π 匹配。如果 q_π 選擇得不好，比如加噪的進度過快導致資訊遺失過多，那麼會導致 p_π 難以透過學習的方式匹配 q_π。從最佳傳輸的角度來看，q_π 和 p_π 是匹配資料分佈 q_0 和先驗分佈的一座橋樑，而事實上能夠匹

配資料分佈 q_0 和先驗分佈的隨機過程有無限多個。所以我們會期望能夠最佳化或學習前向過程 q_π，從而使學習 p_π 更簡單，二者的 KL 散度更小。透過最佳化前向雜訊的處理程序和擴散模型的其他參數，人們可以進一步最大化 VLB，以獲得更高的對數似然值 [121, 166]。

iDDPM[166] 的工作表明，經典 DDPM 中的線性雜訊在加噪的後期加噪程度過快，導致資訊快速遺失，逆向去噪過程就會難以復原遺失的資訊。而某種餘弦加噪策略可以讓資訊遺失的速率更平緩，容易復原，從而改善模型的對數似然值。具體來說，iDDPM 的餘弦加噪策略可以採取以下形式：

$$\bar{\alpha}_t = \frac{h(t)}{h(0)}, h(t) = \cos^2\left(\frac{\frac{t}{T}+m}{1+m}\cdot\frac{\pi}{2}\right) \quad (4.1)$$

其中 $\bar{\alpha}_t$ 如公式（2.3）和公式（2.4）定義，表示 $\boldsymbol{x}_t$ 中保留的 $\boldsymbol{x}_0$ 的資訊量，而 m 是一個超參數，用於控制 t=0 時的雜訊強度和整個餘弦雜訊的變化速率。Nichol 等人還提出了一個逆向方差的參數化方式，即在對數域中對 β_t 和 $1-\bar{\alpha}_t$ 之間進行插值。

在變分擴散模型（Variational Diffusion Model，VDM）[121] 中，Kingma 等人提出透過聯合訓練加噪策略和其他擴散模型參數來最大化 VLB，從而提高連續時間擴散模型的似然函式值。VDM 使用單調神經網路 $\gamma_\eta(t)$ 對加噪策略進行參數化，其中 η 表示單調神經網路中可學習的參數，並根據 $\sigma_t^2 = \text{sigmoid}\left(\gamma_\eta(t)\right)$, $q(\boldsymbol{x}_t|\boldsymbol{x}_0) = N\left(\bar{\alpha}_t\boldsymbol{x}_0, \sigma_t^2\boldsymbol{I}\right)$, $\bar{\alpha}_t\sqrt{\left(1-\sigma_t^2\right)}$ 建立前向擾動過程。此外，Kingma 等人還證明了在連續時間的情形下（趨於正無窮），資料點 $\boldsymbol{x}$ 的 VLB 可以簡化為只取決於訊號雜訊比 $R(t) = \bar{\alpha}_t^2 / \sigma_t^2$ 的形式。VDM 對前向過程的學習也可以表示為對訊號雜訊比的學習，即 $R(t) = \exp\left(-\gamma_\eta(t)\right)$。另外，$L_{\text{VLB}}$ 可以被分解為：

$$L_{\text{VLB}} = -E_{x_0} D_{\text{KL}}(q(\boldsymbol{x}_T \mid \boldsymbol{x}_0) \,||\, p(\boldsymbol{x}_T)) + E_{x_0,x_1} \log p(\boldsymbol{x}_0|\boldsymbol{x}_1) - L_D \quad (4.2)$$

其中第一項和第二項可以與變分自編碼器相類似的方式進行訓練。第三項可以進一步簡化為以下內容：

$$L_D = \frac{1}{2} E_{x_0,\epsilon} \int_{R_{\min}}^{R_{\max}} \left\| \boldsymbol{x}_0 - \hat{\boldsymbol{x}}_\theta\left(\boldsymbol{x}_v, v\right) \right\|_2^2 dv \tag{4.3}$$

其中，$R_{\max} = R(1)$，$R_{\min} = R(T)$，$\boldsymbol{x}_v = \boldsymbol{x}_0 + \sigma_v \epsilon$ 表示透過前向過程對 $\boldsymbol{x}_0$ 進行擴散，直到 $t = R^{-1}(v)$，得到雜訊資料點。$\boldsymbol{x}_\theta$ 表示由擴散模型預測的無雜訊資料點。因此，只要兩個雜訊處理程序在 $R_{\max}$ 和 $R_{\min}$ 處有相同的值，加噪策略就不會影響 VLB，而只會影響 VLB 的蒙地卡羅估計的方差。由此 Kingma 等人提出，加噪策略的初始值和結束值應該用來最佳化 VLB，而中間的加噪策略應該用來最佳化、減小蒙地卡羅的方差。

VDM 程式實踐

VDM 程式如下：

```
# 程式來源：Variational DiffWave
# 人工設計的兩種加噪方式
# 線性加噪直接在 beta_start 和 beta_end 之間做線性插值（Linear Interpolation）
def linear_beta_schedule(timesteps):
    scale = 1000 / timesteps
    beta_start = scale * 0.0001
    beta_end = scale * 0.02
    return torch.linspace(beta_start, beta_end, timesteps, dtype = torch.float64)

# 餘弦加噪
def cosine_beta_schedule(timesteps, s = 0.008):
    steps = timesteps + 1
    x = torch.linspace(0, timesteps, steps, dtype = torch.float64)
    # 此處的 s 就是公式（4.1）中的 m
    alphas_cumprod = torch.cos(((x / timesteps) + s)/(1 + s) * math.pi * 0.5)
        ** 2
    alphas_cumprod = alphas_cumprod / alphas_cumprod[0]
    betas = 1 - (alphas_cumprod[1:] / alphas_cumprod[:-1])
    return torch.clip(betas, 0, 0.999)

# 基於 nn.Module 定義一個可學習的前向加噪類別
class Nonnegative(nn.Module):
```

```
    def forward(self, X):
        return X.abs()

# 下面這個單調神經網路由 l1、l2、l3 三層神經元組成，其中每層的參數都是非負的
class NoiseScheduler(nn.Module):
    def __init__(self):
        super().__init__()
        # 透過 register_parametrization 向參數加入非負的要求，這些參數透過方差最小化
        來學習
        self.l1 = parametrize.register_parametrization(
            nn.Linear(1, 1, bias=True), 'weight', Nonnegative())
        self.l2 = parametrize.register_parametrization(
            nn.Linear(1, 1024, bias=True), 'weight', Nonnegative())
        self.l3 = parametrize.register_parametrization(
            nn.Linear(1024, 1, bias=False), 'weight', Nonnegative())
        # gamma1 = -log(Rmin)，gamma0 = -log(Rmax)，這個兩參數透過最小化 VLB 來學習
        self.gamma1 = nn.Parameter(torch.ones(1) * 0, requires_grad=True)
        self.gamma0 = nn.Parameter(torch.ones(1) * -10, requires_grad=True)
        self.register_buffer('t01', torch.tensor([0., 1.]))

    #t 的嵌入
    def gamma_hat(self, t: torch.Tensor):
        l1 = self.l1(t)
        return l1 + self.l3(self.l2(l1).sigmoid())
    # 對 t 的嵌入做後處理
    def forward(self, t: torch.Tensor):
        t = t.clamp(0, 1)
        min_gamma_hat, max_gamma_hat,  gamma_hat = self.gamma_hat(
            torch.cat([self.t01, t], dim=0).unsqueeze(-1)).squeeze(1).split(
            [1, 1, t.numel()], dim=0)
        gamma0, gamma1 = self.gamma0, self.gamma1
        normalized_gamma_hat = (gamma_hat - min_gamma_hat) / (max_gamma_hat –
                                                                  min_gamma_hat)
        gamma = gamma0 + (gamma1 - gamma0) * normalized_gamma_hat
        return gamma, normalized_gamma_hat
```

4.3 逆向方差學習

透過最佳化逆向過程 p_π 和前向過程 q_π 的 KL 散度來最佳化生成樣本的似然值。在擴散模型的經典框架中，逆向過程 p_π 的初分佈符合標準高斯分佈，轉移核心是高斯轉移核心，所以能夠學習的參數只有逆向過程中高斯轉移核心的期望與方差。但是在 DDPM 中假定了逆向馬可夫鏈中的高斯轉移核心有固定的方差。雖然我們把逆向轉移核心寫為 $p_\theta\left(\boldsymbol{x}_{t-1} \mid \boldsymbol{x}_t\right)=N\left(\mu_\theta\left(\boldsymbol{x}_t, t\right), \Sigma_\theta\left(\boldsymbol{x}_t, t\right)\right)$，但通常將逆向方差 $\Sigma_\theta\left(\boldsymbol{x}_t, t\right)$ 固定為 $\beta_t \boldsymbol{I}$。這就限制了 p_π 的表達和匹配能力。所以為了讓 p_π 進一步匹配 q_π，許多方法建議對逆向方差也進行學習，以進一步減小 KL 散度，從而提高 VLB 和對數似然值。

在 iDDPM[166] 中，Nichol 和 Dhariwal 提議，透過用某種形式的線性插值來參數化並學習逆向方差，使用一種混合目標對其進行訓練，以得到更高的對數似然和更快的採樣速度，且不損失樣本品質。特別是，他們將公式（2.5）中的逆向方差參數化為：

$$\Sigma_\theta\left(\boldsymbol{x}_t, t\right)=\exp(\theta) \cdot \log \beta_t+(1-\theta) \cdot \log \tilde{\beta}_t$$

其中 $\tilde{\beta}_t=\frac{1-\bar{\alpha}_{t-1}}{1-\bar{\alpha}_t} \beta_t$，$\theta$ 是可學習的參數。選擇在 $\tilde{\beta}_t$ 和 β_t 中插值是因為這兩種固定的逆向方差可以帶來類似的結果。iDDPM 這種對逆向方差進行的參數化是簡單且可學習的，它避免了估計更複雜形式的 $\Sigma_\theta\left(\boldsymbol{x}_t, t\right)$ 所可能帶來的不穩定性，並且其實驗結果顯示，這種簡單的參數化確實可以提高似然值。

Analytic-DPM[8] 證明了一個驚人的結果，即最佳逆向方差可以從預先訓練的分數函式中獲得。「最佳」是指最大的 VLB。假設 q_π 透過公式（2.2）、公式（2.3）來定義，並且 p_π 的期望和方差都可以學習，那麼在逆向方差形如 $\sigma^2 \boldsymbol{I}$ 的假設下，最佳逆向方差的解析形式如下：

$$\Sigma_\theta\left(\boldsymbol{x}_t, t\right)=\sigma_t^2+\left(\sqrt{\frac{\bar{\beta}_t}{\alpha_t}}-\sqrt{\bar{\beta}_{t-1}-\sigma_t^2}\right)^2 \cdot\left(1-\bar{\beta}_t E_{x_t}\left\|\frac{\nabla_{x_t} \log q_t\left(\boldsymbol{x}_t\right)}{d}\right\|^2\right) \tag{4.4}$$

而最佳平均值等價於 DDPM 中對平均值的參數化。在最佳方差裡，只有分數函式的二階矩是未知的，所以可以直接替換成我們預訓練的分數函式。因此，給定一個預訓練的分數模型，我們可以估計其一階矩和二階矩，然後根據公式（4.4）進行計算，以獲得最佳的逆向方差。將它們插入 VLB 可以得到更高的似然值。對這個結論的證明由幾個核心步驟組成。Bao 等人 [8] 觀察到前向鏈和逆向鏈的 KL 散度完全由前向轉移核心和逆向轉移核心的期望和方差決定。這個重要的觀察允許我們計算和求解最佳的逆向方差和逆向期望。首先他們證明了一步加噪和一步去噪的交叉熵有以下的形式。

引理 1：

假設 q 是一個機率密度函式，有期望 μ_q 和方差 Σ_q。另一個分佈為 $p \sim N(\mu,\Sigma)$，那麼 q 和 p 的交叉熵 $H(q,p)$ 等於 $H\left(N\left(\mu_q,\Sigma_q\right),p\right)$。

證明：

$$H(q,p) = -E_q \log p = -E_q \log \frac{1}{\sqrt{(2\pi)^d |\Sigma|}} \exp\left(-\frac{(\boldsymbol{x}-\mu)^T \Sigma^{-1} (\boldsymbol{x}-\mu)}{2}\right)$$
$$= \frac{1}{2}\log\left((2\pi)^d |\Sigma|\right) + \frac{1}{2} E_q (\boldsymbol{x}-\mu)^T \Sigma^{-1} (\boldsymbol{x}-\mu)$$
$$= \frac{1}{2}\log\left((2\pi)^d |\Sigma|\right) + \frac{1}{2} tr\left(E_{\boldsymbol{q}} (\boldsymbol{x}-\mu)^T (\boldsymbol{x}-\mu) \Sigma^{-1}\right)$$
$$= \frac{1}{2}\log\left((2\pi)^d |\Sigma|\right) + \frac{1}{2} tr\left(E_q\left[(\boldsymbol{x}-\mu_{\boldsymbol{q}})^T (\boldsymbol{x}-\mu_q) + (\mu_q-\mu)^T (\mu_q-\mu)\right]\Sigma^{-1}\right)$$
$$= \frac{1}{2}\log\left((2\pi)^d |\Sigma|\right) + \frac{1}{2} tr\left(E_q\left[\Sigma_q + (\mu_q-\mu)^T (\mu_q-\mu)\right]\Sigma^{-1}\right)$$
$$= \frac{1}{2}\log\left((2\pi)^d |\Sigma|\right) + \frac{1}{2} tr\left(\Sigma_q \Sigma^{-1}\right) + \frac{1}{2}(\mu_q-\mu)^T \Sigma^{-1} (\mu_q-\mu)$$
$$= H\left(N\left(\boldsymbol{x}|\mu_q,\Sigma_q\right),p\right)$$

再利用交叉熵和 KL 散度的關係，可以得到：

$$D_{KL}(q \,||\, p) = D_{KL}\left(N\left(\mu_q,\Sigma_q\right),p\right) + H\left(N\left(\mu_q,\Sigma_q\right),p\right) - H(q)$$

證明：

$$D_{\mathrm{KL}}(q||p)=H(q,p)-H(q)=H\left(N\left(x|\mu_q,\Sigma_q\right),p\right)-H(q)$$
$$=H\left(N\left(x|\mu_q,\Sigma_q\right),p\right)-H\left(N\left(x|\mu_q,\Sigma_q\right)\right)+H\left(N\left(x|\mu_q,\Sigma_q\right)\right)-H(q)$$
$$=D_{\mathrm{KL}}(N\left(x|\mu_q,\Sigma_q\right)||p)+H\left(N\left(x|\mu_q,\Sigma_q\right)\right)-H(q)$$

在將上式應用於擴散模型時，我們把 q 代入前向轉移核心，把 p 代入逆向轉移核心。那麼上式的後兩項就是與最佳化無關的常數，我們只需要透過最佳化學習 p 的期望和方差來最佳化上式，也就是說最佳化目標只和 p 的期望和方差有關。Analytic-DPM 假設逆向方差形如 $\sigma^2\boldsymbol{I}$ ，在此假設下可以計算出最佳的逆向期望和逆向方差的解析式：

$$\mu_t^*,\sigma_t^*=argmin_{\{\mu,\sigma\}}E_qD_{KL}(q(\boldsymbol{x}_{n-1}\mid\boldsymbol{x}_n)\|N\left(\mu\left(x_n\right),\sigma^2\boldsymbol{I}\right)$$
$$=E_{q(\boldsymbol{x}_{n-1}|\boldsymbol{x}_n)}\left[\boldsymbol{x}_{n-1}\right],E_qtr\left(Cov_{q(\boldsymbol{x}_{n-1}|\boldsymbol{x}_n)}\left[\boldsymbol{x}_{n-1}\right]/d\right)$$

其中 d 是資料的維度。接下來我們利用 KL 散度的性質把前向鏈和逆向鏈的 KL 散度拆分為每一步前向鏈和逆向鏈 KL 散度的和：

$$E_qD_{\mathrm{KL}}(q(\boldsymbol{x}_0,\cdots,\boldsymbol{x}_{N-1}\mid\boldsymbol{x}_N)\|\,p\left(\boldsymbol{x}_0,\cdots,\boldsymbol{x}_{N-1}|\boldsymbol{x}_N\right))$$
$$=\sum_{i=1}^{N}E_qD_{\mathrm{KL}}(q(\boldsymbol{x}_{n-1}\mid\boldsymbol{x}_n)\|\,p\left(\boldsymbol{x}_{n-1}|\boldsymbol{x}_n\right)+c$$

其中 c 是與逆向過程 p 無關的常數。這樣我們可以針對每一步 KL 散度來最佳化其逆向轉移核心，如上述式子所示。再根據 Tweedie 公式建立最佳期望和方差 μ_t^*、σ_t^* 與分數函式的聯繫，求得公式（4.4）。透過使用嚴謹的數學推導證明了最佳逆向平均值和期望的存在，並且其結果中唯一的未知量就是分數函式。因此，研究各種參數化逆向方差的技巧變得不再重要了，而應把注意力放在如何改善對分數函式的估計上。

iDDPM 程式實踐

iDDPM 程式如下：

```
# 程式來源：improved-diffusion
# 擴散模型的訓練程式
# 引入一些套件和工具函式
```

```
import argparse

from improved_diffusion import dist_util, logger
from improved_diffusion.image_datasets import load_data
from improved_diffusion.resample import create_named_schedule_sampler
from improved_diffusion.script_util import (
    model_and_diffusion_defaults,
    create_model_and_diffusion,
    args_to_dict,
    add_dict_to_argparser,
)
from improved_diffusion.train_util import TrainLoop

def main():
    args = create_argparser().parse_args()
    dist_util.setup_dist()
    logger.configure()
    logger.log("creating model and diffusion...")
    # 根據參數建立分數模型和擴散類別。模型用來預測分數函式，高斯擴散模型用來儲存參數和實現
    計算。模型為「Unet」，「diffusion」為之前定義的「GaussianDiffusion」
    model, diffusion = create_model_and_diffusion(
        **args_to_dict(args, model_and_diffusion_defaults().keys()))
    # 將模型儲存到「gpu」上
    model.to(dist_util.dev())
    # 建立關於訓練時間點的採樣器。預設是在所有時間點上均勻採樣，也可以使用重要性採樣的方法
    schedule_sampler =
    create_named_schedule_sampler(args.schedule_sampler, diffusion)
    logger.log("creating data loader...")
    # 載入資料
    data = load_data(
        data_dir=args.data_dir,
        batch_size=args.batch_size,
        image_size=args.image_size,
        class_cond=args.class_cond,
    )
    logger.log("training...")
    # 訓練主體函式
    TrainLoop(
        model=model, # 分數模型
```

```
        diffusion=diffusion, #擴散過程
        data=data, #訓練資料
        batch_size=args.batch_size, #一批資料的大小
        microbatch=args.microbatch, #一個 microbatch 的大小
        lr=args.lr,
        ema_rate=args.ema_rate,
        log_interval=args.log_interval,
        save_interval=args.save_interval,
        resume_checkpoint=args.resume_checkpoint,
        use_fp16=args.use_fp16,
        fp16_scale_growth=args.fp16_scale_growth,
        schedule_sampler=schedule_sampler, #時間點採樣器，預設從 0 到 T 均勻採樣
        weight_decay=args.weight_decay,
        lr_anneal_steps=args.lr_anneal_steps,
        ).run_loop()

#透過命令列輸入的訓練參數
def create_argparser():
    defaults = dict(
        data_dir="", #訓練資料位置
        schedule_sampler="uniform", #訓練時間點採樣
        lr=1e-4, #學習率
        weight_decay=0.0,
        lr_anneal_steps=0, #訓練步數
        batch_size=1, #一個 batch 的資料量
        microbatch=-1,  #-1 表示不使用 microbatch
        ema_rate="0.9999",  # ema 率
        log_interval=10,
        save_interval=10000,
        resume_checkpoint="", #是否繼續訓練
        use_fp16=False,
        fp16_scale_growth=1e-3,
    )
    defaults.update(model_and_diffusion_defaults())
    parser = argparse.ArgumentParser()
    add_dict_to_argparser(parser, defaults)
    return parser

if __name__ == "__main__":
```

```
    main()

# 定義一個類別進行訓練
class TrainLoop:
    def __init__(self, *,model, diffusion,data, batch_size, microbatch,
                lr,ema_rate, log_interval, save_interval,
                resume_checkpoint, use_fp16=False,
                fp16_scale_growth=1e-3, schedule_sampler=None,
                weight_decay=0.0,
                lr_anneal_steps=0)
# 參數
# model：分數模型
# diffusion：GaussianDiffusion 類別
# data：訓練資料
# batch_size：一個 batch 的資料量
# microbatch：一個 microbatch 的資料量
# lr：學習率
# ema_rate：滑動平均率
# log_interval：log 的間隔
# save_interval：儲存模型的間隔
# resume_checkpoint：是否繼續訓練
# use_fp16=False：使用 fp16 進行訓練
# fp16_scale_growth：fp16 的參數
# schedule_sampler：訓練的時間點採樣器
# weight_decay：權重衰退
# lr_anneal_steps：學習的總步數

        # 初始化參數
        self.model = model
        self.diffusion = diffusion
        self.data = data
        self.batch_size = batch_size
        self.microbatch = microbatch if microbatch > 0 else batch_size
        self.lr = lr
        self.ema_rate = (
            [ema_rate]
            if isinstance(ema_rate, float)
            else [float(x) for x in ema_rate.split(",")]
        )
```

```
self.log_interval = log_interval
self.save_interval = save_interval
self.resume_checkpoint = resume_checkpoint
self.use_fp16 = use_fp16
self.fp16_scale_growth = fp16_scale_growth
self.schedule_sampler = schedule_sampler or
    UniformSampler(diffusion)
self.weight_decay = weight_decay
self.lr_anneal_steps = lr_anneal_steps
self.step = 0 # 訓練次數
self.resume_step = 0 # 已經訓練的次數
self.global_batch = self.batch_size * dist.get_world_size()
self.model_params = list(self.model.parameters())
self.master_params = self.model_params
self.lg_loss_scale = INITIAL_LOG_LOSS_SCALE
self.sync_cuda = th.cuda.is_available()
self._load_and_sync_parameters()
if self.use_fp16:
    self._setup_fp16()
# 設置最佳化器
self.opt = AdamW(self.master_params, lr=self.lr,
    weight_decay=self.weight_decay)
# 如果在命令列中 resume_step 設置為 True，那麼就從事先給定的狀態繼續訓練
if self.resume_step:
    self._load_optimizer_state()
    self.ema_params = [
        self._load_ema_parameters(rate) for rate in self.ema_rate
    ]
else:
    self.ema_params = [
        copy.deepcopy(self.master_params) for _ in
                         range(len(self.ema_rate))
    ]
# 如果可以使用 cuda，則使用 torch 中的 DDP 進行訓練
if th.cuda.is_available():
    self.use_ddp = True
    self.ddp_model = DDP(
        self.model,
    device_ids=[dist_util.dev()],
```

```
            output_device=dist_util.dev(),
            broadcast_buffers=False,
            bucket_cap_mb=128,
            find_unused_parameters=False,
            )
        else:
            if dist.get_world_size() > 1:
                logger.warn(
                    "Distributed training requires CUDA. "
                    "Gradients will not be synchronized properly!"
                )
            self.use_ddp = False
            self.ddp_model = self.model

# 使用 TrainLoop 的類別方法 run_loop 來進行迴圈訓練
def run_loop(self):
    while (not self.lr_anneal_steps or self.step + self.resume_step <
        self.lr_anneal_steps):
        # 取出一批資料
        batch, cond = next(self.data)
        # 進一步訓練
        self.run_step(batch, cond)
        # 週期性輸出
        if self.step % self.log_interval == 0:
            logger.dumpkvs()
        # 週期性儲存資料
        if self.step % self.save_interval == 0:
            self.save()
        # 測試模式
            if os.environ.get("DIFFUSION_TRAINING_TEST", "") and
                self.step > 0:
                return
        self.step += 1
    # 完成訓練後儲存模型
    if (self.step - 1) % self.save_interval != 0:
        self.save()

# 進一步訓練使用的函式
def run_step(self, batch, cond):
```

```
# 參數
# batch：一批訓練資料
# cond：資料類別，在條件擴散時使用
    # 計算進一步訓練的損失
    self.forward_backward(batch, cond)
    # 進行最佳化
    if self.use_fp16:
        self.optimize_fp16()
    else:
        self.optimize_normal()
    # 輸出訓練過程的指標
    self.log_step()

# 計算損失
def forward_backward(self, batch, cond):
# 參數
# batch：一批訓練資料
# cond：資料類別，在條件擴散時使用

    zero_grad(self.model_params)
    for i in range(0, batch.shape[0], self.microbatch):
        # 獲得 microbatch 訓練資料
        micro = batch[i : i + self.microbatch].to(dist_util.dev())
        micro_cond = {
            k: v[i : i + self.microbatch].to(dist_util.dev())
            for k, v in cond.items()
        }
        last_batch = (i + self.microbatch) >= batch.shape[0]
        # 採樣用於訓練的時間點，如果使用重要性採樣，則還需要獲得時間點的權重
        t, weights = self.schedule_sampler.sample(micro.shape[0],
            dist_util.dev())
        # 計算損失
        compute_losses = functools.partial(
            self.diffusion.training_losses,
            # 具體的損失函式類型，是 GaussianDiffusion 類別的方法
            self.ddp_model,
            micro,
            t,
            model_kwargs=micro_cond,
```

```
        )
        # 計算損失
        if last_batch or not self.use_ddp:
            losses = compute_losses()
        else:
            with self.ddp_model.no_sync():
                losses = compute_losses()
        # 計算完此步損失後，若損失的權重使用基於上一步損失的重要性採樣，則更新下一步
        損失的權重
        if isinstance(self.schedule_sampler, LossAwareSampler):
            self.schedule_sampler.update_with_local_losses(t,
                losses["loss"].detach())
        loss = (losses["loss"] * weights).mean()
        log_loss_dict(
            self.diffusion, t, {k: v * weights for k, v in losses.items()}
        )
        # 梯度回傳
        if self.use_fp16:
            loss_scale = 2 ** self.lg_loss_scale
            (loss * loss_scale).backward()
        else:
            loss.backward()

# 損失的計算，是之前 GaussianDiffusion 類別的方法
def training_losses(self, model, x_start, t, model_kwargs=None,     noise=None):
# 參數
# model：訓練的模型
# x_start：[N x C x ...] 輸入的張量
# t：一批加噪時間點
# model_kwargs：額外的參數，可用於條件生成模型的訓練
# noise：可以指定要去掉的高斯雜訊
    if model_kwargs is None:
        model_kwargs = {}
    if noise is None:
        noise = th.randn_like(x_start)
    x_t = self.q_sample(x_start, t, noise=noise)
    #GaussianDiffusion 類別的加噪採樣
    terms = {}
    # 根據參數選擇損失的類別並計算
```

```
if self.loss_type == LossType.KL or self.loss_type ==
    LossType.RESCALED_KL:
    # 計算 KL 散度
    terms["loss"] = self._vb_terms_bpd(model=model, x_start=x_start,
                                        x_t=x_t,t=t,
                                        clip_denoised=False,
                                        model_kwargs=model_kwargs,)
                                        ["output"]
    if self.loss_type == LossType.RESCALED_KL:
        terms["loss"] *= self.num_timesteps
elif self.loss_type == LossType.MSE or self.loss_type
    ==LossType.RESCALED_MSE:
    # 模型輸出
    model_output = model(x_t, self._scale_timesteps(t),
        **model_kwargs)
    if self.model_var_type in [
        ModelVarType.LEARNED,
        ModelVarType.LEARNED_RANGE,
    ]:
        B, C = x_t.shape[:2]
        # 模型的資料分為預測的雜訊（期望）和學習的逆向方差
        assert model_output.shape == (B, C * 2, *x_t.shape[2:])
        model_output, model_var_values = th.split(model_output, C,
            dim=1)
        # 使用 VLB 損失來學習方差，但不要使它影響模型對雜訊的預測。將預測期望凍結
        frozen_out = th.cat([model_output.detach(),
            model_var_values], dim=1)
        # 逆向方差的損失使用 KL 散度
        terms["vb"] = self._vb_terms_bpd(
            model=lambda *args, r=frozen_out: r,
            x_start=x_start,
            x_t=x_t,
            t=t,
            clip_denoised=False,
        )["output"]
        if self.loss_type == LossType.RESCALED_MSE:
            # 把逆向方差的損失除以 1000，以避免影響模型預測雜訊部分的訓練
            terms["vb"] *= self.num_timesteps / 1000.0
    # 根據模型預測的類型，獲得 ground truth 資料
```

```
            target = {
                # 預測 x_t-1
                ModelMeanType.PREVIOUS_X: self.q_posterior_mean_variance(
                    x_start=x_start, x_t=x_t, t=t)[0],
                # 預測 x_0
                ModelMeanType.START_X: x_start,
                # 預測雜訊
                ModelMeanType.EPSILON: noise,
                }[self.model_mean_type]
            assert model_output.shape == target.shape == x_start.shape
            # 計算預測雜訊的損失
            terms["mse"] = mean_flat((target - model_output) ** 2)
            # 總的損失：預測逆向期望和逆向方差
            if "vb" in terms:
                terms["loss"] = terms["mse"] + terms["vb"]
            else:
                terms["loss"] = terms["mse"]
        else:
            raise NotImplementedError(self.loss_type)
        return terms

# 使用 KL 散度計算 VLB 損失
def _vb_terms_bpd(
    self, model, x_start, x_t, t, clip_denoised=True, model_kwargs=None
):
# 參數
# model：模型
# x_start：原始資料
# x_t：t 時刻加噪資料
# t：（一批）時間
# clip_denoised：是否進行 clip
    # 計算真實的 q(x_t-1|x_0,x_t) 的期望和方差
    true_mean, _, true_log_variance_clipped =
        self.q_posterior_mean_variance(
        x_start=x_start, x_t=x_t, t=t
    )
    # 計算模型預測的逆向期望和方差
    out = self.p_mean_variance(
        model, x_t, t, clip_denoised=clip_denoised,
            model_kwargs=model_kwargs
```

```
    )
    # 計算 KL 散度，因為兩個分佈都是高斯分佈，僅需要兩個分佈的期望和方差就能計算 KL 散度
    kl = normal_kl(
        true_mean, true_log_variance_clipped, out["mean"],
            out["log_variance"]
    )
    kl = mean_flat(kl) / np.log(2.0)
    # 從 1 時刻到 0 時刻的 KL 散度需要特殊處理
    decoder_nll = -discretized_gaussian_log_likelihood(
        x_start, means=out["mean"], log_scales=0.5 * out["log_variance"]
    )
    assert decoder_nll.shape == x_start.shape
    decoder_nll = mean_flat(decoder_nll) / np.log(2.0)

    # 在 0 時刻使用 decoder.nll 作為損失，其他時刻使用 KL 散度
    output = th.where((t == 0), decoder_nll, kl)
    return {"output": output, "pred_xstart": out["pred_xstart"]}
```

4.4 精確的對數似然估計

第 4.1 節和第 4.2 節的討論都是把前向過程和逆向過程參數化為離散時間馬可夫鏈。而本節討論連續時間的情況，也就是假設前向過程和逆向過程都存在隨機微分方程的解。在連續時間中進行討論有諸多好處。在連續時間上進行分析，得到的結論更具一般性。經過適當的變換可以適用於各種形式的擴散模型，比如不論是 DDPM 還是 SGM 都可以視為 Score SDE[225] 的離散形式。另一方面，從連續時間出發可以幫助我們打開視野，從而設計更多具有優良性質的擴散模型，比如從離散時間馬可夫鏈出發可能很難設計出類似 CLD 的擴散模型。在 Score SDE[225] 的公式中，樣本是透過數值求解以下反向 SDE 產生的，其中公式（2.18）中的 $\nabla_x \log q_t(\boldsymbol{x})$ 將被學習到的雜訊條件分數模型 $s_\theta(\boldsymbol{x}_t, t)$ 所取代：

$$dx = \left[f(\boldsymbol{x}, t) - g^2(t) \nabla_x \log q_t(\boldsymbol{x}) \right] dt + g(t) d\bar{\boldsymbol{w}} \tag{4.5}$$

也就是說，我們先訓練了一個雜訊條件分數模型 $s_\theta(\boldsymbol{x}_t, t)$ ，然後將它插入公式（2.18）中得到公式（4.5），然後再用數值求解器求解公式（4.5）定義的隨

機微分方程。這個數值求解的過程就是樣本生成的過程。這裡我們用 p_θ^{sde} 表示透過求解上述 SDE 而產生的樣本分佈，也就是公式（4.5）在 0 時刻的解。我們也可以透過將分數模型插入公式（2.19）中的機率流 ODE 來產生資料。透過將分數模型插入公式（2.19）中的機率流 ODE，可以得到：

$$\frac{\mathrm{d}\boldsymbol{x}_t}{\mathrm{d}t} = f\left(\boldsymbol{x}_t,t\right) - \frac{1}{2}g^2\left(t\right)s_\theta\left(\boldsymbol{x}_t,t\right) := \tilde{f}_\theta\left(\boldsymbol{x}_t,t\right) \tag{4.6}$$

同樣，我們用 p_θ^{ode} 來表示求解這個 ODE 產生的樣本分佈。神經常微分方程 [30] 和連續歸一化流 [77] 的理論表明，儘管計算成本很高，p_θ^{ode} 可以被準確計算。

對於 p_θ^{sde}，一些同時期的工作 [98,145,219] 證明，經過適當的加權，存在一個可高效計算的變分下界，我們可以直接使用修改的損失函式來訓練我們的擴散模型，從而最大化 p_θ^{sde}。這也為透過去噪分數匹配、訓練擴散模型提供了理論支撐。

Song 等人 [219] 證明了，在一個特殊的加權函式（被稱為「likelihood weighting」）下，用於訓練分數 SDE 的損失函式可以隱含地使資料上的對數似然最大化，即 p_θ^{sde} 最大化。他們證明了：

$$D_{KL}(q_0 \parallel p_\theta^{sde}) \le L\left(\theta; g^2\left(\cdot\right)\right) + D_{KL}(q_T \| \pi) \tag{4.7}$$

其中 $D_{\mathrm{KL}}(q_0 \parallel p_\theta^{sde})$ 表示原始資料分佈 q_0 和 p_θ^{sde} 的 KL 散度，$L\left(\theta; g^2\left(\cdot\right)\right)$ 表示將 Score SDE 的損失函式（見公式（2.20））的權重 $\lambda\left(t\right)$ 設置為 $g^2\left(t\right)$，即擴散係數的平方。因為 $D_{\mathrm{KL}}(q_0 \parallel p_\theta^{sde}) = -E_{q0} \log p_\theta^{sde} + \mathrm{constant}$，並且 $D_{\mathrm{KL}}(q_T \parallel \pi)$ 也是常數，所以減小 $L\left(\theta; g^2\left(\cdot\right)\right)$ 等價於增大 $E_{q0} \log p_\theta^{sde}$，即最佳化似然函式的期望值。此外，Song 等人和 Huang 等人 [98, 219] 提供了以下對於某一資料點上 p_θ^{sde} 的界限：

$$-\log p_\theta^{sde}\left(\boldsymbol{x}\right) \le L'\left(\boldsymbol{x}\right) \tag{4.8}$$

其中 $L'\left(\boldsymbol{x}\right)$ 的主要部分聯繫到隱式分數匹配（Implicit Score Matching）[101]，而整個界限可以用蒙地卡羅方法有效地估計出來。

由於機率流 ODE 是神經 ODE 或連續歸一化流的特例，我們可以使用這些領域的既定方法來準確計算 $\log p_\theta^{ode}$。假定資料是根據公式（4.6）連續生成的，那麼在 0 時刻生成資料的對數似然可以直接根據下式計算得到暫態換元公式：

$$\log p_\theta^{ode}\left(\boldsymbol{x}_0\right)=\log p_T\left(\boldsymbol{x}_T\right)+\int_0^T \nabla\cdot\tilde{f}_\theta\left(\boldsymbol{x}_t,t\right)dt \tag{4.9}$$

我們可以用數值 ODE 求解器和 Skilling-Hutchinson 跡估計來計算上述的一維積分 [100, 214]。Skilling-Hutchinson 跡估計使用下式計算 $\nabla\cdot\tilde{f}_\theta\left(\boldsymbol{x}_t,t\right)$：

$$\nabla\cdot\tilde{f}_\theta\left(\boldsymbol{x}_t,t\right)=E_{p(\epsilon)}\epsilon^T\nabla\tilde{f}_\theta\left(\boldsymbol{x}_t,t\right)\epsilon$$

其中 $\nabla\tilde{f}_\theta\left(\boldsymbol{x}_t,t\right)$ 是 $\tilde{f}_\theta\left(\boldsymbol{x}_t,t\right)$ 的雅可比矩陣，可以透過深度學習程式（如 PyTorch）的自動微分求出，ϵ 是一個期望為零，方差為 $\boldsymbol{I}$ 的獨立隨機變數。這個式子的證明只需利用期望和跡運算的可交換性就可以證明。所以我們可以以任意精度估計 $\nabla\cdot\tilde{f}_\theta\left(\boldsymbol{x}_t,t\right)$，然後使用 ODE 求解器來計算 $\log p_\theta^{ode}\left(\boldsymbol{x}_0\right)$。但這個公式不能被直接用於最佳化資料上的 $\log p_\theta^{ode}$，因為它需要為每個數據點 $\boldsymbol{x}_0$ 呼叫計算代價昂貴的 ODE 求解器。神經 ODE 在原文 [30] 中也是在每次更新參數時都需要求解一個 ODE。為了減少使用上述公式直接最大化 p_θ^{ode} 帶來的高額成本，Song 等人 [219] 提出了最大化 p_θ^{sde} 的變分下界，以此作為最大化 p_θ^{ode} 的代理，產生一類叫作「Score Flows」的擴散模型。在使用 likelihood weighting 訓練 Score Flows 時，Song 等人發現，損失函式的方差增大了。擴散模型使用蒙地卡羅採樣法來近似公式（2.20），但是當權重採用 likelihood weighting 時，蒙地卡羅採樣的結果有較大的方差。解決的方案是，使用重要性採樣（Importance Sampling），在 likelihood weighting 的基礎上，變換時間 t 在從 0 到 T 上的分佈，可以得到任意方式加權的損失。假設我們想要把權重變為 $\alpha^2(t)$，那麼只需將 t 的分佈變為 $p(t)=\dfrac{g^2(t)}{\alpha^2(t)Z}$ 即可，其中是歸一化常數。文章 [225] 中的 $\alpha^2(t)$ 可以顯著減小訓練損失的方差，比如 VE-SDE，$\alpha^2(t)=\sigma^2(t)'$。

Lu 等人 [145] 進一步改進了機率流 ODE 的訓練方法。他們提出，不僅要最小化普通的分數匹配損失函式，還要最佳化其高階的推廣。他們證明了 $\log p_\theta^{ode}$ 可以被一階、二階、三階的分數匹配誤差所限制。在這個理論結果的基礎上，Lu 等人進一步提出了高效最佳化一階、二階、三階的分數匹配誤差的訓練演算法，以最小化高階分數匹配損失，並且提高了 p_θ^{ode}。

第 5 章 將擴散模型應用於具有特殊結構的資料

雖然擴散模型在影像和音訊等資料應用領域中獲得了巨大的成功，但它們不一定能無縫地轉移到其他模態上。在許多重要的領域，資料有特殊的結構。為了讓擴散模型有效運作，必須考慮並處理這些特殊結構。比如，經典擴散模型所相依的分數函式僅在連續資料欄上才有良定義，而對於離散型態資料沒有良定義，或資料位於低維流形上時，就會出現問題。為了應對這些挑戰，擴散模型必須以各種方式進行調整。

5.1 離散資料

大多數擴散模型都是針對連續資料欄的，因為 DDPM 中使用的高斯雜訊擾動是連續性資料，並不適合作為雜訊加入離散資料；而 SGM 和 Score SDE 所要求的分數函式也只在連續資料欄中定義。分數函式的定義是資料機率密度函式的對數的導數 $\nabla_x \log q_t(\ )$，而離散資料則無法定義分數函式，因為離散資料沒有機率密度函式。為了克服這一困難，一些人 [215, 6, 83, 96, 255] 設計了可以生成離散資料的擴散模型。具體來說，如圖 5-1 所示，VQ-Diffusion[83] 先用 VQ-VAE 將 image 的特徵空間離散化成 token，然後將前向過程中加入的高斯雜訊替換為在離散資料空間上的隨機遊走，或一個隨機遮蔽（mask）操作。由此產生的前向過程的轉移核心的形式是：

$$q(\boldsymbol{x}_t|\boldsymbol{x}_{t-1}) = v^T(\boldsymbol{x}_t)\boldsymbol{Q}_t v(\boldsymbol{x}_{t-1}) \tag{5.1}$$

其中 $v(\boldsymbol{x}_t)$ 是 one-hot 列向量，表示 t 時刻 $\boldsymbol{x}_t$ 所處的狀態，$\boldsymbol{Q}_t$ 是事先確定的轉移矩陣：

$$\boldsymbol{Q}_t = \begin{bmatrix} \alpha_t+\beta_t & \beta_t & \cdots & \beta_t \\ \beta_t & \alpha_t+\beta_t & \cdots & \beta_t \\ \vdots & \vdots & \ddots & \vdots \\ \beta_t & \beta_t & \cdots & \alpha_t+\beta_t \end{bmatrix}$$

其中 $\alpha_t \in [0,1]$，$\beta_t = (1-\alpha_t)/K$。每個 image 的 token 有 $\alpha_t+\beta_t$ 的機率保持之前的值，有 $K\beta_t$ 的機率從個類別中進行重採樣。利用前向轉移核心的馬可夫性可以類似地解析計算出 $q(\boldsymbol{x}_{t-1}|\boldsymbol{x}_0,\boldsymbol{x}_t)$。由於離散資料不能定義分數函式，VQ-Diffusion 使用神經網路來直接預測原始樣本 $\hat{\boldsymbol{x}}_0$，然後透過匹配 $q(\boldsymbol{x}_{t-1}|\boldsymbol{x}_0,\boldsymbol{x}_t)$ 和 $p_\theta\left(\boldsymbol{x}_{t-1}|\hat{\boldsymbol{x}}_0,\boldsymbol{x}_t\right)$ 進行訓練。更多轉移矩陣的選擇可以參考 D3PM[6]，包括一致的轉移核心、具有吸收狀態轉移核心、離散化高斯轉移核心或基於嵌入距離的轉移核心。

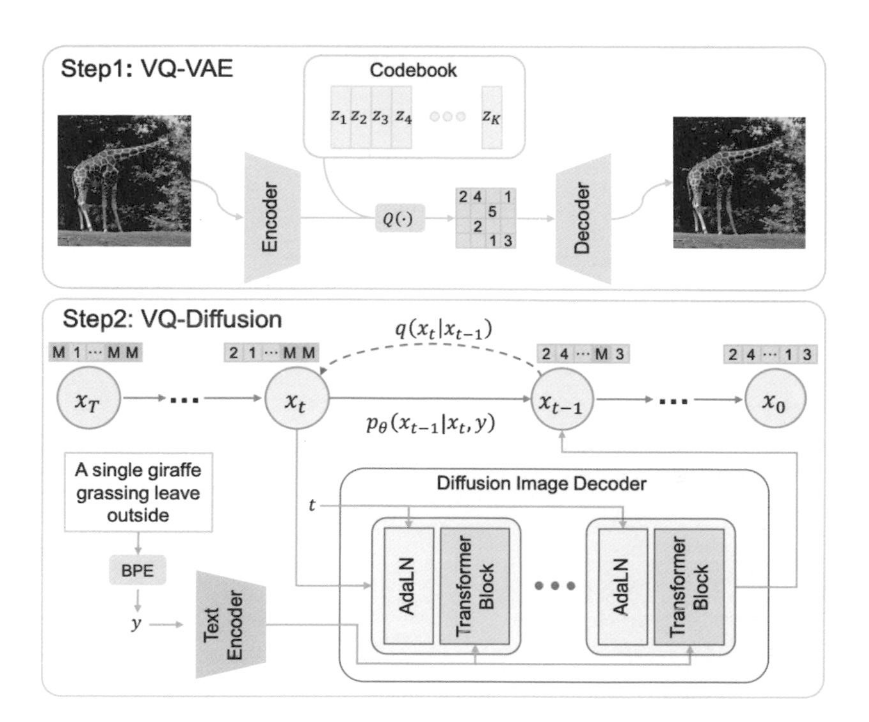

▲ 圖 5-1 VQ-Diffusion 框架圖

VQ-Diffusion 程式實踐

VQ-Diffusion 程式如下：

```
# 程式來源：VQ-Diffusion (CVPR2022, Oral) and Improved VQ-Diffusion
# 基於 Diffusion 類別計算訓練損失
    def _train_loss(self, x, cond_emb, is_train=True):
    # 參數
    # x：輸入的離散 one-hot 資料
    # cond_emb：輔助資訊，如其他文字嵌入
    # is_train：訓練模式
        b, device = x.size(0), x.device
        assert self.loss_type == 'vb_stochastic'
        x_start = x
        # 採樣訓練時間點
        t, pt = self.sample_time(b, device, 'importance')
        # 將資料從 one-hot 形式轉變為對數的形式，便於損失的計算
        log_x_start = index_to_log_onehot(x_start, self.num_classes)
        # 獲得加噪資料，即獲得前向鏈經過 t 步後得到的採樣
```

```
log_xt = self.q_sample(log_x_start=log_x_start, t=t)
xt = log_onehot_to_index(log_xt)
# 使用模型預測原始樣本
log_x0_recon = self.predict_start(log_xt, cond_emb, t=t)
log_model_prob = self.q_posterior(log_x_start=log_x0_recon,
    log_x_t=log_xt, t=t)
log_true_prob = self.q_posterior(log_x_start=log_x_start,
    log_x_t=log_xt, t=t)
# 計算真實的和預測的後驗分佈的 KL 散度，並在計算時使用了遮罩
kl = self.multinomial_kl(log_true_prob, log_model_prob)
mask_region = (xt == self.num_classes-1).float()
mask_weight = mask_region * self.mask_weight[0] + (1. - mask_region) *
    self.mask_weight[1]
kl = kl * mask_weight
kl = sum_except_batch(kl)
decoder_nll = -log_categorical(log_x_start, log_model_prob)
decoder_nll = sum_except_batch(decoder_nll)
mask = (t == torch.zeros_like(t)).float()
kl_loss = mask * decoder_nll + (1. - mask) * kl

# 對損失進行加權，計算重建損失並增加到原損失中
loss1 = kl_loss / pt
vb_loss = loss1
if self.auxiliary_loss_weight != 0 and is_train==True:
    # 計算重建損失
    kl_aux = self.multinomial_kl(log_x_start[:,:-1,:],
        log_x0_recon[:,:-1,:])
    kl_aux = kl_aux * mask_weight
    kl_aux = sum_except_batch(kl_aux)
    kl_aux_loss = mask * decoder_nll + (1. - mask) * kl_aux
    # 對重建損失進行加權
    if self.adaptive_auxiliary_loss == True:
        addition_loss_weight = (1-t/self.num_timesteps) + 1.0
    else:
        addition_loss_weight = 1.0
    loss2 = addition_loss_weight * self.auxiliary_loss_weight *
        kl_aux_loss / pt

    vb_loss += loss2
return log_model_prob, vb_loss
```

Campbell 等人 [21] 提出了第一個離散擴散模型的連續時間框架。在連續時間的角度下，前向馬可夫鏈的軌跡由每個時刻的轉移速率矩陣 $R_t(x,y)$ 決定。簡單來說，R_t 是馬可夫鏈轉移機率關於時間的微分，給定了 R_t 就決定了前向馬可夫鏈的轉移矩陣。類似於 Score SDE，Campbell 等人證明了存在逆向轉移速率矩陣，由其匯出的逆向連續時間馬可夫鏈能夠完全恢復原始資料分佈。類似於分數函式在逆向 SDE 中的作用，在此角度下唯一需要學習的就是逆向轉移速率矩陣。Campbell 等人還推導出了學習逆向轉移速率矩陣和生成資料對數似然的關係式，並以此作為目標函式來學習逆向轉移速率矩陣，從而提高模型的似然值。Campbell 等人還提出了適用於離散資料的高效採樣器，同時提供了關於樣本分佈和真實資料分佈之間誤差的理論分析。

從隨機微分方程的角度看，Liu 等人 [292] 在「Learning Diffusion Bridges on Constrained Domains」中提出了可以學習分佈於特定區域的擴散模型。根據隨機分析領域中的重要定理——「Doob's h-transform」，只需適當調整 SDE 的漂移項，就可以令 SDE 的解以「機率一」存在特定區域中。另外，還可以把這個區域設置為離散空間，這樣經過調整的擴散模型就可以直接生成存在於該空間的離散變數了。所以擴散模型只需學習 SDE 中的漂移係數即可。Liu 等人還設計了一種漂移係數的參數化方法，並基於 E-M 演算法設計了一種最佳化方法，並利用 Girsanov 定理將損失函式寫為 L_2 損失。

5.2 具有不變性結構的資料

很多領域的資料具有不變性的結構。舉例來說，圖（Graph）具有置換不變性，即交換對圖節點的標記順序並不改變圖本身的結構；而點雲是平移和旋轉不變的，因為平移和旋轉並不改變點雲中點的相對位置。在擴散模型中，這些不變性常常被忽略，這可能導致次優的性能。為了解決這個問題，一些人 [45, 171] 給擴散模型增強了處理資料不變性的能力。

Niu 等人 [171] 率先提出了用擴散模型生成具有置換不變性的圖的方案。這種方法適用於無向無權圖，即生成無向無權圖的鄰接矩陣。該模型的前向過程向鄰接矩陣的上三角矩陣，加入獨立的高斯雜訊來保證加噪矩陣也是對稱的，然後使用神經網路來擬合加噪矩陣的分數函式（有良定義的）。同理，採樣過程也是在經典擴散模型的基礎上將其改為對稱的形式。Niu 等人證明了如果生成過程中使用的分數模型是置換不變的，那麼生成的樣本也是置換不變的，並採用了稱為 EDP-GNN 的置換等變圖神經網路 [74, 208, 251] 來估計分數函式。實驗結果表明，使用 EDP-GNN 來參數化雜訊條件得分模型可以生成置換不變的無向無權圖。

GDSS[108] 透過提出一個連續時間的圖擴散過程，進一步拓展、改進了上述方法。為了和時生成圖的鄰接矩陣和節點特徵，GDSS 透過一個隨機微分方程系統對節點屬性集（$\boldsymbol{X}$）和鄰接矩陣（$\boldsymbol{A}$）的聯合分佈進行同時建模，GDSS 和 EDP-GNN 的差別如圖 5-2 所示。在前向過程中，原始資料$(\boldsymbol{X}, \boldsymbol{A})$被一個隨機微分方程系統聯合擾動，而生成過程使用逆向的隨機微分方程系統來恢復資料結構。生成過程中需要估計聯合分佈$(\boldsymbol{X}_t, \boldsymbol{A}_t)$的分數函式，即$\nabla_{\boldsymbol{X}_t, \boldsymbol{A}_t} \log p_\theta(\boldsymbol{X}_t, \boldsymbol{A}_t)$。與 Score SDE 類似，使用線性的漂移係數且擴散係數與資料無關，這樣逆向過程就可以寫為以下的隨機微分方程系統：

$$\begin{cases} \mathrm{d}\boldsymbol{X}_t = [f_{1,t}(\boldsymbol{X}_t) - g_{1,t}{}^2 \nabla_{\boldsymbol{X}_t} \log p_t(\boldsymbol{X}_t, \boldsymbol{A}_t)]\,\mathrm{d}t + g_{1,t}\mathrm{d}\boldsymbol{w}_1 \\ \mathrm{d}\boldsymbol{A}_t = [f_{2,t}(\boldsymbol{A}_t) - g_{2,t}{}^2 \nabla_{\boldsymbol{A}_t} \log p_t(\boldsymbol{X}_t, \boldsymbol{A}_t)]\,\mathrm{d}t + g_{2,t}\mathrm{d}\boldsymbol{w}_2 \end{cases}$$

這樣可以避免估計計算高維函式$\nabla_{\boldsymbol{X}_t, \boldsymbol{A}_t} \log p_\theta(\boldsymbol{X}_t, \boldsymbol{A}_t)$，並且可以將其拆分為兩個偏分數函式（partial score function），即$\nabla_{\boldsymbol{X}_t} \log p_\theta(\boldsymbol{X}_t, \boldsymbol{A}_t)$和$\nabla_{\boldsymbol{A}_t} \log p_\theta(\boldsymbol{X}_t, \boldsymbol{A}_t)$。在擴散過程中$(\boldsymbol{X}_t, \boldsymbol{A}_t)$是互相關聯的，GDSS 使用偏分數函式可以對這種連結性進行建模，使其可以表達整個圖的擴散過程。另外，有兩種圖神經網路來估計偏分數函式，其中使用資訊傳遞操作和注意力機制來保證置換不變性。

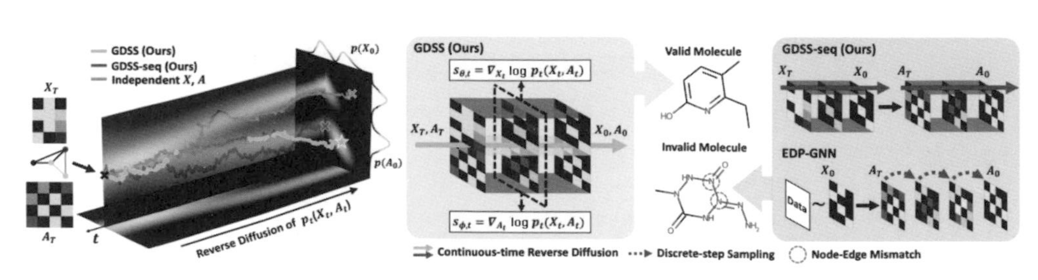

▲ 圖 5-2 GDSS（右上）和 EDP-GNN（右下）

GDSS 程式實踐

GDSS 程式如下：

```
# 在程式來源：Score-Based Generative Modeling of Graphs via the System of Stochastic
Differential Equations
# 在 GDSS 中計算一批資料損失的函式
def get_sde_loss_fn(sde_x, sde_adj, train=True, reduce_mean=False,
                     continuous=True, likelihood_weighting=False, eps=1e-5):
# 參數
# sde_x：節點特徵的擴散方程式形式，如 VP-SDE、VE-SDE 等
# sde_adj：鄰接矩陣的擴散方程式形式
# train：是否進行訓練
# reduce_mean：是否對損失求平均值
# continuous：是否是連續時間模式
# likelihood_weighting：損失函式加權方式
  reduce_op = torch.mean if reduce_mean else lambda *args, **kwargs:
                     0.5 * torch.sum(*args,**kwargs)
  # 損失的計算
  def loss_fn(model_x, model_adj, x, adj):
    # 根據擴散方程式的類型和神經網路的輸出，獲得對分數函式的預測函式
    score_fn_x = get_score_fn(sde_x, model_x, train=train,
        continuous=continuous)
    score_fn_adj = get_score_fn(sde_adj, model_adj, train=train,
        continuous=continuous)

    # 訓練時間採樣
    t = torch.rand(adj.shape[0], device=adj.device) * (sde_adj.T - eps) + eps
    flags = node_flags(adj)
    # 生成雜訊和加噪資料。在鄰接矩陣和節點加入獨立的標準高斯雜訊
    z_x = gen_noise(x, flags, sym=False)
    mean_x, std_x = sde_x.marginal_prob(x, t)
    perturbed_x = mean_x + std_x[:, None, None] * z_x
    perturbed_x = mask_x(perturbed_x, flags)
    z_adj = gen_noise(adj, flags, sym=True)
    mean_adj, std_adj = sde_adj.marginal_prob(adj, t)
    perturbed_adj = mean_adj + std_adj[:, None, None] * z_adj
    perturbed_adj = mask_adjs(perturbed_adj, flags)
    # 預測分數函式，注意模型的輸入是加噪後的聯合資料
    score_x = score_fn_x(perturbed_x, perturbed_adj, flags, t)
```

```
    score_adj = score_fn_adj(perturbed_x, perturbed_adj, flags, t)
    # 下面利用 DSM 方法，分別計算偏分數函式的預測損失
    if not likelihood_weighting:
      losses_x = torch.square(score_x * std_x[:, None, None] + z_x)
      losses_x = reduce_op(losses_x.reshape(losses_x.shape[0], -1), dim=-1)
      losses_adj = torch.square(score_adj * std_adj[:, None, None] + z_adj)
      losses_adj = reduce_op(losses_adj.reshape(losses_adj.shape[0], -1),
          dim=-1)
    # 使用 likelihood_weighting 的加權方式，需要呼叫 SDE 的擴散係數
    else:
      g2_x = sde_x.sde(torch.zeros_like(x), t)[1] ** 2
      losses_x = torch.square(score_x + z_x / std_x[:, None, None])
      losses_x = reduce_op(losses_x.reshape(losses_x.shape[0], -1), dim=-1)
         * g2_x
      g2_adj = sde_adj.sde(torch.zeros_like(adj), t)[1] ** 2
      losses_adj = torch.square(score_adj + z_adj / std_adj[:, None, None])
      losses_adj = reduce_op(losses_adj.reshape(losses_adj.shape[0], -1),
          dim=-1) * g2_adj
    return torch.mean(losses_x), torch.mean(losses_adj)
  return loss_fn
```

同樣，Shi 等人 [210] 和 Xu 等人 [259] 使擴散模型能夠產生對平移和旋轉不變的分子構象。舉例來說，Xu 等人 [259] 說明，如果馬可夫鏈以一個不變先驗作為初分佈且轉移核心是等變的，那麼其產生的邊際分佈也具有置換不變性。這可以用來在分子構象生成中保證適當的資料不變性。具體來說，設 T 是一個平移或旋轉變換。假如一個馬可夫鏈的初始分佈和轉移核心都有相應的不變性和等變性，即初始分佈 π 保證 $\pi(\boldsymbol{x}_0)=\pi(T(\boldsymbol{x}_0))$，轉移核心 p_θ 保證 $p_\theta(\boldsymbol{x}_{t+1}|\boldsymbol{x}_t)=p_\theta(T(\boldsymbol{x}_{t+1})|T(\boldsymbol{x}_t))$，那麼這個馬可夫鏈經過 T 步的邊緣分佈對於 T 是不變的，即 $p_\theta(\boldsymbol{x}_T)=p_\theta(T(\boldsymbol{x}_T))$。因此，只要我們設計的先驗分佈和轉移核心都有相應的不變性，那麼我們就可以建立一個擴散模型來生成具有平移和旋轉不變的分子構象。Xu 等人選擇了一種平移和旋轉不變的雜訊分佈，並設計了一種具有相同不變性的資訊傳遞神經網路（Message-Passing Neural Network）。具體方法是，給定第 l 層的節點特徵 $\boldsymbol{h}^l$ 和位置特徵 $\boldsymbol{x}^l$，第 $l+1$ 層神經網路以下面公式更新特徵：

$$m_{ij} = \Phi_m\left(h_i^l, h_j^l, \| x_i^l - x_j^l \|^2, e_{ij}; \theta_m\right)$$

$$h_i^{l+1} = \Phi_h\left(h_i^l, \sum_{j\in N(i)} m_{ij}; \theta_h\right)$$

$$x_i^{l+1} = \sum_{j\in N(i)} \frac{1}{d_{ij}}\left(c_i - c_j\right)\Phi_x\left(m_{ij}; \theta_x\right)$$

其中 e_{ij} 表示節點特徵，d_{ij} 表示節點距離，$N(i)$ 表示節點的鄰居節點，在這裡包括距離小於設定值 τ 的所有節點。Φ_m、Φ_h、Φ_x 是神經網路。在每層神經網路中，先計算相鄰節點之間的資訊傳遞 m_{ij}，然後再根據 m_{ij} 更新節點特徵 h^{l+1} 和位置特徵 x^{l+1}。經過 L 層網路後，使用 x^l 作為最後輸出，預測加入的雜訊。該網路的不變性可以透過迭代法證明。如果 h^l 是平移、旋轉不變的且 x^l 是等變的，那麼 m_{ij}^{l+1} 就是平移、旋轉不變的，進一步可推出 h^{l+1} 是不變的、x^{l+1} 是等變的。那麼最終的預測結果 x^l 就是平移、旋轉等變的，保證了逆向過程轉移核心也是等變的。

GeoDiff 程式實踐

GeoDiff 程式如下：

```
# 程式來源，GeoDiff: a Geometric Diffusion Model for Molecular Conformation Generation
# GeoDiff 中的資訊傳播神經網路
class SchNetEncoder(Module):
    def __init__(self, hidden_channels=128, num_filters=128,
                 num_interactions=6, edge_channels=100, cutoff=10.0, smooth=False):
    # 參數
    # hidden_channels：節點特徵隱層通道數
    # num_filters：濾波的數量
    # num_interactions：進行資訊傳播的次數
    # edge_channels：邊特徵通道數
    # cutoff：相鄰節點的設定值
    # smooth：是否進行光滑化
        super().__init__()
        self.hidden_channels = hidden_channels
        self.num_filters = num_filters
        self.num_interactions = num_interactions
        self.cutoff = cutoff
```

```
        self.embedding = Embedding(100, hidden_channels, max_norm=10.0)
        # 建立資訊傳播神經網路
        self.interactions = ModuleList()
        for _ in range(num_interactions):
            block = InteractionBlock(hidden_channels, edge_channels,
                                     num_filters, cutoff, smooth)
            self.interactions.append(block)

    def forward(self, z, edge_index, edge_length, edge_attr, embed_node=True):
    # 參數
    # z：原子類別
    # edge_index：邊的索引
    # edge_length：加噪後原子之間的距離
    # edge_attr：邊特徵，在資訊傳播網路中不更新
    # embed_node：是否對節點資訊（原子類別）進行嵌入
        if embed_node:
            assert z.dim() == 1 and z.dtype == torch.long
            h = self.embedding(z)
        else:
            h = z
        # 進行 num_interactions 次資訊傳遞來更新節點特徵，並使用殘差連結
        for interaction in self.interactions:
            h = h + interaction(h, edge_index, edge_length, edge_attr)
        return h

# 資訊傳播層
class InteractionBlock(torch.nn.Module):
    def __init__(self, hidden_channels, num_gaussians, num_filters, cutoff,
        smooth):
    # 參數
    # hidden_channels：節點特徵隱層通道數
    # num_gaussians：Gaussian 數量
    # num_filters：濾波的數量
    # cutoff：相鄰節點的設定值
    # smooth：是否進行光滑化
        super(InteractionBlock, self).__init__()
        # 建立神經網路來進一步提取邊特徵資訊
        mlp = Sequential(
            Linear(num_gaussians, num_filters),
```

```
            ShiftedSoftplus(),
            Linear(num_filters, num_filters),
        )
        # 使用連續濾波卷積層來提取節點特徵
        self.conv = CFConv(hidden_channels, hidden_channels, num_filters,
                           mlp, cutoff, smooth)
        # 非線性和線性映射
        self.act = ShiftedSoftplus()
        self.lin = Linear(hidden_channels, hidden_channels)

    def forward(self, x, edge_index, edge_length, edge_attr):
        x = self.conv(x, edge_index, edge_length, edge_attr)
        x = self.act(x)
        x = self.lin(x)
        return x

# 基於 torch_geometric 套件中的 MessagePassing 進行資訊傳播
From torch_geometric.nn import MessagePassing
class CFConv(MessagePassing):
    def __init__(self, in_channels, out_channels, num_filters, nn, cutoff,
        smooth):
    # 參數
    # in_channels：輸入通道數
    # out_channels：輸出通道數
    # num_filters：濾波的數量
    # nn：提取邊特徵的神經網路層
    # cutoff：相鄰節點的設定值
    # smooth：是否進行光滑化
        # 資訊聚合使用加法運算
        super(CFConv, self).__init__(aggr='add')
        self.lin1 = Linear(in_channels, num_filters, bias=False)
        self.lin2 = Linear(num_filters, out_channels)
        self.nn = nn
        self.cutoff = cutoff
        self.smooth = smooth
        # 初始化網路參數
        self.reset_parameters()
    def reset_parameters(self):
        torch.nn.init.xavier_uniform_(self.lin1.weight)
```

```
        torch.nn.init.xavier_uniform_(self.lin2.weight)
        self.lin2.bias.data.fill_(0)
    def forward(self, x, edge_index, edge_length, edge_attr):
    # 參數
    # x：原子節點特徵
    # edge_index：邊的索引
    # edge_length：加噪後原子之間的距離
    # edge_attr：邊特徵
        # 選擇使用哪些節點作為鄰居節點，進行 smooth，根據原子間距離對邊特徵加權
        if self.smooth:
            C = 0.5 * (torch.cos(edge_length * PI / self.cutoff) + 1.0)
            C = C * (edge_length <= self.cutoff) * (edge_length >= 0.0)
        else:
            C = (edge_length <= self.cutoff).float()
        # 進一步取出邊特徵的資訊並加權
        W = self.nn(edge_attr) * C.view(-1, 1)
        x = self.lin1(x)
        # 資訊傳播
        x = self.propagate(edge_index, x=x, W=W)
        x = self.lin2(x)
        return x

    # 計算函式並在 self.propagate 中被呼叫
    def message(self, x_j, W):
        return x_j * W
```

5.3 具有流形結構的資料

具有流形結構的資料在機器學習中無處不在。正如流形假說 [63] 所認為的那樣，自然界的資料往往位於內在維度較低的流形上。此外，許多資料欄都有眾所皆知的流形結構。舉例來說，氣候和地球資料自然地位於球體上，因為球體是我們星球的形狀。許多工作都為流形上的資料開發了擴散模型，我們根據流

形是已知的還是未知的進行分類，並介紹一些有代表性的工作。

5.3.1 流形已知

有研究已經將 Score SDE 的形式擴展到了各種已知流形上。這種適應性類似於神經 ODE[30] 和連續歸一化流 [77] 泛化到黎曼流形上 [144, 158]。為了訓練這些模型，研究人員還將分數匹配和分數函式改為黎曼流形的形式。

黎曼分數生成模型（Riemannian Score-Based Generative Model，RSGM）[45] 可以適應廣泛的已知流形，包括球體和環狀，只要它們滿足較弱的條件。RSGM 證明了將擴散模型擴展到緊致黎曼流形上是可能的。該模型還提供了一個在流形上進行逆向擴散的公式。從內蘊的角度出發，RSGM 使用測地隨機遊動（Geodesic Random Walk）的方式來近似擴散模型在黎曼流形上的採樣過程。它是用廣義的去噪分數匹配來訓練的。

與此相反，黎曼擴散模型（Riemannian Diffusion Model，RDM）[97] 採用了一個變分框架，將連續時間擴散模型推廣到黎曼流形上。RDM 使用對數似然的變分下界（VLB）作為其損失函式。RDM 模型的作者表示，最大化這個 VLB 等於最小化一個黎曼分數匹配損失。與 RSGM 不同，假定相關的黎曼流形是嵌入在一個更高維的歐氏空間中的，那麼 RDM 採取的是外蘊的觀點。

5.3.2 流形未知

根據流形假說 [63]，大多數自然數據位於內在維度明顯較低的流形上。因此，辨識這些低維流形並在其上訓練擴散模型是有優勢的。從而許多工作都是建立在這一想法之上的。首先使用自編碼器將資料濃縮到一個低維流形中，然後在這個潛在空間中訓練擴散模型。在這些情況下，流形是由自編碼器隱含地定義的，並透過最佳化重建損失來學習得到的。

為了取得成效，關鍵是要設計一個損失函式，使自編碼器和擴散模型能夠同時得到訓練。基於分數的潛在生成模型（LSGM）[234] 試圖將一個分數 SDE 擴散模型和變分自編碼器（VAE）[123, 195] 進行組合，從而解決聯合訓練的問題。

LSGM 先用一個 VAE 學習一個潛在空間，然後在潛在空間中使用擴散模型生成潛在特徵，並且在訓練擴散模型的同時訓練 VAE。在這種配置下，擴散模型可以視作在學習 VAE 的先驗分佈。因為擴散模型是應用於 VAE 學習得到的潛在空間，並且二者需要同時訓練，所以擴散模型常用的訓練目標如分數匹配、去噪分數匹配，對此就不再適用了。為了解決這個問題，LSGM 的作者提出了一個聯合訓練目標，將 VAE 的證據下限（ELBO）與擴散模型的分數匹配目標結合起來，並證明這是資料的對數似然的下限。透過將擴散模型置於潛在空間內，LSGM 實現了比傳統擴散模型更高的採樣效率。此外，LSGM 可以透過自編碼器將離散型態資料轉為連續的潛在特徵。

潛在擴散模型（Latent Diffusion Model，LDM）[198] 不是聯合訓練自編碼器和擴散模型，而是分別處理每個組成部分的。首先，它訓練一個自編碼器以產生一個低維的潛在空間。然後在潛在空間中訓練擴散模型。在低維潛在空間中擴散模型的計算效率更高，並且可以更進一步地進行可控生成，如文字到圖片的生成。具體來說，LDM 先將文字嵌入潛在空間，然後在 U-Net 中加入交叉注意力（Cross-Attention）機制，使用文字嵌入引導圖片去噪。DALL·E 3[186] 採用了一個類似的策略，在 CLIP 影像嵌入空間上訓練一個擴散模型，然後訓練一個單獨的解碼器並基於 CLIP 的影像嵌入進行生成。

LDM 程式實踐

LDM 程式如下：

```
# 程式來源：Stable Diffusion
# 使用預訓練的自編碼器將圖片資料嵌入潛在空間
class AutoencoderKL(pl.LightningModule):
def __init__(self,ddconfig, lossconfig, embed_dim, ckpt_path=None, ignore_keys=[],
image_key="image", monitor=None,):
    # 參數
    # ddconfig：自編碼器的參數
    # lossconfig：訓練自編碼器的損失函式類型
    # embed_dim：潛在空間維度
    # ckpt_path：自編碼器參數存檔路徑
    # ignore_keys：忽略的存檔標籤
    # image_key：是否處理影像資料
```

```
# monitor：是否使用 monitor
    super().__init__()
    self.image_key = image_key
    # 初始化編碼器和解碼器神經網路
    self.encoder = Encoder(**ddconfig)
    self.decoder = Decoder(**ddconfig)
    assert ddconfig["double_z"]
    self.quant_conv = torch.nn.Conv2d(2*ddconfig["z_channels"],
        2*embed_dim, 1)
    self.post_quant_conv = torch.nn.Conv2d(embed_dim,
        ddconfig["z_channels"], 1)
    self.embed_dim = embed_dim
    # 初始化自編碼器訓練損失
    self.loss = instantiate_from_config(lossconfig)
    if monitor is not None:
        self.monitor = monitor
    # 載入預訓練的參數
    if ckpt_path is not None:
        self.init_from_ckpt(ckpt_path, ignore_keys=ignore_keys)

def init_from_ckpt(self, path, ignore_keys=list()):
    sd = torch.load(path, map_location="cpu")["state_dict"]
    keys = list(sd.keys())
    for k in keys:

        # 不載入標記在 ignore_keys 中的參數
        for ik in ignore_keys:
            if k.startswith(ik):
                print("Deleting key {} from state_dict.".format(k))
                del sd[k]
    self.load_state_dict(sd, strict=False)
    print(f"Restored from {path}")
# 編碼
def encode(self, x):
# 參數
# x：前置處理好的圖片資料
    # 將圖片資料嵌入
    h = self.encoder(x)
    # 再用一層卷積神經網路來學習嵌入分佈的期望與方差
```

```
        moments = self.quant_conv(h)
        # 獲得期望與方差，嵌入向量是由該期望和方差決定的高斯隨機向量
        posterior = DiagonalGaussianDistribution(moments)
        # 獲得期望與方差後進行採樣，將採樣結果作為擴散模型的輸入進行訓練
        return posterior
    # 解碼
    def decode(self, z):
    # 參數
    # z：從擴散模型中生成的潛在變數
        z = self.post_quant_conv(z)
        dec = self.decoder(z)
        return dec
# 將從編碼得到的期望和方差採樣嵌入向量
class DiagonalGaussianDistribution(object):
    def __init__(self, parameters, deterministic=False):
    # 參數
    # parameters：期望和方差
    # deterministic：是否進行確定性採樣
        self.parameters = parameters
        # 將其拆分為期望和對數方差並進行 clamp
        self.mean, self.logvar = torch.chunk(parameters, 2, dim=1)
        self.logvar = torch.clamp(self.logvar, -30.0, 20.0)
        self.deterministic = deterministic
        self.std = torch.exp(0.5 * self.logvar)
        self.var = torch.exp(self.logvar)
        # 若進行確定性採樣則將方差設置為 0，傳回值為期望
        if self.deterministic:
            self.var = self.std = torch.zeros_like(self.mean).
                to(device=self.parameters.device)
    def sample(self):
        x = self.mean + self.std *torch.randn(self.mean.shape).
            to(device=self.parameters.device)
        return x

# 使用交叉注意力機制來利用文字資訊引導圖片去噪
class CrossAttention(nn.Module):
    def __init__(self, query_dim, context_dim=None, heads=8, dim_head=64,
        dropout=0.):
    # 參數
```

```
# query_dim：圖片資料維度
# context_dim：文字嵌入維度
# heads：注意力頭的數量
# dim_head：query 的維度（同 key，value）
# dropout
    super().__init__()
    # 初始化維度和神經網路
    inner_dim = dim_head * heads
    context_dim = default(context_dim, query_dim)
    self.scale = dim_head ** -0.5
    self.heads = heads
    self.to_q = nn.Linear(query_dim, inner_dim, bias=False)
    self.to_k = nn.Linear(context_dim, inner_dim, bias=False)
    self.to_v = nn.Linear(context_dim, inner_dim, bias=False)
    self.to_out = nn.Sequential(
        nn.Linear(inner_dim, query_dim),
        nn.Dropout(dropout)
    )
def forward(self, x, context=None, mask=None):
    # 參數
    # x：嵌入後的圖片資料
    # context：嵌入後的文字
    # mask：是否使用遮罩
    h = self.heads
    # 使用嵌入後（且加噪後）的圖片資料計算 query
    q = self.to_q(x)
    # 使用嵌入後的文字計算 key 和 value
    context = default(context, x)
    k = self.to_k(context)
    v = self.to_v(context)
    # 將 q、k、v 按照注意力頭數拆分
    q, k, v = map(lambda t: rearrange(t, 'b n (h d) -> (b h) n d', h=h),
        (q, k, v))
    # 計算 q 和 k 相應位置的乘積並正規化
    sim = einsum('b i d, b j d -> b i j', q, k) * self.scale
    # 若使用遮罩
    if exists(mask):
        mask = rearrange(mask, 'b ... -> b (...)')
        max_neg_value = -torch.finfo(sim.dtype).max
```

```
        mask = repeat(mask, 'b j -> (b h) () j', h=h)
        sim.masked_fill_(~mask, max_neg_value)
    # 計算注意力係數
    attn = sim.softmax(dim=-1)
    # 計算加權的 value，即使用文字引導的去噪圖片
    out = einsum('b i j, b j d -> b i d', attn, v)
    out = rearrange(out, '(b h) n d -> b n (h d)', h=h)
    return self.to_out(out)
```

第 6 章

擴散模型與其他生成模型的連結

在本節中，我們首先介紹其他 5 種重要的生成模型，包括變分自編碼器、生成對抗網路、歸一化流、自回歸模型和基於能量的模型，分析它們的優點和局限性。我們將介紹擴散模型與它們之間的聯繫，並說明這些生成模型是如何透過納入擴散模型而得到促進的。

6.1 變分自編碼器與擴散模型

變分自編碼器（VAE）是一種生成模型[56, 124, 195]，它可以透過學習資料的潛在空間表示來生成新的樣本資料。與傳統的自編碼器相比，VAE 具有更強的機率建模能力和更好的樣本生成能力。如圖 6-1 所示，VAE 有編碼器（Encoder）和解碼器（Decoder）兩個部分。編碼器將輸入資料映射到潛在空間中的潛在變數，解碼器則將這些潛在變數映射回原始資料空間，從而重建輸入資料。在訓練過程中，VAE 透過最大化對數似然的方式來學習模型參數。與標準自編碼器不同的是，VAE 還使用了一種稱為「變分推斷」的技術來訓練模型。

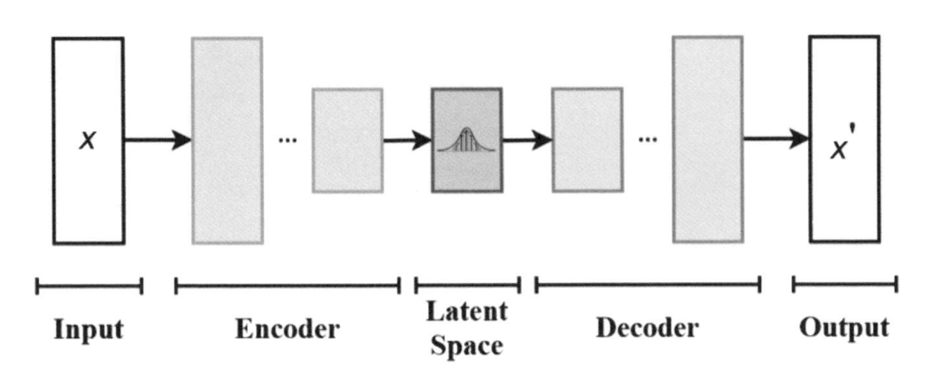

▲ 圖 6-1 VAE 框架簡圖

具體來說，VAE 透過在潛在變數空間中引入一個先驗分佈來確保模型可以生成具有多樣性的樣本。這個先驗分佈通常是高斯分佈或混合高斯分佈。在訓練過程中，VAE 嘗試最大化重建資料的對數似然，同時最小化模型學習到的潛在變數與先驗分佈之間的差異。這個差異可以使用 KL 散度來度量，KL 散度是一種用於衡量兩個分佈之間差異的度量。VAE 假設資料 x 可以由未觀察到的潛在變數 z 使用條件分佈 $p_\theta(x \mid z)$ 產生，而 z 服從簡單的先驗分佈 $\pi(z)$。此外還需要 $q_\phi(z \mid x)$ 來近似後驗分佈 $p_\theta(z|x)$，使用樣本 x 來推斷 z。為了保證有效推理，我們採用變異貝氏方法以使證據下限（ELBO）最大化：

$$L(\Phi,\theta;x)=E_{q(z|x)}[\log p_\theta(x|z)-q_\Phi(z \mid x)]$$

其中 $L(\Phi,\theta;x) \leq \log p_\theta(x)$。只要參數化的似然函式 $p_\theta(x|z)$ 和參數化的後驗近似分佈 $q_\Phi(z|x)$ 能夠以點到點的方式計算出來，並可隨其參數而微分，ELBO 便可以透過梯度下降法實現最大化。VAE 的這種形式允許靈活選擇編碼器和解碼器的模型。通常情況下，這些模型表示了指數族分佈，其參數是由多層神經網路生成的。VAE 的核心問題是對近似後驗分佈 $q_\Phi(z|x)$ 的選取，如果選取的過於簡單就無法近似真實後驗，則導致模型效果不好；而如果選得比較複雜，則對數似然又會很難計算。擴散模型透過先定義後驗分佈，然後透過學習生成器來匹配後驗分佈。這樣就避免了最佳化後驗分佈，而直接最佳化生成器。

DDPM 可以被視作一個具有固定編碼器（後驗分佈）的層次馬可夫 VAE。具體來說，DDPM 的前向過程對應於 VAE 中的編碼器，但是這個過程的結構是一個確定的線性高斯模型（見公式（2.2））。另一方面，DDPM 的逆向過程的功能就如同 VAE 的解碼器，但是解碼器內的潛在變數與樣本資料的大小相同，並且在多個解碼步驟中共用同一個神經網路。

在連續時間的角度下，Song 團隊 [225]、Huang 團隊 [98]、Kingma 團隊 [121] 證明了分數匹配的目標函式可以使用深度層次 VAE 的證據下限（ELBO）來近似。因此，最佳化一個擴散模型可以被看作是訓練一個無限深的層次 VAE 模型。這一發現支持了一個被普遍接受的觀點，即 Score SDE 擴散模型可以被視為層次化 VAE 的連續極限。

對於潛在空間中的擴散模型，潛在分數生成模型（Latent Score-Based Generative Model，LSGM）[234] 證明了 ELBO 可以被視為一個特殊的分數匹配目標。對於潛在空間中的擴散模型，ELBO 中的交叉熵項是難以處理的，但如果將基於分數的生成模型看作是一個無限深的 VAE，那麼交叉熵項可以被轉化為一個可處理的分數匹配目標。

6.2 生成對抗網路與擴散模型

生成對抗網路（Generative Adversarial Network，GAN），旨在透過訓練兩個神經網路來生成與訓練資料相似的新資料。其中一個神經網路生成偽造的資料，而另一個神經網路評估這些偽造資料與真實資料的相似度。這兩個神經網路和時進行訓練，不斷改進生成器的性能，使其生成的資料更加逼真。GAN 最初由 Ian Goodfellow 等人在 2014 年提出。GAN 通常由兩個神經網路組成：生成器 G 和判別器 D。生成器的目標是生成與訓練資料相似的新資料，而判別器的目標是區分生成器生成的偽造資料和真實資料。在訓練過程中，判別器會評估每個樣本是否來自真實資料集，如果樣本來自真實資料集，則將其標記為 1；如果樣本來自生成器生成的資料，則將其標記為 0。圖 6-2 是 GAN 最基本的訓練框架圖。生成器的目標是生成與真實資料相似的樣本，使得判別器無法區分生成器生成的樣本與真實樣本的差別。對生成器 G 和判別器 D 的同時最佳化可以視作一個 min-max 問題：

$$\min_{G}\max_{D} E_{x\sim p_{\text{data}}}\left[logD(x)\right]+E_{z\sim\pi}[\log\left(1-D\left(G(z)\right)\right)$$

GAN 的訓練過程可以概括為以下幾個步驟：

1. 生成器接收一個隨機雜訊向量，並使用它來生成一些偽造資料。

2. 判別器將真實資料和生成器生成的偽造資料作為輸入，並輸出對它們的判斷結果。

3. 根據判別器的結果，生成器被更新，以生成更接近真實資料的偽造資料，而判別器被更新，以更準確地區分生成器生成的偽造資料和真實資料。

GAN 有許多不同的變形和應用，可用於影像、音訊和文字生成等。其中，最常見的 GAN 演算法是 DCGAN（Deep Convolutional GAN），它是一種使用卷積神經網路（CNN）的 GAN 變形。除此之外，還有 WGAN（Wasserstein GAN）、CycleGAN、 StarGAN，等等。

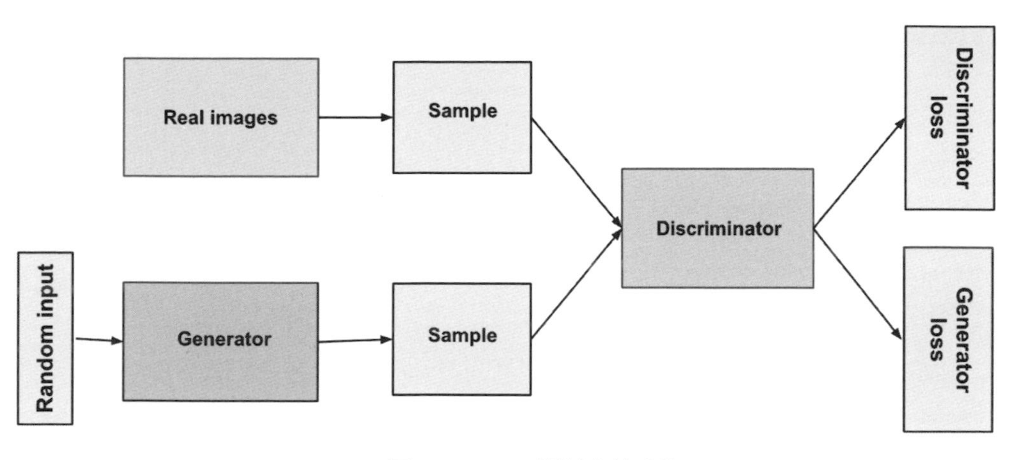

▲ 圖 6-2 GAN 訓練框架圖

GAN 的問題之一是訓練過程中的不穩定性，這主要是由輸入資料的分佈和生成資料的分佈之間不重疊導致的。一種解決方案是將雜訊注入判別器的輸入以擴大生成器和判別器分佈的支援集。利用靈活的擴散模型，Wang 等人 [241] 透過由擴散模型確定的自我調整加噪策略表向判別器注入雜訊。

另一方面，GAN 可以促進擴散模型的採樣速度。Xiao 等人 [253] 證明了擴散模型採樣速度慢是由於去噪步驟中的高斯假設引起的，這個假設僅適用於小步進值的情況，這就導致擴散模型需要大量去噪步驟。因此，他們提出每個去噪步驟都由條件 GAN 建模，從而允許更大的步進值和更少的去噪步驟。在去噪過程的第 t 步，DDGAN（Denoising Diffusion GAN）使用一個生成器 $G\left(\boldsymbol{x}_t, t, z\right)$ 來預測無雜訊的原始樣本 $\boldsymbol{x}_0'$，其輸入是當前有雜訊的樣本 $\boldsymbol{x}_t$ 和一個額外的服從標準高斯分佈的潛在變數 z。使用已知的高斯分佈 $q(\boldsymbol{x}_{t-1} \mid \boldsymbol{x}_t, \boldsymbol{x}_0')$ 即可獲得下一步去噪後樣本。此外使用一個判別器 $D\left(\boldsymbol{x}_{t-1}, \boldsymbol{x}_t, t\right)$ 來判斷輸入的 $\boldsymbol{x}_{t-1}$ 是否為真實的去噪後樣本，並與生成器進行對抗訓練。實驗結果表明，DDGAN 在保證樣本品質和多樣性的同時，大大減小了需要的採樣時間。

Diffusion+GAN 程式實踐

Diffusion+GAN 程式如下：

```
# 程式來源：Official PyTorch implementation of "Tackling the Generative Learning Trilemma
with Denoising Diffusion GANs"(ICLR 2022 Spotlight Paper)
# 訓練 DDGAN
def train(rank, gpu, args):
# 參數
# rank：次序
# gpu：使用的「gpu」
# args：額外參數
    # 載入生成器、判別器套件和 EMA 套件
    from score_sde.models.discriminator import Discriminator_small,
        Discriminator_large
    from score_sde.models.ncsnpp_generator_adagn import NCSNpp
    from EMA import EMA
    # 初始化隨機種子
    torch.manual_seed(args.seed + rank)
    torch.cuda.manual_seed(args.seed + rank)
    torch.cuda.manual_seed_all(args.seed + rank)
    device = torch.device('cuda:{}'.format(gpu))
    batch_size = args.batch_size
    nz = args.nz
    # 載入資料集
    if args.dataset == 'cifar10':
        dataset = CIFAR10('./data', train=True,
                        transform=transforms.Compose([transforms.Resize(32),
                            transforms.RandomHorizontalFlip(),
                            transforms.ToTensor(),
                            transforms.Normalize((0.5,0.5,0.5),
                                (0.5,0.5,0.5))]),
                        download=True)
    train_sampler = torch.utils.data.distributed.DistributedSampler(
        dataset,
        num_replicas=args.world_size,
        rank=rank)
    data_loader = torch.utils.data.DataLoader(dataset,
                                              batch_size=batch_size,
                                              shuffle=False,
```

```
                                                  num_workers=4,
                                                  pin_memory=True,
                                                  sampler=train_sampler,
                                                  drop_last = True)
# 初始化生成器和判別器
netG = NCSNpp(args).to(device)
if args.dataset == 'cifar10' or args.dataset == 'stackmnist':
    netD = Discriminator_small(nc = 2*args.num_channels, ngf = args.ngf,
                               t_emb_dim = args.t_emb_dim,
                               act=nn.LeakyReLU(0.2)).to(device)
else:
    netD = Discriminator_large(nc = 2*args.num_channels, ngf = args.ngf,
                               t_emb_dim = args.t_emb_dim,
                               act=nn.LeakyReLU(0.2)).to(device)
broadcast_params(netG.parameters())
broadcast_params(netD.parameters())
# 初始化最佳化器和 EMA
optimizerD = optim.Adam(netD.parameters(), lr=args.lr_d, betas =
    (args.beta1, args.beta2))
optimizerG = optim.Adam(netG.parameters(), lr=args.lr_g, betas =
    (args.beta1, args.beta2))
if args.use_ema:
    optimizerG = EMA(optimizerG, ema_decay=args.ema_decay)
schedulerG = torch.optim.lr_scheduler.CosineAnnealingLR(optimizerG,
    args.num_epoch, eta_min=1e-5)
schedulerD = torch.optim.lr_scheduler.CosineAnnealingLR(optimizerD,
    args.num_epoch, eta_min=1e-5)
# 使用 DDP
netG = nn.parallel.DistributedDataParallel(netG, device_ids=[gpu])
netD = nn.parallel.DistributedDataParallel(netD, device_ids=[gpu])

exp = args.exp
parent_dir = "./saved_info/dd_gan/{}".format(args.dataset)
exp_path = os.path.join(parent_dir,exp)
if rank == 0:
    if not os.path.exists(exp_path):
        os.makedirs(exp_path)
        copy_source(__file__, exp_path)
        shutil.copytree('score_sde/models', os.path.join(exp_path,
```

```
            'score_sde/models'))
# 載入擴散模型類別的參數，即事先確定的每個時間點的加噪係數，用於獲得加噪樣本
coeff = Diffusion_Coefficients(args, device)
pos_coeff = Posterior_Coefficients(args, device)
T = get_time_schedule(args, device)
# 載入生成器和判別器的參數
if args.resume:
    checkpoint_file = os.path.join(exp_path, 'content.pth')
    checkpoint = torch.load(checkpoint_file, map_location=device)
    init_epoch = checkpoint['epoch']
    epoch = init_epoch
    netG.load_state_dict(checkpoint['netG_dict'])
    optimizerG.load_state_dict(checkpoint['optimizerG'])
    schedulerG.load_state_dict(checkpoint['schedulerG'])
    netD.load_state_dict(checkpoint['netD_dict'])
    optimizerD.load_state_dict(checkpoint['optimizerD'])
    schedulerD.load_state_dict(checkpoint['schedulerD'])
    global_step = checkpoint['global_step']
    print("=> loaded checkpoint (epoch {})"
               .format(checkpoint['epoch']))
else:
    global_step, epoch, init_epoch = 0, 0, 0
# 開始訓練
for epoch in range(init_epoch, args.num_epoch+1):
    train_sampler.set_epoch(epoch)
    for iteration, (x, y) in enumerate(data_loader):
        for p in netD.parameters():
            p.requires_grad = True
        netD.zero_grad()
        # 真實樣本
        real_data = x.to(device, non_blocking=True)
        # 採樣訓練時間點 t
        t = torch.randint(0, args.num_timesteps, (real_data.size(0),),
            device=device)
        # 獲得真實的加噪資料
        x_t, x_tp1 = q_sample_pairs(coeff, real_data, t)
        x_t.requires_grad = True
        # 使用真實的加噪樣本訓練判別器
        D_real = netD(x_t, t, x_tp1.detach()).view(-1)
```

```
errD_real = F.softplus(-D_real)
errD_real = errD_real.mean()
errD_real.backward(retain_graph=True)
# 梯度懲罰
if args.lazy_reg is None:
    grad_real = torch.autograd.grad(
                outputs=D_real.sum(), inputs=x_t, create_graph=True
                )[0]
    grad_penalty = (
        grad_real.view(grad_real.size(0),-1).norm(2,dim=1)**2
                    ).mean()
    grad_penalty = args.r1_gamma / 2 * grad_penalty
    grad_penalty.backward()
else:
    if global_step % args.lazy_reg == 0:
        grad_real = torch.autograd.grad(
                outputs=D_real.sum(), inputs=x_t, create_graph=True
                                        )[0]
        grad_penalty = (
            grad_real.view(grad_real.size(0), -1).norm(2, dim=1)
                ** 2
                        ).mean()
        grad_penalty = args.r1_gamma / 2 * grad_penalty
        grad_penalty.backward()

# 使用生成的樣本訓練判別器和生成器。首先從標準高斯分佈採樣
latent_z = torch.randn(batch_size, nz, device=device)
# 預測 x_0，然後使用預測的 x_0 獲得預測的 x_t-1
x_0_predict = netG(x_tp1.detach(), t, latent_z)
x_pos_sample = sample_posterior(pos_coeff, x_0_predict, x_tp1, t)
output = netD(x_pos_sample, t, x_tp1.detach()).view(-1)
errD_fake = F.softplus(output)
errD_fake = errD_fake.mean()
errD_fake.backward()
# 計算判別器的總損失並更新參數
errD = errD_real + errD_fake
optimizerD.step()
# 訓練生成器。重新採樣，並使用更新後的判別器計算假樣本的分類損失
for p in netD.parameters():
```

```
            p.requires_grad = False
        netG.zero_grad()
        t = torch.randint(0, args.num_timesteps, (real_data.size(0),),
            device=device)

        x_t, x_tp1 = q_sample_pairs(coeff, real_data, t)
        latent_z = torch.randn(batch_size, nz,device=device)
        x_0_predict = netG(x_tp1.detach(), t, latent_z)
        x_pos_sample = sample_posterior(pos_coeff, x_0_predict, x_tp1, t)
        # 將判別器的判別假樣本的輸出結果作為生成器的損失
        output = netD(x_pos_sample, t, x_tp1.detach()).view(-1)
        errG = F.softplus(-output)
        errG = errG.mean()
        # 更新生成器
        errG.backward()
        optimizerG.step()
        global_step += 1
        if iteration % 100 == 0:
            if rank == 0:
                print('epoch {} iteration{}, G Loss: {}, D Loss:
                    {}'.format(epoch,iteration, errG.item(), errD.item()))
    if not args.no_lr_decay:
        schedulerG.step()
        schedulerD.step()
```

6.3 歸一化流與擴散模型

歸一化流（Normalizing Flow）[51, 194] 是生成模型，透過將易於處理的分佈進行變換以對高維資料進行建模 [53, 122]。歸一化流可以將簡單的機率分佈轉化為極其複雜的機率分佈，並用於強化學習、變分推理等領域。歸一化流的學習過程如圖 6-3 所示。

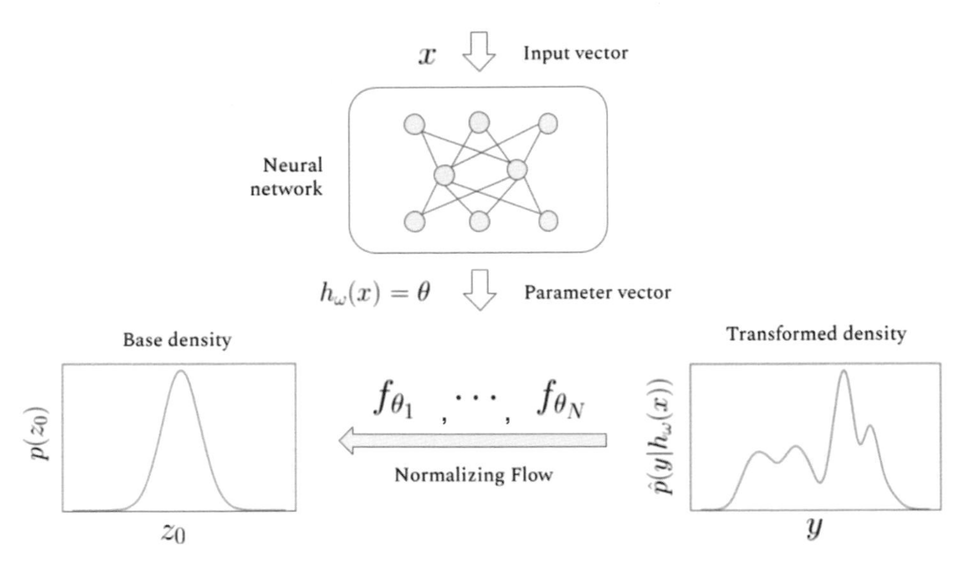

▲ 圖 6-3 歸一化流的學習過程

現有的歸一化流是基於變數替換公式建構的 [51, 194]，其中連續時間歸一化流的軌跡由微分方程公式化。具體來說，連續歸一化流通過以下微分方程對原始資料進行變換：

$$\dot{\boldsymbol{x}}_t = f\left(\boldsymbol{x}_t, t, \theta\right)$$

其中 $\dot{\boldsymbol{x}}_t$ 表示 $\boldsymbol{x}_t$ 關於 t 的微分。而在離散時間的設置中，從資料 $\boldsymbol{x}$ 到歸一化流中的潛在 z 是一系列雙射的組合，形如 $F = F_N, F_{N-1}, \cdots, F_1$。歸一化流的軌跡 $\{\boldsymbol{x}_1, \boldsymbol{x}_2, \cdots, x_N\}$ 滿足：

$$\boldsymbol{x}_i = F_i\left(\boldsymbol{x}_{i-1}, \theta\right), \boldsymbol{x}_{i-1} = F_i^{-1}\left(\boldsymbol{x}_i, \theta\right), \forall 1 \le i \le N$$

與連續時間類似，歸一化流允許透過變數替換公式計算對數似然。然而，雙射的要求限制了在實際應用中或理論研究中的對複雜資料的建模。有幾項工作試圖放寬這種雙射要求 [53,246]。舉例來說，DiffFlow[276] 引入了一種生成建模演算法，基於歸一化流的想法，DiffFlow 使用了歸一化流來直接學習擴散模型中的原本需要人工設置的漂移係數。這使它擁有了歸一化流和擴散模型的優點。因此相比歸一化流，DiffFlow 產生的分佈邊界更清晰，並且可以學習更一般的分佈，而與擴散模型相比，其離散化步驟更少所以採樣速度更快。

另一項工作，隱式非線性擴散模型（Implicit Nonlinear Diffusion Model，INDM）採用了類似 LSGM 的設計，先使用歸一化流將原始資料映射到潛在空間中，然後在潛在空間中進行擴散。利用伊藤公式，可以證明 INDM 實際上是使用了由歸一化流學習的非線性 SDE 來對資料進行擾動和恢復的。進一步分析，INDM 的 ELBO 可轉為歸一化流的損失與分數匹配的求和，使模型被高效訓練。實驗結果表明 INDM 可以提高採樣速度，並且提高模型似然值。

INDM 程式實踐

INDM 程式如下：

```
# 程式來源：Maximum Likelihood Training of Implicit Nonlinear Diffusion Model (INDM)
(NeurIPS 2022)
  def flow_step_fn_nll(state, flow_state, batch):
  # 參數
  #state：一個記錄了訓練資訊的字典，包括分數模型、最佳化器、EMA 狀態、最佳化步數
  #flow_state：一個記錄了訓練資訊的字典，包括歸一化流模型、最佳化器、EMA 狀態、最佳化步數
  #batch：一批訓練資料
  # 傳回：訓練損失
    # 載入分數模型、歸一化流模型及最佳化器
    model = state['model']
    flow_model = flow_state['model']
    optimizer = state['optimizer']
    flow_optimizer = flow_state['optimizer']
    # 初始化損失，梯度歸零
    batch_size = batch.shape[0]
    num_micro_batch = config.optim.num_micro_batch
    losses_ = torch.zeros(batch_size)
    losses_score_ = torch.zeros(batch_size)
    losses_flow_ = torch.zeros(batch_size)
    losses_logp_ = torch.zeros(batch_size)
    optimizer.zero_grad()
    flow_optimizer.zero_grad()
    # 開始訓練，首先將資料分割成 mini-batch
    if train:
      for k in range(num_micro_batch):
        mini-batch = batch[batch_size // num_micro_batch * k: batch_size //
            num_micro_batch * (k + 1)]
```

```
        # 將原始資料登錄歸一化流，獲得變換後的資料和歸一化流部分的損失
        transformed_mini_batch, losses_flow = flow_forward(config,
            flow_model, mini_batch, reverse=False)
        # 將變換後資料放入擴散模型，預測分數並獲得分數匹配損失
        losses_score = loss_fn(model, transformed_mini_batch,
            st=config.training.st)
        # 計算對變換後資料進行擴散後得到的加噪樣本的熵
        losses_logp = calculate_logp(transformed_mini_batch)
        # 是否要對損失進行平均
        if config.training.reduce_mean:
          losses_flow = - losses_flow / np.prod(batch.shape[1:])
          losses_logp = - losses_logp / np.prod(batch.shape[1:])
        else:
          losses_flow = - losses_flow
          losses_logp = - losses_logp
            assert losses_score.shape == losses_flow.shape ==
                losses_logp.shape ==
                torch.Size([transformed_mini_batch.shape[0]])
        # 計算總損失並回傳
        losses = losses_score + losses_flow + losses_logp
        torch.mean(losses).backward(retain_graph=True)
        # 儲存損失
        losses_[batch_size // num_micro_batch * k: batch_size //
            num_micro_batch * (k + 1)] = losses.cpu().detach()
        losses_score_[batch_size // num_micro_batch * k: batch_size //
            num_micro_batch * (k + 1)] = losses_score.cpu().detach()
        losses_flow_[batch_size // num_micro_batch * k: batch_size //
            num_micro_batch * (k + 1)] = losses_flow.cpu().detach()
        losses_logp_[batch_size // num_micro_batch * k: batch_size //
            num_micro_batch * (k + 1)] = losses_logp.cpu().detach()
      # 最佳化
      optimize_fn(optimizer, model.parameters(), step=state['step'])
      optimize_fn(flow_optimizer, flow_model.parameters(),
          step=flow_state['step'])
    # 更新參數
    update_lipschitz(flow_model)
    state['step'] += 1
    state['ema'].update(model.parameters())
    flow_state['step'] += 1
```

```
flow_state['ema'].update(flow_model.parameters())
return losses_, losses_score_, losses_flow_, losses_logp_
```

6.4 自回歸模型與擴散模型

自回歸模型（Autoregressive Model，ARM）透過將資料的聯合分佈分解為條件的乘積來對資料進行建模，如圖 6-4 所示。

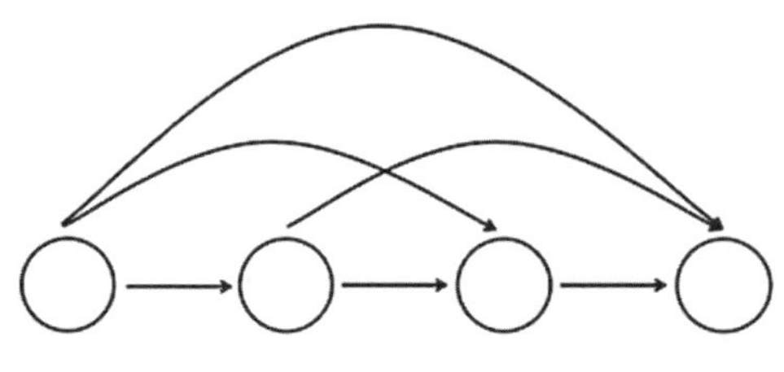

▲ 圖 6-4 ARM 框架簡圖

使用機率連鎖律（probability chain rule），隨機向量 $\boldsymbol{x}_{1:t}$ 的對數似然可以寫為：

$$\log p\left(\boldsymbol{x}_{1:T}\right)=\sum_{i=1}^{T}\log p(\boldsymbol{x}_t \mid \boldsymbol{x}_{<t})$$

其中 $\boldsymbol{x}_{<t}$ 是 $\boldsymbol{x}_{1:t}$ 的縮寫 [11, 130]。深度學習的最新進展促進了各種資料模式 [25, 162, 207] 的處理，舉例來說，影像 [34, 237]、音訊 [112, 236] 和文字 [12, 18, 80, 160, 163]。自回歸模型（ARM）透過使用單一神經網路提供生成能力。採樣這些模型需要與資料維度相同數量的網路呼叫。雖然 ARM 是有效密度估計器，但抽樣是一個連續的、耗時的過程（尤其對於高維資料更是如此）。

另一方面，自回歸擴散模型（ARDM）[95] 能夠生成任意順序的資料，包括與順序無關的自回歸模型和離散擴散模型 [6, 96, 216]。與傳統 ARM 表徵上使用因果遮罩的方法不同，ARDM 使用了一個有效的訓練目標來使其適用於高維資料，其靈感來自擴散機率模型（DPM）。此外，ARDM 的生成過程與具有吸收態的離散擴散模型是相似的。在測試階段，擴散模型與 ARDM 能夠平行生成資料，使其可以應用於一系列的生成任務。

6.5 基於能量的模型與擴散模型

基於能量的模型（Energy-Based Model，EBM）[26, 48, 58, 64, 67, 68, 75, 78, 79, 120, 129, 132, 165, 170, 182, 196, 254, 281] 可以被視作一種生成式的判別器 [79, 104, 131, 134]，其可以從未標記的輸入資料中學習。讓 $x \sim p_{\text{data}}(x)$ 表示一個訓練樣例，$p_\theta(x)$ 表示一個機率密度函式，旨在逼近 $p_{\text{data}}(x)$。基於能量的模型定義為：

$$p_\theta(x) = \frac{1}{Z_\theta} \exp\left(f_\theta(x)\right)$$

其中 $Z_\theta = \int \exp\left(f_\theta(x)\right) \mathrm{d}x$ 是歸一化係數，對於高維度數據是難以解析計算的。對於影像資料，$f_\theta(x)$ 由具有標量輸出的卷積神經網路參數化。Salimans 等人 [204] 透過比較約束分數模型和基於能量的模型對資料分佈的分數進行建模，最終發現了約束分數模型即基於能量的模型。當二者使用了可比較的模型結構時，在使用基於能量的模型（EBM）時可以和無約束模型得到一樣好的表現。EBM 訓練前後對比如圖 6-5 所示。

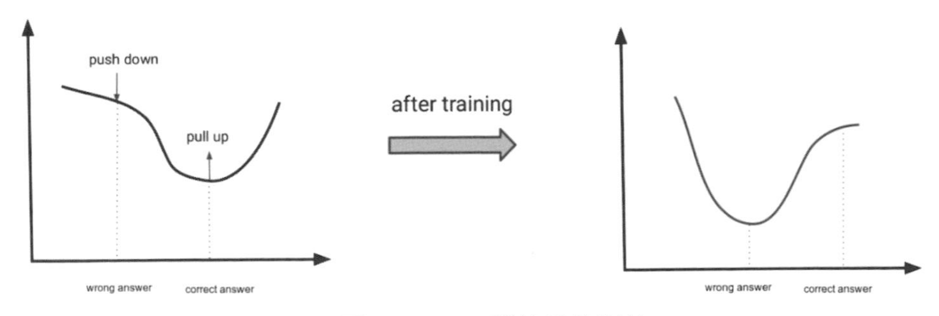

▲ 圖 6-5 EBM 訓練前後對比

儘管 EBM 具有許多理想的特性，但在高維資料建模方面仍然存在兩個挑戰。首先，對最大化似然學習得到的 EBM，通常需要使用 MCMC 方法來從模型中生成樣本。這使得計算成本可能非常高。其次，以往經驗表明，透過非收斂的 MCMC 方法學習到的能量勢能不穩定，來自長期馬可夫鏈的樣本與觀察到的樣本有顯著不同。在一項研究中，Gao 等人 [69] 提出了一種擴散恢復似然法，即在擴散模型逆過程中使用一系列條件 EBM 學習樣本分佈。在這一系列條件 EBM 中，每一個條件 EBM 都接受上一個條件 EBM 產生的雜訊強度較高的樣本，並對接受的樣本進行去噪，以產生雜訊強度較低的樣本。條件 EBM $p_\theta\left(x \mid \tilde{x}\right)$ 是透過恢復似然（Recovery Likelihood）訓練的，即在替定高雜訊樣本 $\tilde{x}$ 後，使用低雜訊資料 x 的條件似然值作為目標函式，其目的是在替定更高雜訊的雜訊資料的情況下，最大化特定低雜訊水準下資料的條件機率。條件 EBM 可以較好地最大化恢復似然，這是因為原資料的分佈可能是多模態（Multi-Modal）的，而在替定加噪樣本後，原資料的條件機率會比原資料的邊際似然更容易處理。舉例來說，從條件分佈抽樣比從邊際分佈中抽樣容易得多。當每次加入的雜訊強度足夠小時，條件 EBM 的條件似然函式將近似於高斯分佈。這表示擴散恢復似然中一個一個條件 EMB 的採樣近似於擴散模型逆過程中逐次對樣本去噪。同時 Gao 等人 [69] 還證明了，當每次加入的雜訊強度足夠小時，擴散恢復似然的最大似然訓練與 Score SDE 的分數匹配訓練是近似的，並進一步建立了基於能量的模型與擴散模型的關係。擴散恢復似然可以生成高品質的樣本，並且來自長期 MCMC 方法的樣本仍然類似於真實影像。

最後我們用已經在第 2 章介紹過的圖來總結 5 種生成模型和擴散模型的結合範式，如圖 6-6 所示。

Variational Auto-Encoder

x → Forward Diffusion $q(x_i|x_{i-1})$ → x_T → Reverse Diffusion $p_\theta(x_{i-1}|x_i)$ → $\tilde{x}$

Generative Adversarial Network

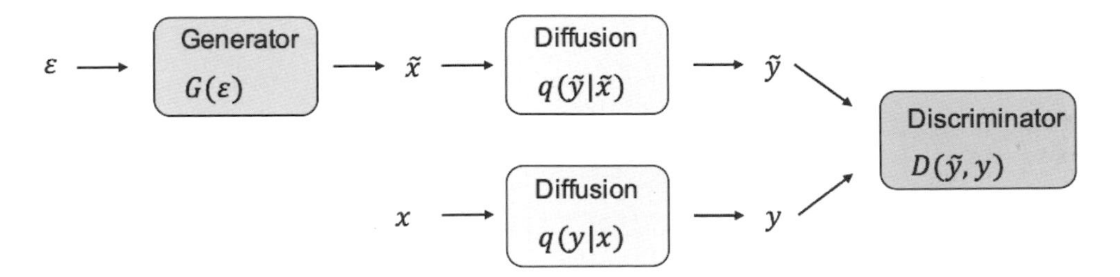

Normalizing Flow

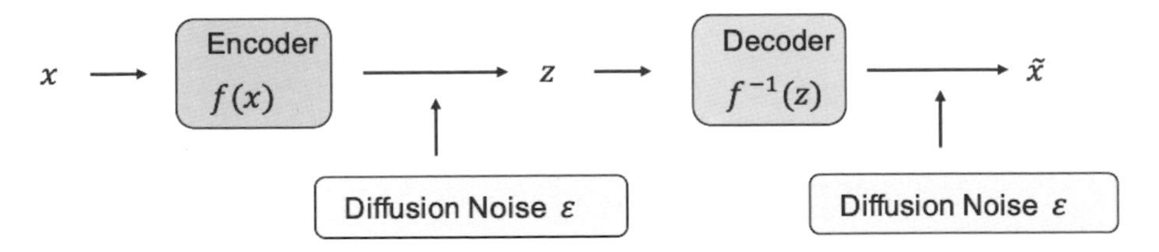

Autoregressive Model

x → Diffusion-based Training → $\tilde{x}$

Energy-Based Model

$x \sim p_\theta(x)$ → Perturbation $q(\tilde{x}|x)$ → Diffusion Recovery Likelihood $p_\theta(x|\tilde{x})$ → $\tilde{x}$

▲ 圖 6-6 5 種生成模型和擴散模型的結合範式

第 7 章 擴散模型的應用

7.1 無條件擴散模型與條件擴散模型

擴散模型，由於其強大的生成能力和靈活性，被用來解決各種具有挑戰性的現實任務。我們根據任務類型將這些應用歸為 6 個不同的類別：電腦視覺、自然語言處理、時間資料建模、多模態學習、堅固學習和跨學科應用。對於每個任務類別，我們都會對其任務定義和相關經典演算法介紹，然後詳細闡釋如何將擴散模型應用於該任務中。這裡先簡單介紹一下擴散模型在應用時的兩種基本範式：無條件擴散模型（Unconditional Diffusion Model）和條件擴散模型（Conditional Diffusion Model）。作為生成模型，擴散模型和 VAE、GAN、Flow 等模型的發展過程很相似，都是先發展無條件生成，然後發展條件生成。無條件生成往往是為了探索生成模型的效果上限，而條件生成則更多是對應用層面的探索，因為它可以根據我們的意願來控制輸出結果。下面我們主要介紹一下條件擴散模型。如圖 7-1 所示，條件擴散模型相比無條件擴散模型多了引導資訊 c 和條件機制兩個模組，它們對其擴散模型的反向採樣過程 p_θ 有著重要的引導作用。其中引導資訊可以是多種多樣的，比如物體類別、風格、圖片資訊、文字資訊，甚至 AI Drug 中的靶點蛋白資訊、分類器梯度等人為定義的特徵也可以作為引導資訊。條件擴散模型中的引導資訊和輸入之間的條件機制模組的形式也是多樣的，從簡單的拼接、交叉注意力機制到自我調整的層標準化等，條件擴散模型在可控生成中發揮著越來越重要的作用。

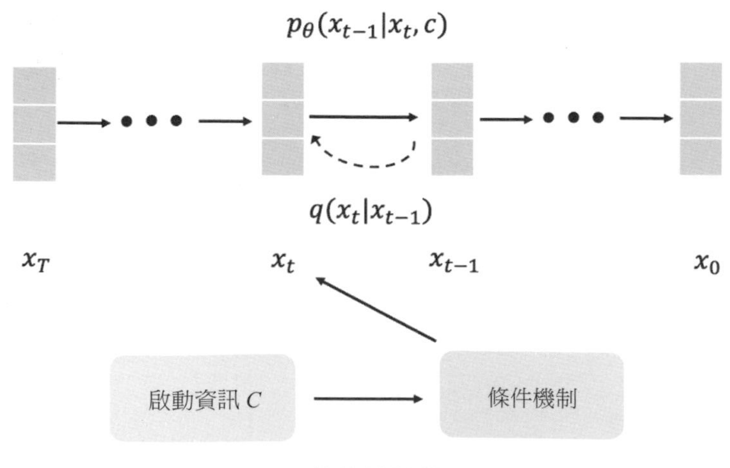

▲ 圖 7-1 條件擴散模型示意圖

7.2 電腦視覺

7.2.1 影像超解析度、影像修復和影像翻譯

本小節將介紹影像超解析度、影像修復，以及影像翻譯的定義和常見演算法。

影像超解析度（Image Super Resolution）是指透過電腦演算法將低解析度影像轉換成高解析度影像的過程。影像超解析度技術擁有廣泛的應用，舉例來說，提高數位攝像機、視訊攝像機、醫學影像裝置等的解析度；改善影像品質和增強視覺效果。下面將介紹一些常見的影像超解析度演算法：

1. 插值演算法。插值演算法是影像超解析度中最基本的演算法，它透過計算低解析度影像像素周圍像素的加權平均值來生成高解析度影像。常見的插值演算法有雙線性插值和三次插值。插值演算法簡單、好用，但會導致影像模糊和失真。

2. 基於樣本的演算法。基於樣本的演算法是透過學習大量高解析度影像的特徵來提高影像超解析度的效果的。這類演算法需要先訓練一個低解析度影像到高解析度影像的映射模型，然後根據輸入的低解析度影像預測出對應的高解析度影像。常見的基於樣本的演算法有最近鄰演算法等。

3. 基於稀疏表示的演算法。基於稀疏表示的演算法是透過學習低解析度影像與高解析度影像之間的稀疏線性組合來實現影像超解析度的。這類演算法需要先建構一個字典，然後使用稀疏編碼方法從字典中選擇最適合低解析度影像的一組高解析度影像，從而實現影像超解析度。常見的基於稀疏表示的演算法有 K-SVD 和 BM3D 演算法。

4. 基於深度學習的演算法。基於深度學習的演算法是近年來影像超解析度領域的主流演算法，它使用卷積神經網路（CNN）來學習低解析度影像到高解析度影像的映射模型。這類演算法需要大量的訓練資料，但其在影像超解析度效果方面表現優異，常見的基於深度學習的演算法有 SRCNN、VDSR、SRGAN 等。

影像修復（Image Inpainting）是一種數位影像處理技術，其目的是透過使用周圍像素來恢復缺失或損壞的影像區域。這些缺失或損壞區域可能是由於拍攝時的瑕疵、雜訊、失真、資料傳輸錯誤或其他原因導致的。影像修復在許多領域中都有廣泛的應用，如影像編輯、電腦視覺、醫學影像處理和數位文物保護等。以下是幾種常見的影像修復演算法：

1. 基於插值的演算法。最簡單的影像修復演算法之一，使用周圍像素的平均值或線性插值來填充缺失區域。這種演算法容易實現，但通常不能產生高品質的修復結果。

2. 基於偏微分方程的演算法。這種演算法利用偏微分方程來描述影像中的邊緣和紋理資訊，透過最佳化一個能量函式來生成修復結果。常用的偏微分方程包括拉普拉斯和尤拉 - 拉格朗日方程式等。

3. 基於紋理合成的演算法。這種演算法利用影像紋理和結構資訊來生成缺失區域的內容。它通常分為基於區域的合成和基於像素的合成兩種方法。基於區域的合成透過將具有相似紋理和結構的區域複製到缺失區域來生成修復結果，而基於像素的合成則是將具有相似像素值的像素從周圍區域複製到缺失區域來進行修復的。

4. 基於機器學習的演算法。這種演算法利用機器學習技術，透過訓練一個神經網路或其他模型來預測缺失區域的像素值。這種方法需要大量的訓練資料和運算資源，但可以產生高品質的修復結果。

影像翻譯（Image Translation）是指將一種影像轉化為另一種影像的過程。它可以將一種風格的影像轉化為另一種風格的影像；將一種顏色的影像轉化為另一種顏色的影像；將一種解析度的影像轉化為另一種解析度的影像，等等。影像翻譯技術在影像生成、影像風格遷移、影像增強等領域都有著廣泛的應用。以下是幾種常見的影像翻譯演算法：

1. CycleGAN 是一種無監督的影像翻譯演算法。它可以將一種影像區域中的影像對應為另一種影像區域中的影像，同時保持影像的內容不變。CycleGAN 使用對抗性損失和循環一致性損失來訓練生成器和判別器，從而實現影像的翻譯。CycleGAN 已經被廣泛應用於影像風格遷移、影像轉換等領域。

2. Pix2Pix 是一種有監督的影像翻譯演算法。它可以將一種輸入影像翻譯成另一種輸出影像。Pix2Pix 使用條件生成對抗網路（CGAN）學習輸入影像和輸出影像之間的映射。與 CycleGAN 不同，Pix2Pix 需要有配對的輸入影像和輸出影像來進行訓練，因此需要更多的資料。

3. StarGAN 是一種多域影像翻譯演算法。它可以將一種影像翻譯成多種不同的風格。StarGAN 使用一個共用的生成器和一個多工的判別器來實現影像翻譯。StarGAN 不需要配對的輸入影像和輸出影像，因此它可以同時學習多種不同的風格。

基於擴散模型的影像生成

綜上所述，以 GAN 為代表的深度學習的演算法已經成為影像生成領域的主流演算法。隨著擴散模型的快速發展，擴散模型也越來越多地被用於影像超解析度、影像修復、影像翻譯這 3 種任務當中。舉例來說，透過迭代細化實現影像超解析度的方法（Super-Resolution via Repeated Refinement，SR3）[202] 使用 DDPM 來實現條件性的影像生成。SR3 透過一個隨機、迭代的去噪過程來獲得超解析度。串聯擴散模型（Cascaded Diffusion Model，CDM）[91] 則由多個擴散模型依次組成，每個模型產生的影像的解析度越來越高。如圖 7-2 所示，CDM 框架圖 [294] 由多個串聯的類別條件（Class Conditional）擴散生成模組組成，並且包括超解析度擴散生成模組。SR3 和 CDM 都是直接將擴散過程應用於輸入的影像的，因此需要更多的生成步數。

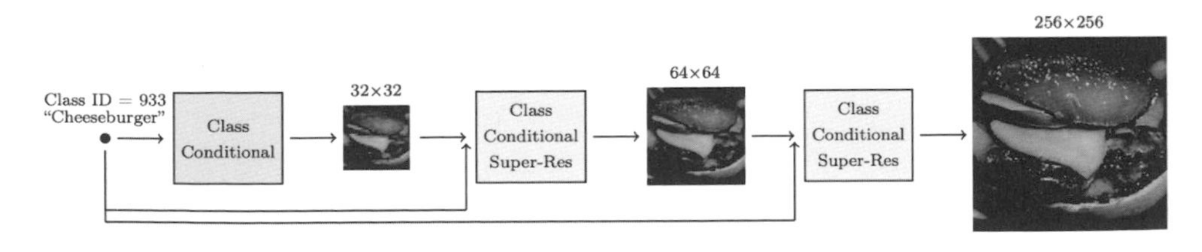

▲ 圖 7-2 CDM 框架圖

來源：Ho J, Saharia C, Chan W, et al. Cascaded Diffusion Models for High Fidelity Image Generation

為了使用有限的運算資源訓練擴散模型，一些方法 [198, 234] 使用預訓練的自編碼器將擴散過程轉移到潛在空間（Latent Space）。透過將資料轉換到潛在空間上進行擴散，LDM（Latent Diffusion Model）[198] 在不犧牲生成樣本品質的情況下，簡化了去噪擴散模型的訓練和採樣過程。具體來說，LDM 用預訓練的自編碼器將擴散過程從像素空間轉移到潛在空間，這大大減少了擴散過程需要的計算消耗。同時，因為是在語義空間進行擴散的，所以 LDM 的引導資訊和影像特徵空間互動得更加充分。實驗表明，LDM 的生成效果超過了之前的 SOTA 模型 DALL·E 3 和 VQGAN。LDM 框架圖 [295] 由 3 部分組成：第一部分是從像素空間（Pixel Space）到潛在空間的轉換模組；第二部分是在潛在空間上進行擴散生成的 Diffusion Process；第三部分是對擴散採樣過程進行條件控制的 Conditioning 模組，如圖 7-3 所示。

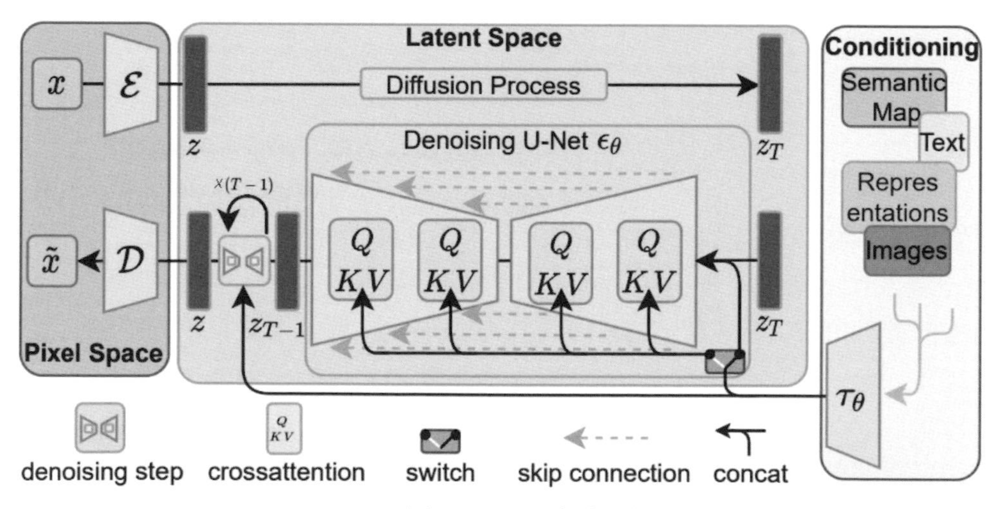

▲ 圖 7-3 LDM 框架圖

來 源：Robin Rombach, Andreas Blattmann, Dominik Lorenz, Patrick Esser, B Ommer High-Resolution Image Synthesis with Latent Diffusion Models. In IEEE Conference on Computer Vision and Pattern Recognition

對於影像修復任務，RePaint[147] 使用了一個增強的去噪策略，它使用迭代式的重採樣來更進一步地引導生成影像。RePaint 修改了標準去噪過程，以便在替定影像內容的條件下進行修復。在每個步驟中，從 DDPM 輸入中對已知區域（頂部）採樣，從 DDPM 輸出中對修復部分（底部）採樣。圖 7-4 為 RePaint 框架圖 [296]。RePaint 採用預訓練的無條件擴散模型作為生成的先驗。為了有效引導生成過程，只透過使用給定的影像資訊對未進行遮罩的區域進行採樣來改變反向擴散迭代。由於這種技術並不修改或調節原始的擴散網路本身，所以該模型對任何補全形式都能產生高品質和多樣化的輸出影像，其逐步去噪和最終結果如圖 7-5 所示。另一邊，Palette[200] 採用了條件擴散模型，為影像生成任務建立了一個統一的框架，其中也包含了影像的修復任務。

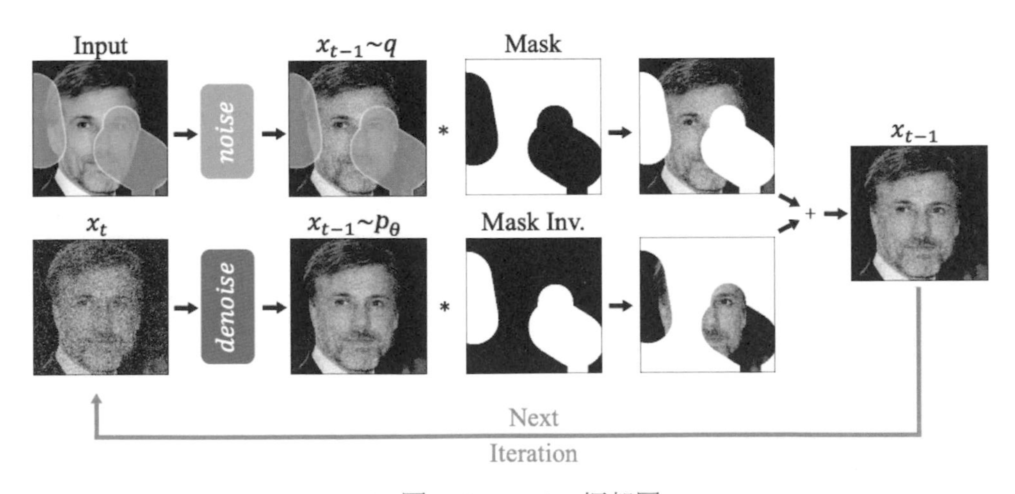

▲ 圖 7-4 RePaint 框架圖

來源：Andreas Lugmayr, Martin Danelljan, Andres Romero, Fisher Yu, Radu Timofte, and Luc Van Gool. Repaint: Inpainting using Denoising Diffusion Probabilistic Models. In IEEE Conference on Computer Vision and Pattern Recognition

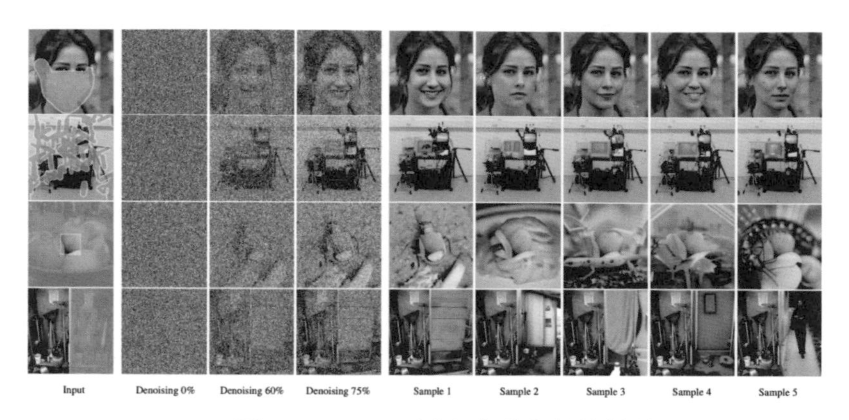

▲ 圖 7-5 RePaint 逐步去噪和最終結果

來源：Andreas Lugmayr, Martin Danelljan, Andres Romero, Fisher Yu, Radu Timofte, and Luc Van Gool. Repaint: Inpainting using Denoising Diffusion Probabilistic Models. In IEEE Conference on Computer Vision and Pattern Recognition

擴散模型還可以用於影像翻譯。SDEdit[161] 使用隨機微分方程來提高影像的保真度。具體來說，它向輸入影像增加高斯雜訊，並且將任意一個複雜的資料分佈轉為已知的先驗分佈。在訓練過程中，可以看到這種已知分佈。這就是模型訓練重建影像的依據。因此，該模型學會了如何將增加了高斯雜訊的影像轉為雜訊較小的影像，透過 SDE 對影像進行去噪處理。SDEdit 能進行從簡筆劃到複雜影像的轉化，以及基於筆劃的編輯。SDEdit 的編輯過程 [297] 如圖 7-6 所示。

▲ 圖 7-6 SDEdit 的編輯過程

來源：Chenlin Meng, Yutong He, Yang Song, Jiaming Song, JiajunWu, Jun-Yan Zhu, and Stefano Ermon. SDEdit: Guided Image Synthesis and Editing with Stochastic Differential Equations. In International Conference on Learning Representations

7.2.2 語義分割

影像的語義分割是電腦視覺領域中的一項重要任務，旨在將影像中的每個像素分配給不同的語義類別。具體而言，該任務將輸入影像轉為具有相同解析度的遮罩影像，其中每個像素都被分配為其對應的語義類別，如人、車、道路、建築等。與傳統的影像分類任務不同，語義分割需要對每個像素進行分類而非對整個影像進行分類。

常見的語義分割演算法主要包括：

1. 基於全卷積網路的語義分割演算法。這種演算法主要是使用卷積神經網路（CNN）進行語義分割。全卷積神經網路將最後一層全連接層改為卷積層，從而可以處理任意尺寸的輸入影像。主要有 U-Net、SegNet 等。

2. 基於條件隨機場的語義分割演算法。這種演算法主要是在 CNN 的基礎上，加入了條件隨機場（CRF）模型，用於對像素間的關係進行建模。主要有 CRF-RNN、DenseCRF 等。

3. 基於區域的語義分割演算法。這種演算法先對影像進行區域分割，然後再對每個區域進行分類。主要有基於圖的演算法（如 SuperParsing）、基於聚類的演算法（如 Cobweb）、基於影像分割（如 SLIC）的演算法等。

4. 基於注意力機制的語義分割演算法。這種演算法使用注意力機制來控制模型對影像不同區域的關注程度，從而提高模型的準確性。主要有 Attention U-Net、DANet 等。

基於擴散模型的語義分割

研究表明，擴散模型可以學習影像中像素級的語義資訊。Baranchuk 等人 [9] 將擴散模型的訓練過程看成生成式的預訓練過程，並發現這樣可以提高對語義分割模型的標籤利用效率。該方法將 DDPM 中不同尺度的特徵拼接到一起去做像素級的分類，同時學習了輸入樣本的高層次語義資訊和細粒度資訊，對分割任務非常有幫助。這種利用學習到的表徵的小樣本方法的效果已經超過了 VDVAE[33] 和 ALAE[179] 等方法的效果。圖 7-7 為基於 DDPM 的語義分割框架圖 [298]。該方法使用去噪網路中的特徵圖去做最後的語義分割任務。圖 7-8 為基於 DDPM 的語義分割結果對比圖 [298]。

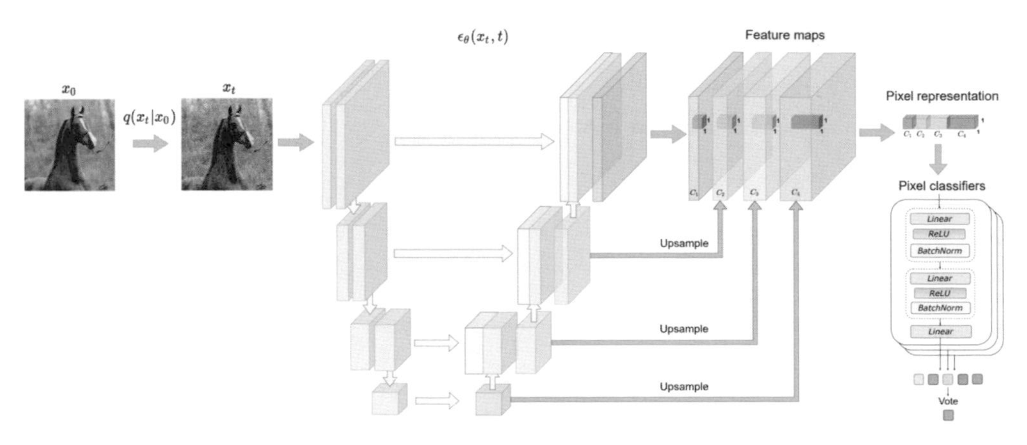

▲ 圖 7-7 基於 DDPM 的語義分割框架圖

來源：Dmitry Baranchuk, Ivan Rubachev, Andrey Voynov, Valentin Khrulkov, Artem Babenko. Label-Efficient Semantic Segmentation with Diffusion Models. In International Conference on Learning Representations

▲ 圖 7-8 基於 DDPM 的語義分割結果對比圖

來源：Emmanuel Asiedu Brempong, Simon Kornblith, Ting Chen, Niki Parmar, Matthias Minderer, and Mohammad Norouzi. Denoising Pretraining for Semantic Segmentation. In IEEE Conference on Computer Vision and Pattern Recognition

如圖 7-9 所示，解碼器去噪預訓練（Decoder Denoising Pretraining）[17] 提出了 3 步訓練過程，將去噪預訓練巧妙地運用到了語義分割場景中。第一步使用有監督預訓練影像編碼器；第二步使用去噪預訓練解碼器；第三步微調編碼器 - 解碼器來做語義分割任務。

Step #1: Supervised pretraining of the Encoder:

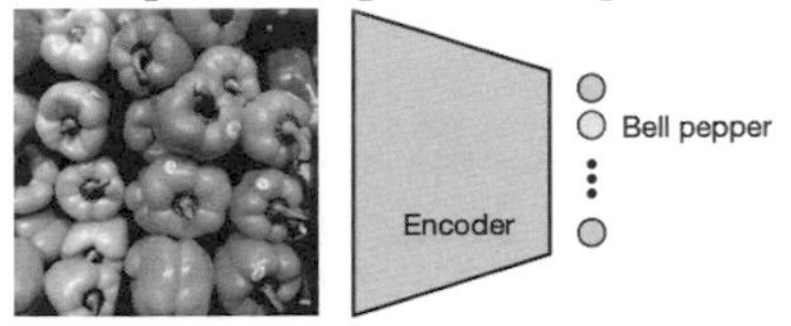

Step #2: Denoising pretraining of the Decoder:

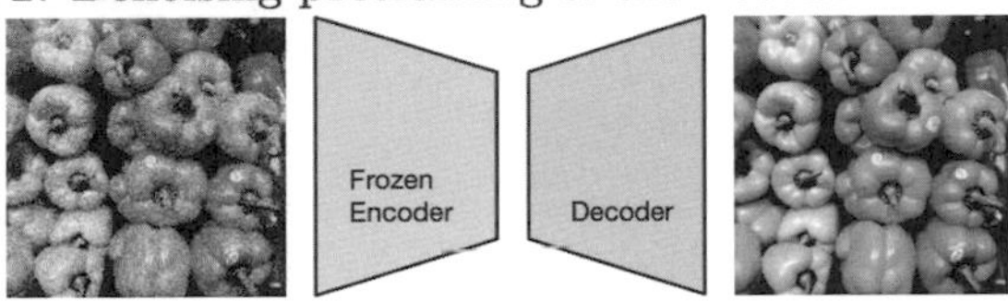

Step #3: Fine-tuning Encoder-Decoder on segmentation:

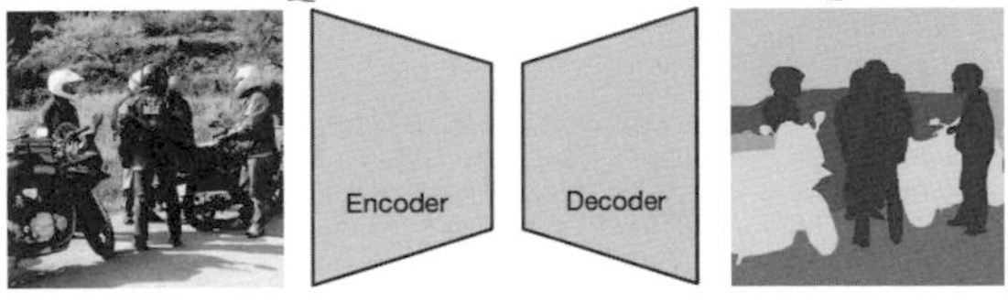

▲ 圖 7-9 解碼器去噪預訓練的訓練流程示意圖

來源：Emmanuel Asiedu Brempong, Simon Kornblith, Ting Chen, Niki Parmar, Matthias Minderer, and Mohammad Norouzi. Denoising Pretraining for Semantic Segmentation. In IEEE Conference on Computer Vision and Pattern Recognition

7.2.3 視訊生成

視訊生成（Video Generation）是指使用電腦生成符合人類視覺感知的視訊序列的技術。與傳統的視訊編碼、解碼技術不同，視訊生成是一個較新的研究領域，主要應用於視訊合成、視訊增強、視訊修復、視訊預測等方面。

下面介紹幾種常見的視訊生成方法：

1. 基於光流的方法。這種方法透過計算相鄰幀之間的光流資訊來預測下一幀影像。其中，光流是指相鄰幀之間像素位置變化的向量場，它可以描述像素點的運動軌跡。主要有 FlowNet、EpicFlow、PWC-Net 等。

2. 基於生成對抗網路的方法。這種方法透過訓練一個生成器網路和一個判別器網路，使生成器網路能夠生成逼真的視訊。其中，生成器網路負責生成影像，判別器網路負責判斷生成的影像是否真實。主要有 VGAN、TGAN、VidGAN 等。

3. 基於變分自編碼器的方法。這種方法同樣是透過訓練一個生成器網路，使其能夠生成逼真的視訊。其中，生成器網路由編碼器和解碼器組成，編碼器將輸入視訊編碼成潛在向量，解碼器將潛在向量解碼成輸出視訊。主要有 V3D-VAE、ST-VAE 等。

4. 基於流形學習的方法。這種方法主要是透過對視訊幀進行流形學習，建構視訊幀的流形結構，然後使用流形結構來預測下一幀。主要有流形序列學習（Manifold Sequence Learning）、VideoLSTM 等。

5. 基於 Transformer 的方法。這種方法使用 Transformer 來學習視訊序列中的空間和時間資訊，並生成新的樣本。基於 Transformer 的方法在視訊生成領域相對較新，但已經獲得了不錯的結果。

基於擴散模型的視訊生成

很多研究已經轉向使用擴散模型來提高生成視訊的品質，視訊擴散模型（Video Diffusion Model，VDM）[93] 使用 3D U-Net 作為去噪網路，整體沿用了 U-Net 的 U 形結構，並同時處理了時間和空間資訊，如圖 7-10 所示。圖 7-11 是 VDM 基於文字生成視訊的結果圖。透過該結果圖我們可以發現，VDM 生成視訊的每一幀之間相似度很高，內容的複雜度相對較低。

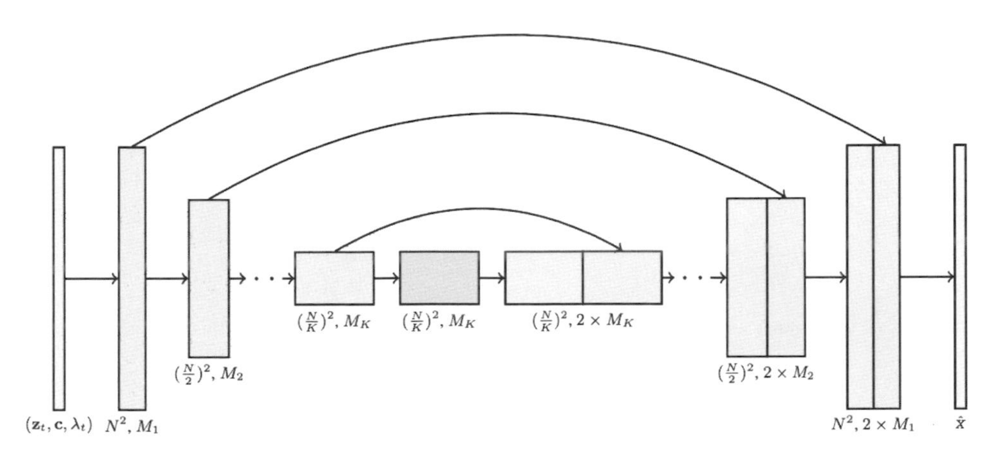

▲ 圖 7-10 VDM 使用的 3D U-Net 去噪網路示意圖

來源：Jonathan Ho, Tim Salimans, Alexey Gritsenko, William Chan, Mohammad Norouzi, and David J Fleet. Video Diffusion Models. arXiv preprint arXiv:2204.03458

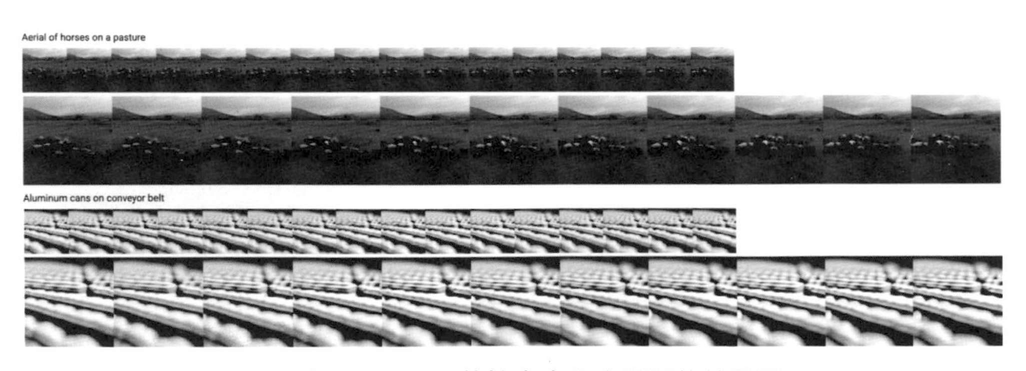

▲ 圖 7-11 VDM 基於文字生成視訊的結果圖

來源：Jonathan Ho, Tim Salimans, Alexey Gritsenko, William Chan, Mohammad Norouzi, and David J Fleet. Video Diffusion Models. arXiv preprint arXiv:2204.03458

靈活擴散模型（Flexible Diffusion Model，FDM）[89] 可以進行長視訊的生成。如圖 7-12 所示，FDM 訓練框架採用 U 形結構和條件式擴散去噪的方法進行訓練。它以某一幀為邊界，隨機對前半部分採樣作為引導資訊，然後使用擴散模型生成後半部分。如圖 7-13 所示，FDM 可以生成較長的視訊，並且內容相較於 VDM 會更加豐富。後面將介紹的 Imagen Video（一種文字 - 視訊生成演算法）則可以生成更高品質的視訊。

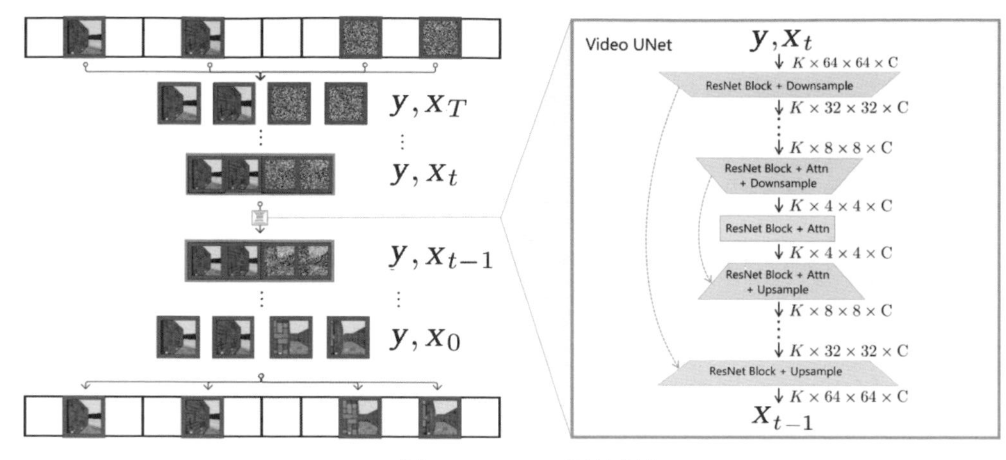

▲ 圖 7-12 FDM 訓練框架

來　源：William Harvey, Saeid Naderiparizi, Vaden Masrani, Christian Weilbach, and Frank Wood. Flexible Diffusion Modeling of Long Videos. arXiv preprint arXiv:2205.11495

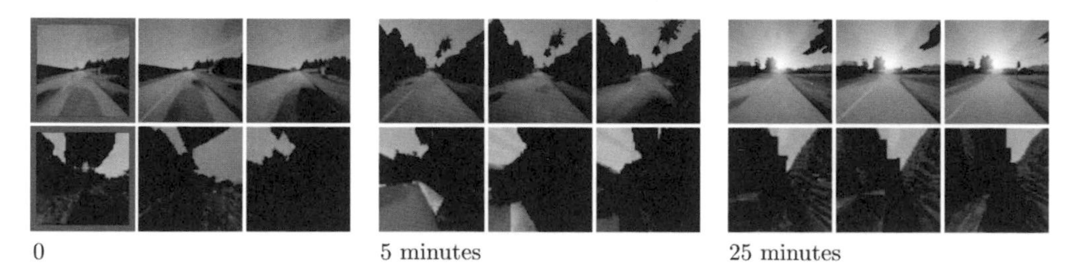

▲ 圖 7-13 FDM 生成的不同時長的視訊結果圖

來　源：William Harvey, Saeid Naderiparizi, Vaden Masrani, Christian Weilbach, and Frank Wood. Flexible Diffusion Modeling of Long Videos. arXiv preprint arXiv:2205.11495

7.2.4 點雲補全和點雲生成

點雲補全（Point Cloud Completion）和點雲生成（Point Cloud Generation）是電腦視覺領域中的兩個重要任務，涉及從輸入的點雲端資料中補全或生成缺失的點雲。點雲補全是指透過使用現有的部分點雲端資料，預測和生成遺失的點雲端資料，即根據給定的不完整的點雲，尋找最佳的點雲重建方案，以便在不失真的情況下，盡可能準確地表示原始物體的形狀和結構。該方法可應用在3D 建模、機器人視覺和自動駕駛等領域。點雲生成是指直接從隨機雜訊中生成點雲端資料，即根據給定的隨機向量生成點雲，使其符合一定的分佈和特徵，如一個特定的物體類別。以下是一些常見的方法：

1. PointNet++。PointNet++ 是一個流行的點雲處理框架，可以用於點雲的分類、分割、重建和生成等任務。PointNet++ 使用深度學習方法，可以在不同的點雲任務中取得良好的表現。

2. 點補全網路（Point Completion Network，PCN）。點補全網路是一種深度學習模型，用於點雲重建。它使用了一個編碼器 - 解碼器結構，其中編碼器將點雲嵌入低維空間，然後解碼器從該低維度資料表示中生成完整的點雲。

3. 佔用網路（Occupancy Network）。佔用網路是一種生成模型，可以從隨機雜訊中生成點雲。該模型使用了一個體素網路，可以從潛在向量中生成 3D 模型，即可以用於自動 3D 模型的生成。

4. 點變換器（Point Transformer）。點變換器是一個點雲處理框架，其使用了注意力機制來學習點之間的關係，可以用於點雲分類、分割、重建和生成等任務。

5. 三維形狀補全（3D Shape Completion）。三維形狀補全是一種深度學習模型，可以用於點雲重建和補全。

基於擴散模型的點雲補全、點雲生成

很多研究應用了擴散模型來完成點雲補全和點雲生成任務，這項類研究工作對許多下游任務都有影響，如三維重建、擴增實境和場景理解 [151, 155, 274]。Luo 等人在 2021 年 [150] 採取了如圖 7-14 所示的框架圖進行點雲生成，其中，N 代表總的點雲數量，Shape Latent 是點雲端資料擴散生成的引導資訊，用歸一化流對 Shape Latent 進行參數化建模，增強了表達能力，生成結果如圖 7-15 所示。

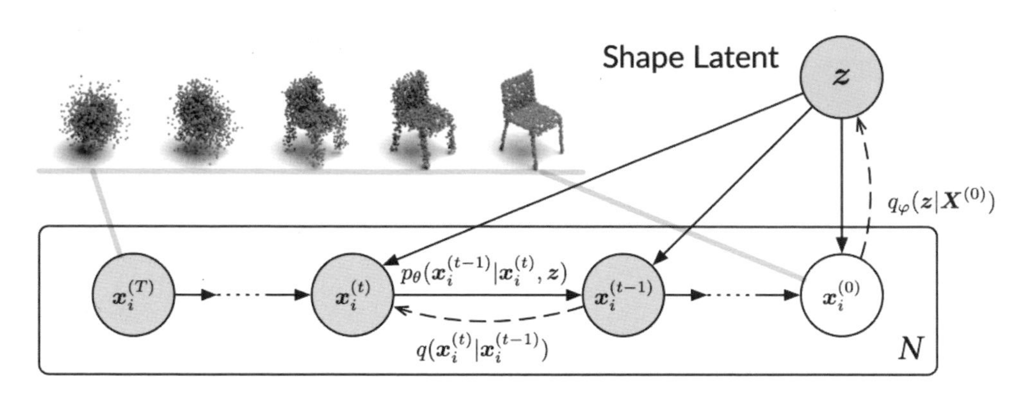

▲ 圖 7-14 基於擴散模型的點雲生成框架圖

來源：Shitong Luo and Wei Hu. Diffusion Probabilistic Models for 3D Point Cloud Generation. In IEEE Conference on Computer Vision and Pattern Recognition

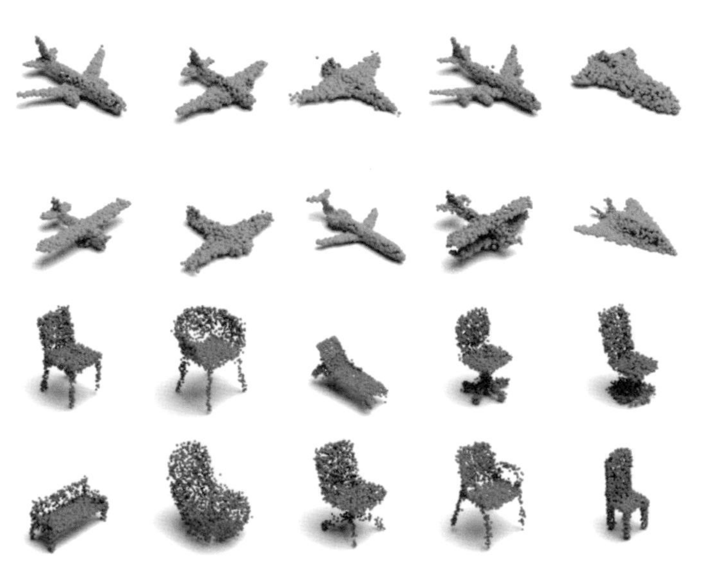

▲ 圖 7-15 基於擴散模型的點雲生成結果

來源：Shitong Luo and Wei Hu. Diffusion Probabilistic Models for 3D Point Cloud Generation. In IEEE Conference on Computer Vision and Pattern Recognition

如圖 7-16 所示，點 - 體素擴散（Point-Voxel Diffusion，PVD）模型 [286] 將去噪擴散模型與三維視覺中的體素（Voxel）表示結合起來，結合體素表徵來進行擴散生成。

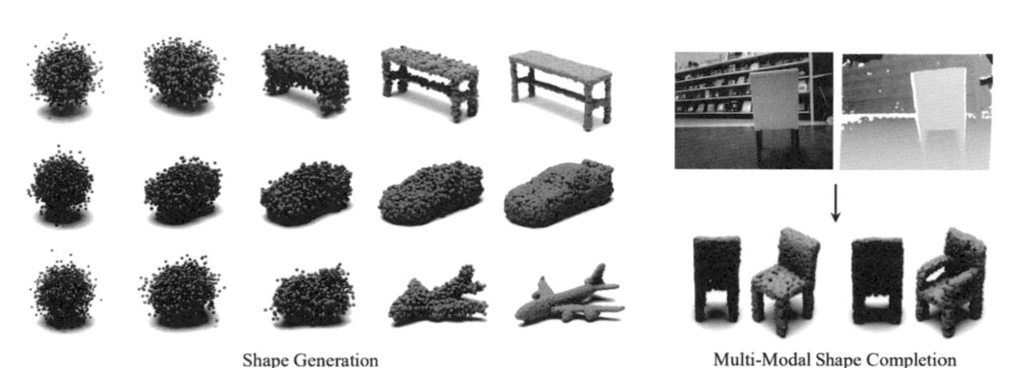

▲ 圖 7-16 PVD 結合體素表徵來進行擴散生成

來 源：Linqi Zhou, Yilun Du, and Jiajun Wu. 3D Shape Generation and Completion Through Point-Voxel Diffusion. In Proceedings of the IEEE/CVF International Conference on Computer Vision

點擴散修正（Point Diffusion-Refinement，PDR）模型 [155] 使用條件 DDPM，對部分觀測資料進行粗略的補全，再透過一個最佳化網路去進一步提升補全結果。

7.2.5 異常檢測

異常檢測是一種電腦視覺任務，它的目標是在影像或視訊中辨識出不正常的影像區域。這種技術在許多領域中都有廣泛的應用，舉例來說，工業品質控制、保全監控、醫療影像等。以下是幾種常用的異常檢測方法：

1. 基於統計學的方法。這種方法假設正常的影像區域可以用統計學模型來描述，而異常區域則不符合該模型。舉例來說，可以使用高斯分佈模型來描述正常的影像區域，然後將所有與該模型不匹配的區域標記為異常區域。

2. 基於傳統影像處理的方法。這種方法使用傳統的影像處理演算法提取影像中的特徵，並利用這些特徵判斷是否存在異常。舉例來說，可以使用邊緣檢測、紋理分析和形狀分析等演算法提取影像特徵，然後使用分類器判斷是否存在異常。

3. 基於深度學習的方法。深度學習技術已經在許多電腦視覺任務中獲得了巨大成功，並逐漸被應用到異常檢測領域。常用的深度學習技術包括自編碼器、卷積神經網路和循環神經網路等都可以對影像或視訊進行學習，然後透過對比學習到的特徵與測試資料的特徵判斷是否存在異常。

基於擴散模型的異常檢測

生成模型已被證明是異常檢測方向的一類重要研究方法 [70, 87, 252]，很多人已經開始利用擴散模型進行異常檢測了。AnoDDPM[252] 利用 DDPM 破壞輸入影像並重建一個近似影像，該方法比基於對抗性訓練的其他方法表現得更好，因為它可以透過有效的採樣和穩定的訓練方式更進一步地模擬較小的資料集。DDPM-CD[70] 將大量無監督的遙感影像納入 DDPM 的訓練過程，然後使用預先訓練好的、DDPM 中解碼器的多尺度表徵來進行遙感影像的異常檢測。「Diffusion Models for Medical Anomaly Detection」這篇文章利用分類器的引導資訊將異常影像轉換成完整影像，圖 7-17 展示的是基於擴散模型的異常檢測訓練框架，該方法在去噪過程中使用了分類器引導（classifier guidance）提升生成效果，透過原始輸入和去噪圖的差異獲得異常值圖。

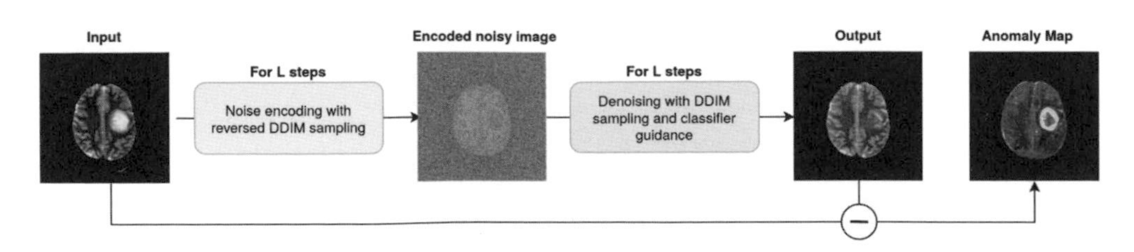

▲ 圖 7-17　基於擴散模型的異常檢測訓練框架

來源：Julia Wolleb, Florentin Bieder, Robin Sandkühler, Philippe C. Cattin. Diffusion Models for Medical Anomaly Detection. arXiv preprint arXiv:2203.04306

圖 7-18 展示的是異常檢測結果對比圖，其結果比之前基於 GAN 和 VAE 的結果要好。

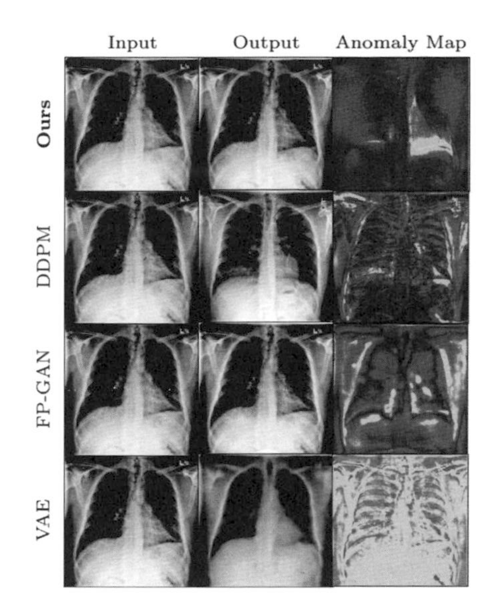

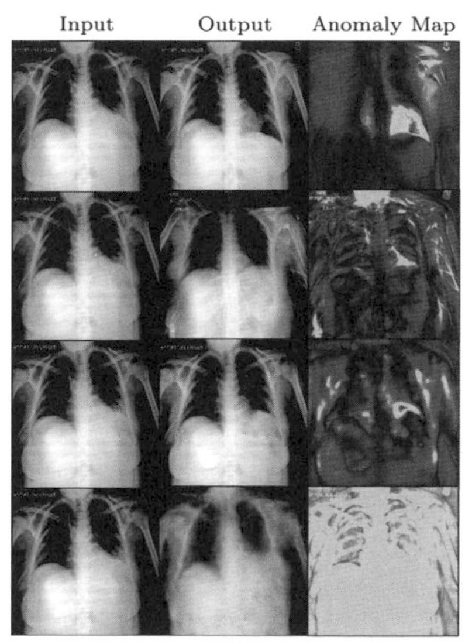

▲ 圖 7-18 異常檢測結果對比圖

來源：Julia Wolleb, Florentin Bieder, Robin Sandkühler, Philippe C. Cattin. Diffusion Models for Medical Anomaly Detection. arXiv preprint arXiv:2203.04306

7.3 自然語言處理

自然語言處理（Natural Language Processing，NLP）是一種涉及人類語言與電腦互動的領域，它涉及電腦如何理解、生成、處理和操縱自然語言，從而使電腦能夠更進一步地理解人類語言。自然語言處理是人工智慧的重要領域之一，其包括語音辨識、文字處理、自然語言生成、機器翻譯等多個子領域。

語言模型是自然語言處理中的一種基礎技術，其主要目的是預測文字中下一個單字或下一段話出現的機率。語言模型在文字自動補全、機器翻譯、語音辨識等多個領域中都有著廣泛應用。以下是部分語言模型的介紹：

1. *n*-gram 模型。這是語言模型中最簡單、最基礎的模型之一，其核心思想是給定一個單字序列，計算相鄰的 *n* 個單字組成的 *n*-gram 的出現機率，並用這些機率值作為預測下一個單字的依據。*n*-gram 模型被廣泛應用於文字分類、資訊檢索、語音辨識等。

2. 神經網路語言模型。隨著神經網路的發展，人們開始嘗試使用神經網路來建構語言模型。早期的神經網路語言模型主要採用的是基於循環神經網路（RNN）的模型，其中最著名的就是長短時記憶（LSTM）模型和門控循環單元（GRU）模型，這些模型可以有效地解決傳統 -gram 模型中的資料稀疏和長距離相依問題。

3. 深度學習語言模型。深度學習語言模型採用了更深層的神經網路結構，如基於卷積神經網路（CNN）和變換器（Transformer）的語言模型。這些模型在文字生成和語音辨識等任務中獲得了顯著的成果。其中 Transformer 由於其高效的平行計算能力和強大的上下文表示能力，成為當前最先進的語言模型之一。

4. 基於預訓練的語言模型。基於預訓練的語言模型是近年來最熱門的研究方向之一。其基本想法是透過大規模的無監督語言資料預訓練出一個通用的語言模型，然後再透過微調（Fine-Tuning）或其他技術進行特定任務的微調，如 BERT、GPT 等。它們在自然語言處理中具有極高的性能，獲得了極佳的效果，尤其在文字分類、情感分析、機器翻譯等領域中具有非常廣泛的應用。

這裡詳細介紹一下 BERT。BERT（Bidirectional Encoder Representations from Transformers）是一種基於 Transformer 的預訓練語言模型，由 Google 在 2018 年發佈。BERT 能夠對一段文字進行深度理解，並輸出對該文字的表示向量，使得該文字在向量空間上的距離能夠反映其語義上的相似程度。BERT 是一種雙向模型，即它能夠同時考慮上下文的資訊。傳統的語言模型是單向的，只能在當前時刻之前的文字上進行預測，而 BERT 能夠同時利用上下文資訊，從而使得預測更加準確。BERT 的訓練分為兩個階段：預訓練階段和微調階段。

在預訓練階段，BERT 使用大量未標注的文字資料訓練語言模型。這些資料包括維基百科、Google Books 等大規模的文字資料。BERT 採用 MLM（Masked Language Model）和 NSP（Next Sentence Prediction）訓練語言模型。MLM 的任務是將輸入的句子中 15% 的單字用遮罩替換，然後讓模型預測被替換的單字。NSP 的任務是讓模型判斷兩個輸入的句子是不是連續的。在微調階段，BERT 將預訓練好的模型用於具體的下游任務，如情感分析、文字分類、問答等。BERT 會根據不同任務，重新訓練最後一層或幾層網路，以適應不同的任務需求。

基於擴散模型的自然語言生成

許多基於擴散模型的方法已被開發出來用於文字生成。D3PM（Discrete Denoising Diffusion Probabilistic Model）[6] 引入了類似擴散的生成性模型，用於字元級的文字生成 [28]。它推廣了原有的基於一致轉移機率的加噪過程多項擴散模型 [96]。基於自回歸的大語言模型可以生成高品質的文字 [18, 35, 185, 279]。為了在現實世界的應用中可靠地部署這些大語言模型，我們希望文字生成過程是可控的。這表示我們需要生成的文字能夠滿足預期的要求（如主題、句法結構等）。但是為了不同生成需求而將模型進行重新訓練的方式是非常浪費資源的，因此如何讓模型具有可控性以應對不同任務是文字生成領域中一個重要問題。為了解決這個問題，Diffusion-LM[141] 提出了一種基於連續向量空間的擴散模型，該模型使用了基於語法解析樹做分類器的條件引導機制，能夠更靈活、合理地將高斯雜訊（Gaussian Noise）逐步去噪生成單字向量（Word Vectors），並解碼成自然語言文字，如圖 7-19 所示。Diffusion-LM 從一連串的高斯雜訊向量開始，逐步將其去噪得到對應單字的向量。逐步去噪的步驟有助產生分層的、連續的潛在變數。這種分層的、連續的潛在變數可以使簡單的、基於梯度的方法完成複雜的控制。該方法在細粒度控制任務中成就非凡，與之前的方法相比，控制成功率翻了一番，無須像其他微調方法那樣進行額外訓練。

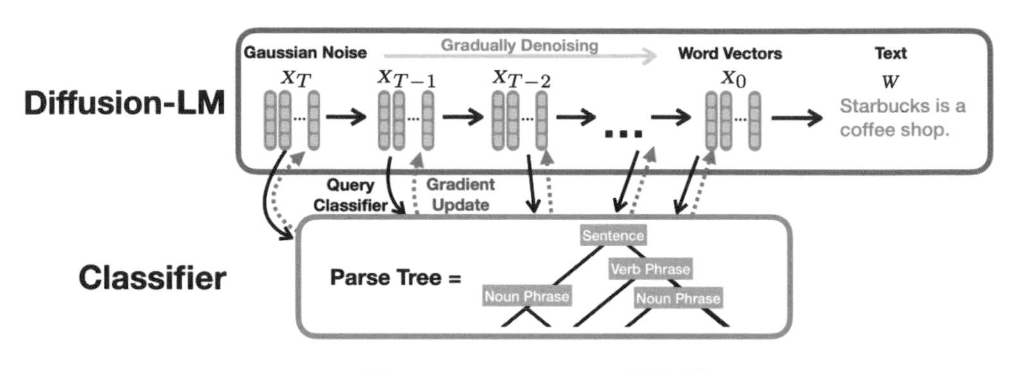

▲ 圖 7-19 Diffusion-LM 框架圖

來源：Xiang Lisa Li, John Thickstun, Ishaan Gulrajani, Percy Liang, and Tatsunori B Hashimoto. Diffusion-LM Improves Controllable Text.Generation. arXiv preprint arXiv:2205.14217

DiffuSeq[88] 提出了新的基於擴散的非自回歸語言模型來完成更具挑戰性的序列到序列（Sequence-to-Sequence）的文字生成。後續的基於擴散模型的語言生成模型大多是基於上述框架改進的，並獲得了良好的生成效果。DiffuSeq 還提供了擴散模型、自回歸模型和非自回歸模型的對比聯繫。該方法採用條件式擴散生成機制，將輸入語境資訊和待生成文字進行拼接，然後根據二者的語義連結進行去噪生成，如 7-20 所示。

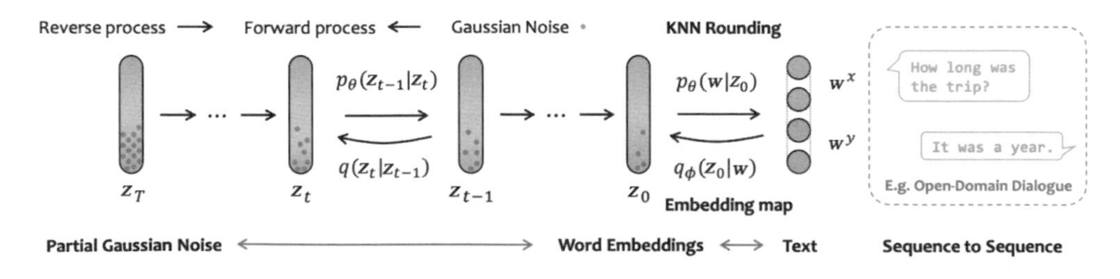

▲ 圖 7-20 DiffuSeq 框架圖

來源：Hansan Gong, Mukai Li, Jiangtao Feng, Zhiyong Wu, and Lingpeng Kong. DiffuSeq: Sequence to Sequence Text Generation with Diffusion.Models. arXiv preprint arXiv:2210.08933

圖 7-21 是 DiffuSeq 在對話生成場景中的結果，其生成的回答更加多樣化。

***Utterance**: How long does the dye last?* ***Response**: Just did this two days ago, not sure how it'll fade yet!*	
GPVAE-T5	**NAR-LevT**
* I'm not sure, I'm not sure. I've tested it a few times, but I don't know for sure. I've	* half .
* I'm not sure. I'm not sure how long it lasts, I'm sure it 'll get better. It's been a while since	* half .
* I've been using it for about a year and a half. I've been using it for about a year and a half.	* half .
GPT2-large finetune	**DIFFUSEQ**
* Two weeks in my case.	* About an hour, 5 days or so.
* I've had it for about a year.	* 4 days.
* The dye can sit around for a month then you can wash it.	* I'm not sure about this, about the same kind of time.

▲ 圖 7-21 DiffuSeq 在對話生成場景中的結果

來源：Hansan Gong, Mukai Li, Jiangtao Feng, Zhiyong Wu, and Lingpeng Kong. DiffuSeq: Sequence to Sequence Text Generation with Diffusion.Models. arXiv preprint arXiv:2210.08933

圖 7-22 是 DiffuSeq 在問題生成場景中的結果，其生成的問題更加豐富，也更符合陳述語義。

***Statement**: The Japanese yen is the official and only currency recognized in Japan.* ***Question**: What is the Japanese currency?*	
GPVAE-T5 * What is the japanese currency * What is the japanese currency * What is the japanese currency	**NAR-LevT** * What is the basic unit of currency for Japan ? * What is the basic unit of currency for Japan ? * What is the basic unit of currency for Japan ?
GPT2-large finetune * What is the basic unit of currency for Japan? * What is the Japanese currency * What is the basic unit of currency for Japan?	**DIFFUSEQ** * What is the Japanese currency * Which country uses the "yen yen" in currency * What is the basic unit of currency?

▲ 圖 7-22 DiffuSeq 在問題生成場景中的結果

來源：Hansan Gong, Mukai Li, Jiangtao Feng, Zhiyong Wu, and Lingpeng Kong. DiffuSeq: Sequence to Sequence Text Generation with Diffusion.Models. arXiv preprint arXiv:2210.08933

圖 7-23 是 DiffuSeq 在文字簡化場景中的結果，其生成出來的文字更符合語義，也更簡潔。

Complex sentence: *People can experience loneliness for many reasons, and many life events may cause it, such as a lack of friendship relations during childhood and adolescence, or the physical absence of meaningful people around a person.*
Simplified: *One cause of loneliness is a lack of friends during childhood and teenage years.*

GPVAE-T5	**NAR-LevT**
* People can experience loneliness for many reasons, and many life events may cause it, such as a lack of friendship relations during childhood and adolescence, or the physical absence of meaningful people around a person	* People may experience reashapphap-phapphapphapphappabout life reasit.
* People can experience loneliness for many reasons, and many life events may cause it, such as a lack of friendship relations during childhood and adolescence, or the physical absence of meaningful people around a person	* People may experience reashapphap-phapphapphapphappabout life reasit.
* People can experience loneliness for many reasons, and many life events may cause it, such as a lack of friendship relations during childhood and adolescence, or the physical absence of meaningful people around a person	* People may experience reashapphap-phapphapphapphappabout life reasit.
GPT2-large finetune	**DIFFUSEQ**
* Loneliness can be caused by many things.	* Many life events may cause of loneliness
* Loneliness can affect people in many ways.	* People can also be very experience loneliness for many reasons.
* Loneliness can be caused by many things.	* People can experience loneliness for many reasons, and many life events may, cause it.

▲ 圖 7-23 DiffuSeq 在文字簡化場景中的結果

來源：Hansan Gong, Mukai Li, Jiangtao Feng, Zhiyong Wu, and Lingpeng Kong. DiffuSeq: Sequence to Sequence Text Generation with Diffusion.Models. arXiv preprint arXiv:2210.08933

7.4 時間資料建模

7.4.1 時間序列插補

時間序列插補（Time Series Imputation）是指在時間序列中出現遺漏值時，透過一些演算法估計遺漏值的方法 [213, 229, 269]。在實際的時間序列應用中 [60, 173, 265, 280]，缺失資料的問題往往是非常普遍的，因此時間序列插補是時間序列處理的重要一環。以下是一些常用的時間序列插補（插值）方法：

1. 線性插值（Linear Interpolation）。在遺漏值兩側的已有資料之間做線性插值，即假設資料在這兩點之間是均勻變化的，然後用線性函式連接這兩點。

2. 拉格朗日插值（Lagrange Interpolation）。在遺漏值周圍找到一些相鄰資料點，利用這些點計算一個插值多項式，並使用該多項式估計遺漏值。

3. 平滑插值（Spline Interpolation）。與拉格朗日插值類似，但是插值函式使用分段連續的二次或三次函式進行擬合。

4. *k*- 最近鄰插補（*k*-Nearest Neighbor Imputation）。透過選擇最接近遺漏值的 *k* 個相鄰資料點的平均值或中位數估計遺漏值。

5. 基於模型的插補（Model-Based Imputation）。利用已知數據的模型估計遺漏值，包括自回歸模型、ARIMA 模型、VAR 模型等。

6. 矩陣分解（Matrix Factorization）。將時間序列資料轉化為矩陣，然後利用矩陣分解演算法（如奇異值分解、主成分分析等）估計遺漏值。

7. 基於深度學習的插補（Deep Learning Based Imputation）。使用深度學習模型（如循環神經網路、長短時記憶等）來學習時間序列的模式，並根據已有資料估計遺漏值。

基於擴散模型的時間序列插補

近年來，確定性插補方法[23, 27, 154]和機率插補方法[65]都獲得了極大的發展，其中就有基於擴散模型的方法。CSDI[230]利用基於分數的擴散模型，提出了一種新的時間序列插補方法。為了有效挖掘時間序列資料中的時序相關性，並利用這種相關性進行生成式建模，該方法採用了自監督的訓練形式來最佳化擴散模型。如圖 7-24 所示，CSDI 在部分已知時間序列資料的基礎上，使用擴散模型逐步恢復出缺失的時序訊號。Conditional observations 和 Imputation targets 分別是輸入的條件訊號和待填補的目標時間序列部分。

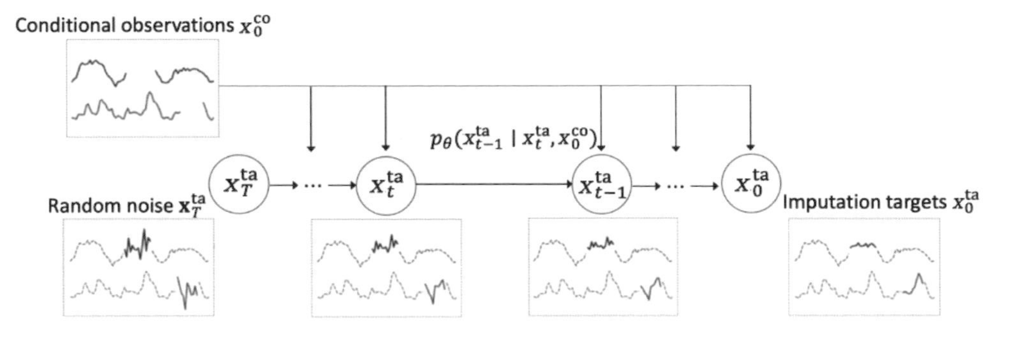

▲ 圖 7-24 CSDI 進行時間序列插補的流程示意圖

來源：Yusuke Tashiro, Jiaming Song, Yang Song, and Stefano Ermon. CSDI: Conditional Score-Based Diffusion Models for Probabilistic Time Series Imputation. In Advances in Neural Information Processing Systems

圖 7-25 是 CSDI 訓練框架圖，透過使正向加上的雜訊和反向預測的雜訊值最小化（minimize）從而進行去噪生成。它在訓練時，隨機遮掩（mask）掉一部分資料，用剩餘的資料作為引導資訊，然後在訓練去噪網路時，CSDI 基於 Transformer 建立了預測時序和條件時序之間的連結模型，並且關注了多變數時間序列資料中不同通道之間的連結。實驗結果顯示，它在一些真實世界的資料集上的應用比以前的方法更有優勢。

SSSD（Structured State Space Diffusion）[1] 整合了條件擴散模型和結構化狀態空間模型 [82]，以捕捉時間序列中的長期相依，該模型在時間序列插補和預測任務中都表現良好。

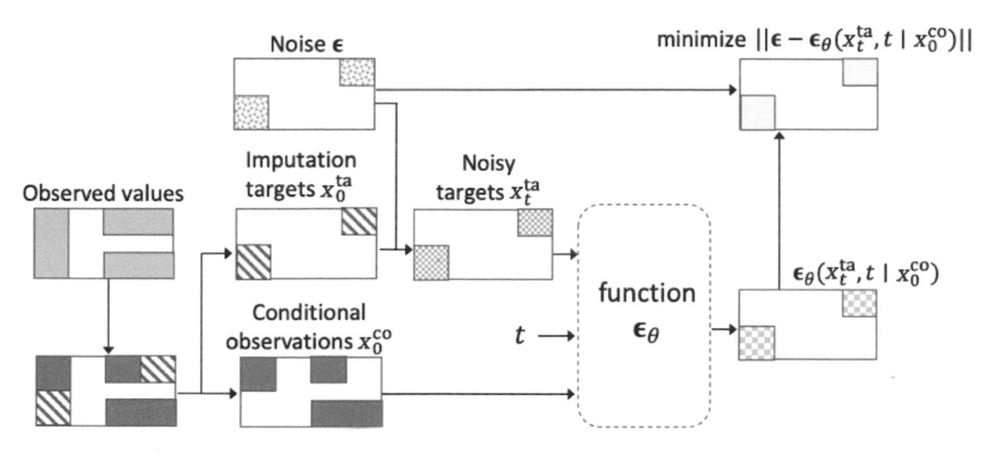

▲ 圖 7-25 CSDI 訓練框架圖

來源：Yusuke Tashiro, Jiaming Song, Yang Song, and Stefano Ermon. CSDI: Conditional Score-Based Diffusion Models for Probabilistic Time Series Imputation. In Advances in Neural Information Processing Systems

7.4.2 時間序列預測

時間序列預測（Time Series Forecasting）是指在已有的歷史資料基礎上，透過一些演算法預測未來一段時間內的時間序列值。時間序列預測是時間序列分析的核心內容，其廣泛應用於經濟、金融、工業、社會等各個領域。以下是一些常用的時間序列預測的方法、模型：

1. 移動平均法（Moving Average），指利用時間序列的平均值進行預測，一般使用簡單移動平均、加權移動平均等方法。

2. 指數平滑法（Exponential Smoothing），指利用時間序列的平滑值進行預測，一般使用單指數平滑、雙指數平滑、三指數平滑等方法。

3. ARIMA（Autoregressive Integrated Moving Average）模型，是一種經典的時間序列預測模型。透過時間序列的自回歸、差分和移動平均這 3 個步驟建立模型，具有良好的擬合能力。

4. SARIMA（Seasonal ARIMA）模型，指在 ARIMA 模型的基礎上，考慮季節性因素的影響，透過對時間序列進行季節性差分和季節性自回歸建立模型。

5. VAR（Vector Autoregression）模型，指將多個時間序列變數視為一個整體來建立模型，透過對各個時間序列之間的關係建立模型，能夠較好地反映不同變數之間的相互作用。

6. 預測（Prophet）模型，是由 Facebook 公司開發的一種時間序列預測模型，能夠自動處理季節、節假日等因素，並且具有較好的可解釋性。

7. 深度學習（Deep Learning）模型，如循環神經網路（RNN）、長短時記憶（LSTM）、卷積神經網路（CNN）等，這些模型能夠自動提取時間序列資料中的特徵，具有很強的非線性建模能力。

基於擴散模型的時間序列預測

深度學習的方法可用於解決時間序列預測問題，主要有單點預測方法 [172] 或單變數機率方法 [205]。在多變數預測問題中，也有相應的點預測方法 [140] 及機率方法，涉及 GAN[271] 或歸一化流 [192] 等生成方法，也有人將生成模型中的擴散模型應用到時間序列預測任務裡。TimeGrad[191] 就提出了一個自回歸模型預測多元時間序列的方法，即透過從每個時間序列中估計樣本分佈的梯度來從資料分佈中採樣，利用擴散機率模型進行模型架設。這一方法與分數匹配模型和基於能量的模型密切相關。具體來說，它透過最佳化資料似然的變分界來學習梯度，在推理階段使用朗之萬採樣，並透過馬可夫鏈將白色雜訊轉為目標資料分佈中的樣本 [220]，圖 7-26 為 TimeGrad 時間序列預測的結果。

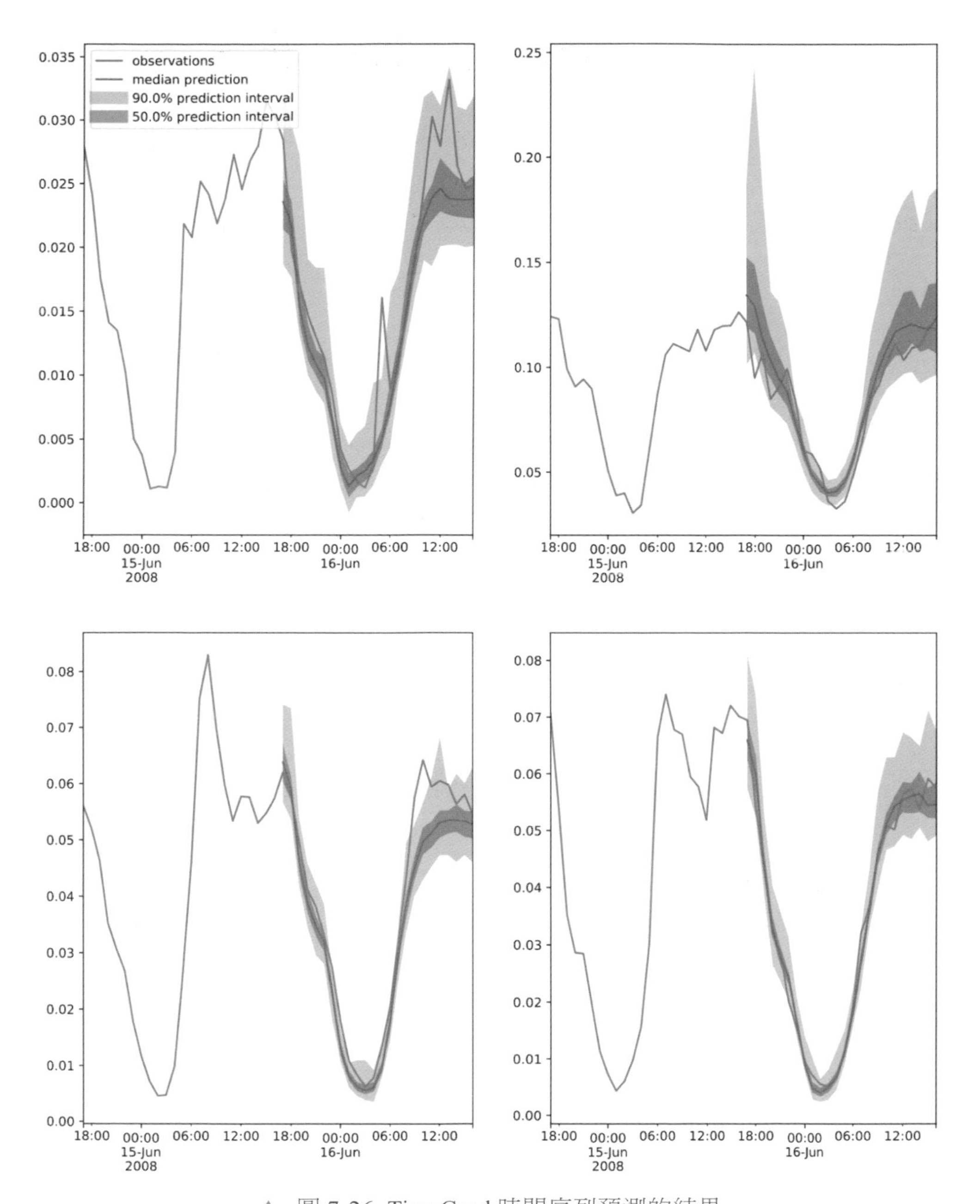

▲ 圖 7-26 TimeGrad 時間序列預測的結果

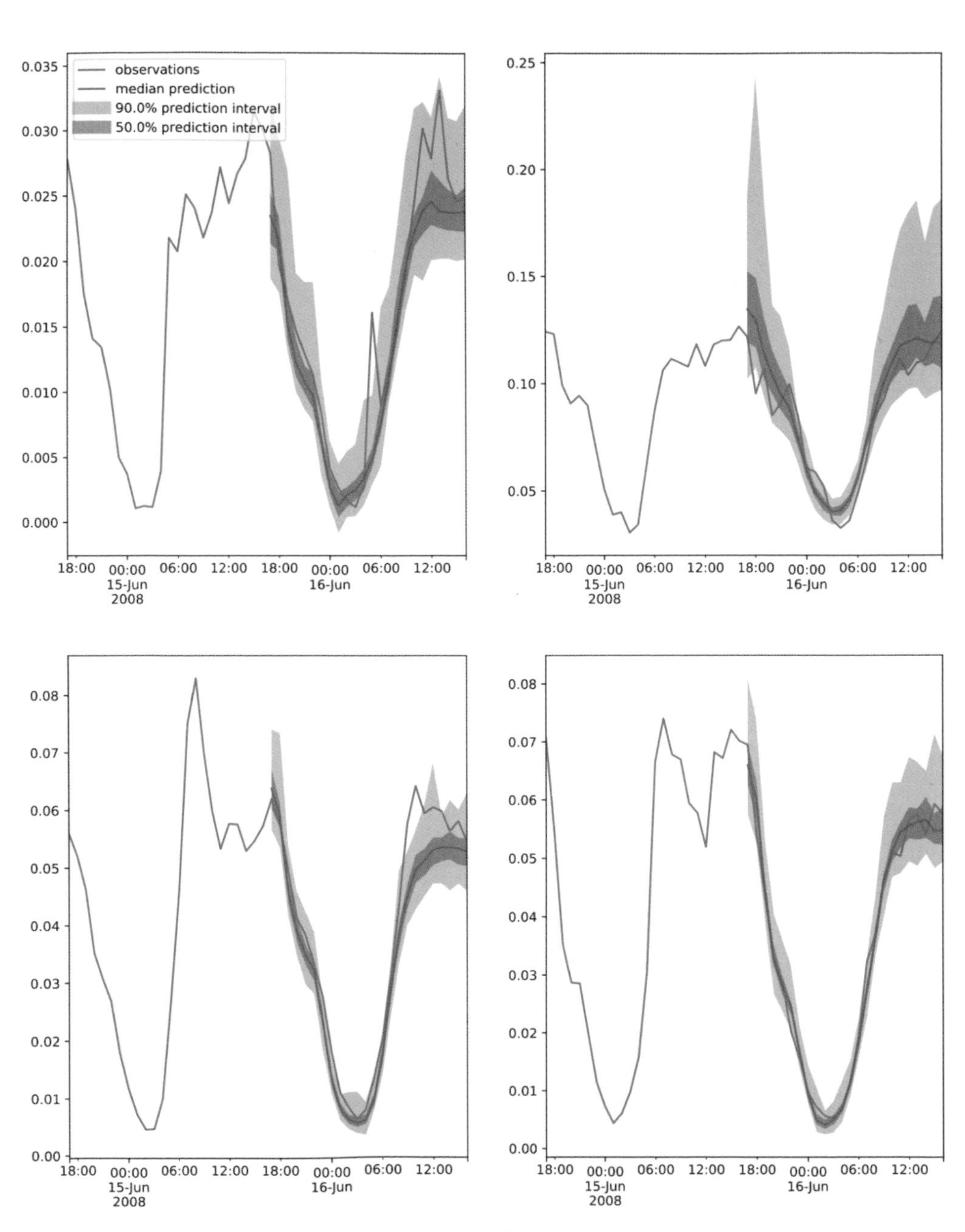

▲ 圖 7-26 TimeGrad 時間序列預測的結果（續圖）

來　源：Kashif Rasul, Calvin Seward, Ingmar Schuster, and Roland Vollgraf. Autoregressive Denoising Diffusion Models for Multivariate Probabilistic Time Series Forecasting. In International Conference on Machine Learning

7.5 多模態學習

7.5.1 文字到影像的生成

文字到影像的生成（又稱「文生圖」）是一種將自然語言文字描述轉為影像的技術 [57, 116, 235]。它可以幫助我們在沒有實際影像資料的情況下，生成逼真的影像，以滿足各種需求。該技術是深度學習中的一種應用，也是電腦視覺和自然語言處理領域的交叉學科。下面介紹幾個除擴散模型外的文生圖型演算法：

1. DALL·E 3[299] 是 OpenAI 提出的一種基於 Transformer 的影像生成模型，它能夠生成符合自然語言描述的影像。DALL·E 3 基於 GPT-3 的預訓練模型，使用了類似於 Transformer 的編碼器 - 解碼器結構，可以根據自然語言描述生成影像。DALL·E 3 的輸入是自然語言描述，比如「一隻蜜蜂在棕色的花朵上面」，輸出是對應的影像。在生成影像時，DALL·E 3 的輸入不僅可以包含文字，還可以包含一些標識，如顏色、大小、數量等資訊，以便更精確地生成符合要求的影像。

2. Parti[300] 是一個由 Google Research 提出的兩階段文生圖模型，包含一階段影像分詞器的訓練和二階段自回歸的訓練，其中影像分詞器是由以 Transformer 為基礎的 VQGAN 模型訓練得到的，自回歸模型可以用文本分詞作為引導資訊生成影像分詞，再透過影像逆分詞器生成最後的影像。整個模型框架如圖 7-27 所示，透過基於 Transformer 的編碼器 - 解碼器結構完成文字到影像的生成。該模型充分利用並對齊了不同模態之間的語義資訊，從而使生成的影像內容更豐富。

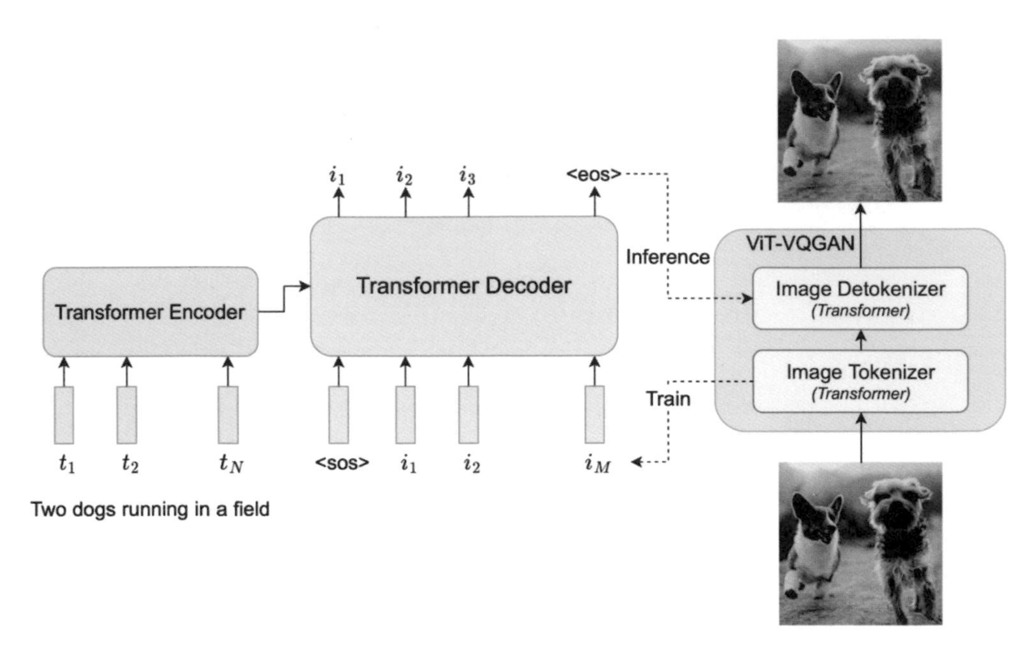

▲ 圖 7-27 Parti 框架示意圖

來源：Jiahui Yu, Yuanzhong Xu, Jing Yu Koh, Thang Luong, Gunjan Baid, Zirui Wang, Vijay Vasudevan, Alexander Ku, Yinfei Yang, Burcu Karagol Ayan, Ben Hutchinson, Wei Han, Zarana Parekh, Xin Li, Han Zhang, Jason Baldridge, Yonghui Wu. Scaling Autoregressive Models for Content-Rich Text-to-Image Generation. arXiv preprint arXiv:2206.10789

Muse[301] 是 Google Research 提出的一種基於生成式預訓練變換模型的文生圖型演算法，相較於 Parti 的自回歸編碼方式，Muse 採用了平行解碼，大大提升了模型的效率。此外，Muse 還使用了預訓練的大語言模型，這提升了模型對細粒度敘述的理解能力。Muse 的訓練框架如圖 7-28 所示，該演算法透過生成式預訓練變換的方式在不同解析度下對影像和文字語義進行對齊，即透過文字提示（Text Prompt）對被遮罩的影像特徵進行重建。Muse 還採用了多層次重建的訓練方式，讓生成的影像品質更高、更清晰。

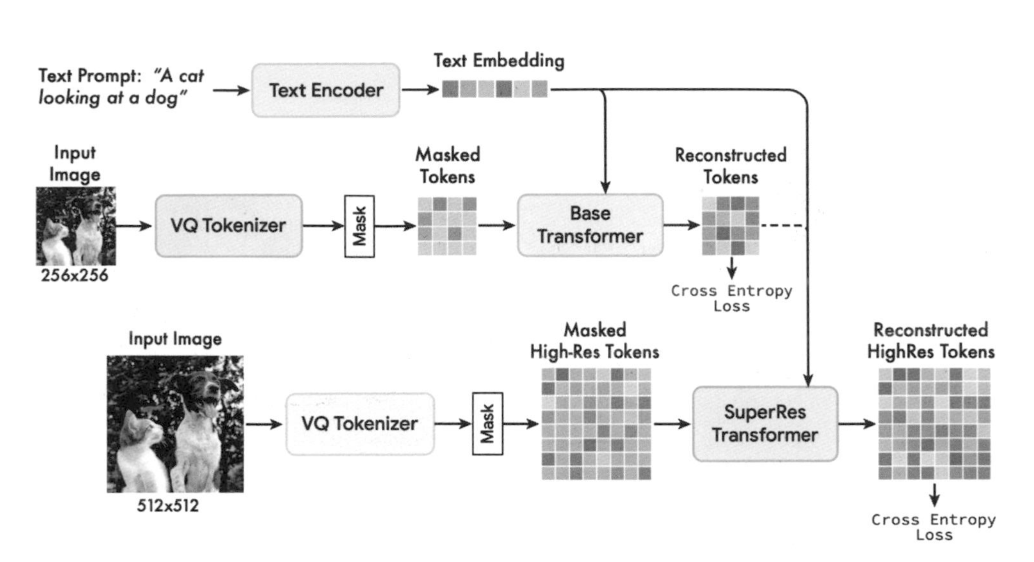

▲ 圖 7-28 Muse 訓練框架圖

來　源：Huiwen Chang, Han Zhang, Jarred Barber, AJ Maschinot, Jose Lezama, Lu Jiang, Ming-Hsuan Yang, Kevin Murphy, William T. Freeman, Michael Rubinstein, Yuanzhen Li, Dilip Krishnan.Muse: Text-To-Image Generation via Masked Generative Transformers. arXiv preprint arXiv:2301.00704

基於擴散模型的文字到影像的生成

文字到影像的生成是一個非常有挑戰性的領域，目前還會有一些問題，如生成的影像不夠清晰或不夠自然等。Blended Diffusion[7] 利用了預訓練的 DDPM[49] 和 CLIP[184] 模型，提出了一種基於文字引導的帶有目的地區域塊的影像編輯解決方案。VQ-Diffusion[83] 提出了用離散的基於影像分詞進行擴散的生成模型來實現文生圖的方法。unCLIP[186] 提出了將三階段的訓練方法用於文生圖場景。unCLIP 框架圖如圖 7-29 所示，虛線以上部分是訓練文字影像 CLIP 模型，虛線以下部分是訓練潛在空間先驗模型和影像解碼器。第一階段是訓練 CLIP 模型，為了能夠將文和圖映射到語義一致的特徵空間；第二階段是訓練一個先驗模型，可以根據時間嵌入生成符合 CLIP 語義的圖片嵌入，該研究嘗試了兩種先驗模型：自回歸式模型和擴散模型，從實驗效果上看兩種模型的性能相似，但擴散模型效率更高，所以最終選擇了擴散模型作為優先模型；第三階段是訓練一個基於影像嵌入生成真實影像的影像解碼器。DALL·E 3 的 unCLIP 生成結果如圖 7-30 所示。

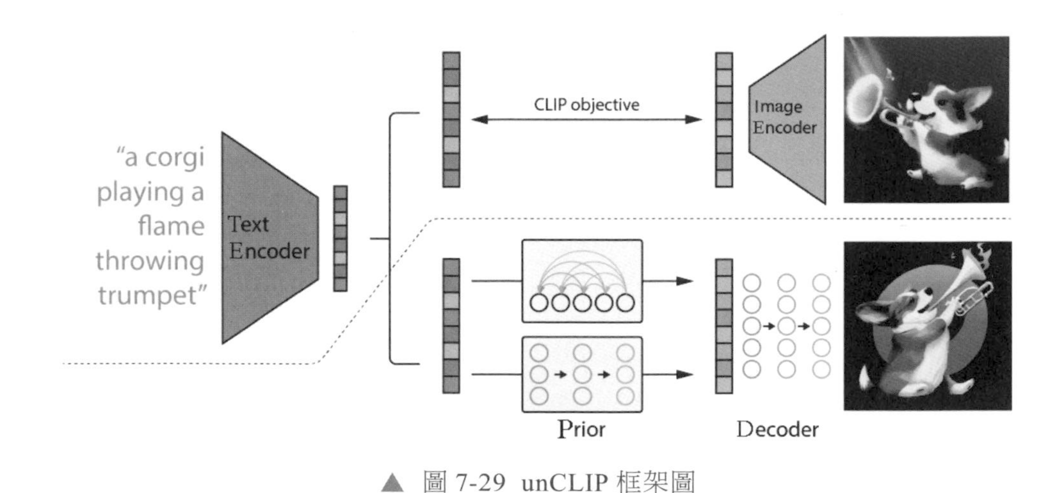

▲ 圖 7-29 unCLIP 框架圖

來源：Aditya Ramesh, Prafulla Dhariwal, Alex Nichol, Casey Chu, and Mark Chen. Hierarchical Text-Conditional Image Generation with Clip Latents. arXiv preprint arXiv:2204.06125

▲ 圖 7-30 unCLIP 生成結果圖

來源：Aditya Ramesh, Prafulla Dhariwal, Alex Nichol, Casey Chu, and Mark Chen. Hierarchical Text-Conditional Image Generation with Clip Latents. arXiv preprint arXiv:2204.06125

Imagen[201] 的作者發現使用大型的預訓練語言模型可以大大增強文生圖的效果，並且增大語言模型的規模比增大影像擴散模型的規模更加有效，實驗表明 Imagen 可以和最先進的方法如 VQGAN+CLIP[41]、LDM [198] 和 DALLE 3[186] 媲美。GLIDE[167] 的作者首先回顧了基於 Class-Guided、Classifier-Free，還有 CLIP-Guided 的擴散模型，然後提出了用雜訊感知的 CLIP 進行引導，讓引導資訊更加符合條件擴散的實際訓練過程的方法。圖 7-31 是 GLIDE 基於文字生成影像的結果。

▲ 圖 7-31 GLIDE 基於文字生成影像的結果

來　源：Alexander Quinn Nichol, Prafulla Dhariwal, Aditya Ramesh, Pranav Shyam, Pamela Mishkin, Bob Mcgrew, Ilya Sutskever, and Mark Chen. GLIDE: Towards Photorealistic Image Generation and Editing with Text-Guided Diffusion Models. In International Conference on Machine Learning

UniDiffuser[302] 的作者提出了用統一的基於 Transformer 的擴散模型框架，擬合多模態資料分佈，並同時完成文字到影像、影像到文字的聯合生成任務的方法。如圖 7-32 所示，UniDiffuser 可以處理不同的生成任務，不僅包含單模態文字和影像生成，還包含跨模態文字和影像的互相生成。

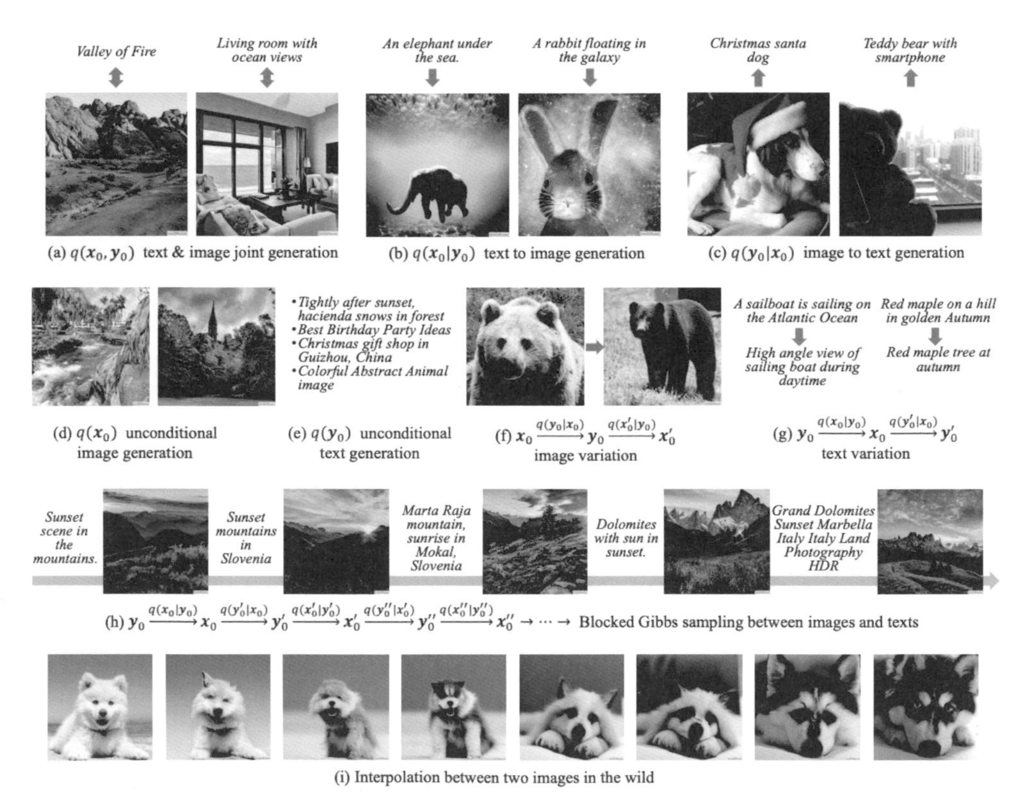

▲ 圖 7-32 UniDiffuser 可以處理不同的生成任務

來 源：Fan Bao, Shen Nie, Kaiwen Xue, Chongxuan Li, Shi Pu, Yaole Wang, Gang Yue, Yue Cao, Hang Su, Jun Zhu. One Transformer Fits All Distributions in Multi-Modal Diffusion at Scale. arXiv preprint arXiv:2303.06555

圖 7-33 是 UniDiffuser 的框架圖，該方法先利用 CLIP、GPT-2 等預訓練模型將輸入映射到潛在空間，然後在潛在空間上進行擴散模型的訓練，其使用的是基於 Transformer 的去噪網路。在輸入擴散模型前，影像和文字都會被預訓練過的編碼器（影像編碼器使用自編碼器訓練，文字編碼器使用 GPT 訓練）映射到特徵空間中。然後，將影像和文字的嵌入拼在一起，並增加控制不同模態生成的條件向量進行去噪生成。

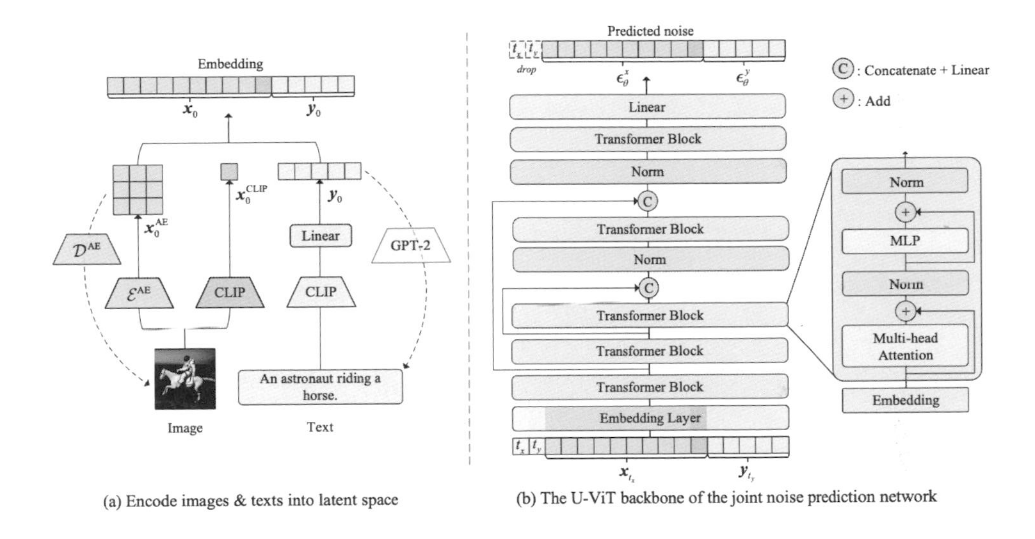

▲ 圖 7-33 UniDiffuser 框架圖

來 源：Fan Bao, Shen Nie, Kaiwen Xue, Chongxuan Li, Shi Pu, Yaole Wang, Gang Yue, Yue Cao, Hang Su, Jun Zhu. One Transformer Fits All Distributions in Multi-Modal Diffusion at Scale. arXiv preprint arXiv:2303.06555

ControlNet

不同於那些以文字提示為條件的影像擴散模型，ControlNet[303] 試圖控制預訓練的大型擴散模型，以支援額外的語義映射，如邊緣映射、分割映射、關鍵點、形狀法線、深度等。如圖 7-34 所示，左邊是參數被凍結的 Stable Diffusion 模型，右邊藍色的部分是 ControlNet 中需要訓練的條件網路結構，該條件模組接收各種提示（Prompt），以及用時間作為條件控制 Stable Diffusion 的採樣生成過程。ControlNet 的作者建議利用預訓練擴散模型的「可訓練副本」來避免過度擬合。可訓練副本和原始凍結模型透過一種特殊的卷積層「零卷積」相連，其中卷積權重是可學習的，並初始化為零，這樣它就不會向深層特徵中增加新的雜訊了。

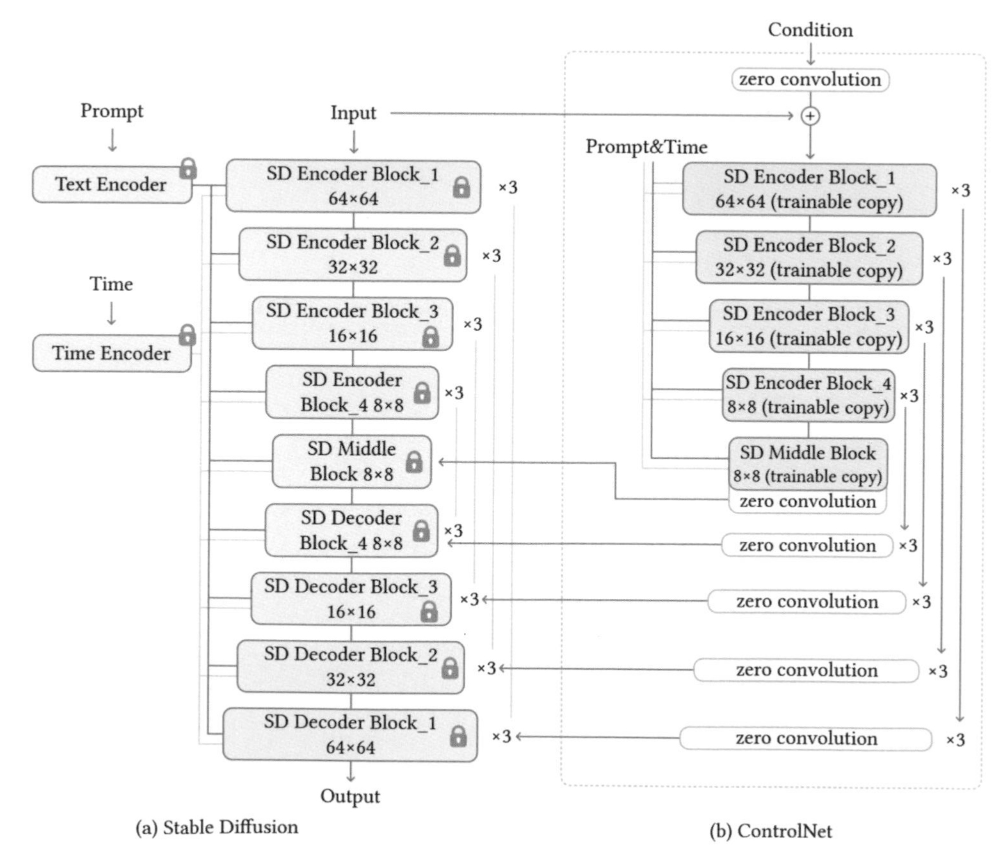

▲ 圖 7-34 ControlNet 框架圖

來源：Lvmin Zhang, Maneesh Agrawala. Adding Conditional Control to Text-to-Image Diffusion Models. arXiv preprint arXiv:2302.05543

ControlNet 的生成結果如圖 7-35 所示，輸入為線圖、文字提示和預設的影像，模型會對原圖做相應的修改，「Automatic Prompt」和「User Prompt」分別為模型和人為定義的文字提示。

▲ 圖 7-35 ControlNet 的生成結果

來源：Lvmin Zhang, Maneesh Agrawala. Adding Conditional Control to Text-to-Image Diffusion Models. arXiv preprint arXiv:2302.05543

7.5.2 文字到音訊的生成

TTS（Text-to-Speech）是一種將文字轉換成音訊的技術，使得電腦可以像人類一樣朗讀文字。它是語音合成技術的一種應用，通常用於自動語音提示、無人值守電話系統、電子書閱讀器等領域。下面是一些常用的 TTS 演算法：

1. 基於拼音的合成演算法。這種演算法是將輸入的文字轉為拼音，然後使用語音資料庫中的拼音對應的音訊部分來合成語音。這種演算法的優點是準確度高且不需要錄製大量的語音資料庫。缺點是生成的語音聽起來比較機械化。

2. 隱馬可夫模型演算法。這種演算法是根據輸入文字的音素序列來合成語音的。它基於一個包含多個狀態的馬可夫鏈，透過使用語音資料庫中的音素對應的音訊部分生成語音。這種演算法可以生成較為自然的語音，但是需要大量的訓練資料和運算資源。

3. 點對點學習演算法。這種演算法是使用深度神經網路來直接將輸入的文字轉為音訊訊號。該演算法可以生成非常自然的語音，但是需要大量的訓練資料和運算資源。

基於擴散模型的文字到音訊的生成

Grad-TTS[180] 是一種新穎的文字到音訊生成模型，具有基於分數的解碼器，透過逐漸轉換編碼器預測的雜訊，單調對齊搜尋（Monotonic Alignment Search）[183]，使其進一步與輸入文字對齊，從而生成音訊。Grad-TTS2[119] 以自我調整的方式改進了 Grad-TTS。Grad-TTS 的前向流程如圖 7-36 所示，該方式採用 U-Net 的網路架構和 ODE 求解器進行音訊的解碼。

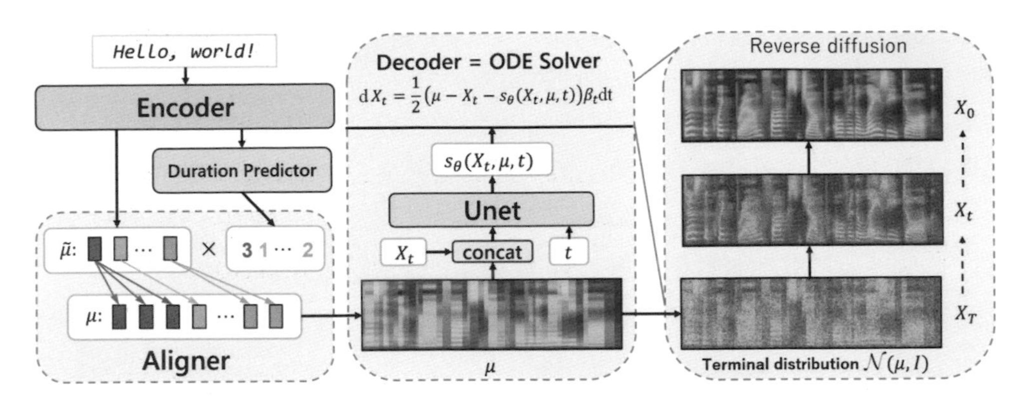

▲ 圖 7-36 Grad-TTS 的前向流程

來源：Vadim Popov, Ivan Vovk, Vladimir Gogoryan, Tasnima Sadekova, and Mikhail Kudinov. Grad-TTS: A Diffusion Probabilistic Model for Text-to-Speech. In International Conference on Machine Learning

Diffsound[261] 提出了基於離散擴散模型 [6, 215] 的非自回歸解碼器，可在每個步驟中預測所有梅爾頻譜標記，然後在接下來的步驟中改進預測的標記。EdiTTS[228] 是基於分數的文字到音訊生成模型，可用來修改、細化粗糙的梅爾頻譜圖。ProDiff[99] 透過直接預測原始資料使去噪擴散模型參數化，而非估計資料密度的梯度。

7.5.3 場景圖到影像的生成

儘管文生圖模型已經獲得了突破性進展，並使得生成的影像能夠準確反映輸入的文字語義，但它們往往難以忠實地再現具有多個物件和關係的複雜句子。由場景圖生成影像是生成模型的重要且具有挑戰性的任務。傳統方法主要是從場景圖中預測出類似於影像的布局，然後根據布局生成影像。然而，這種中間表示會遺失場景圖中的一些語義，大部分擴散模型也無法解決這個問題。SGDiff[304] 是第一個專門用於由場景圖生成影像的擴散模型，即透過學習連續的場景圖嵌入來調節潛在的擴散模型。該嵌入透過設計的遮罩對比度預訓練，在全域和局部上進行了語義對齊。

如圖 7-37 所示，該方法先用對比學習和遮罩自編碼學習將場景圖和影像在語義空間進行對齊，然後將對齊後的場景圖的 Prompt 輸入擴散模型以進行局部和全域都可控的影像生成。

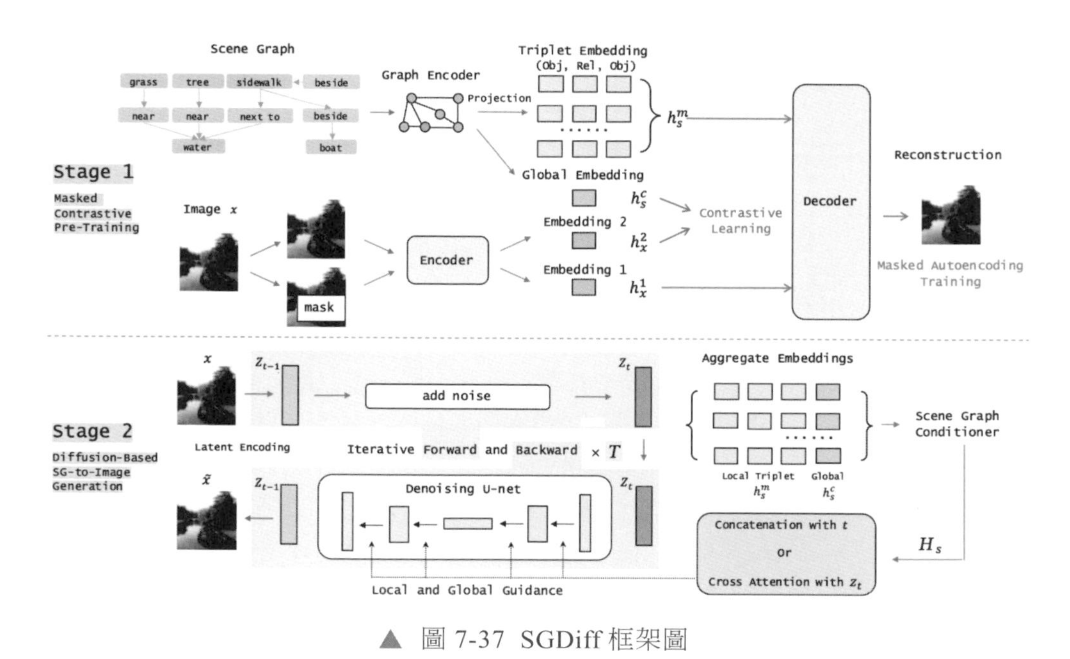

▲ 圖 7-37 SGDiff 框架圖

來源：Ling Yang, Zhilin Huang, Yang Song, Shenda Hong, Guohao Li, Wentao Zhang, Bin Cui, Bernard Ghanem, Ming-Hsuan Yang. Diffusion-Based Scene Graph to Image Generation with Masked Contrastive Pre-Training. arXiv preprint arXiv:2211.11138

圖 7-38 為 SGDiff 生成的結果圖。與非擴散和擴散方法相比，SGDiff 可以生成更好的、表達場景圖中密集和複雜關係的影像。然而，高品質的配對場景圖 - 影像資料集很少且規模較小。如何利用大規模的文字 - 影像資料集來增強訓練或提供更好的語義擴散先驗以進行更好的初始化，仍然是一個未解決的問題。

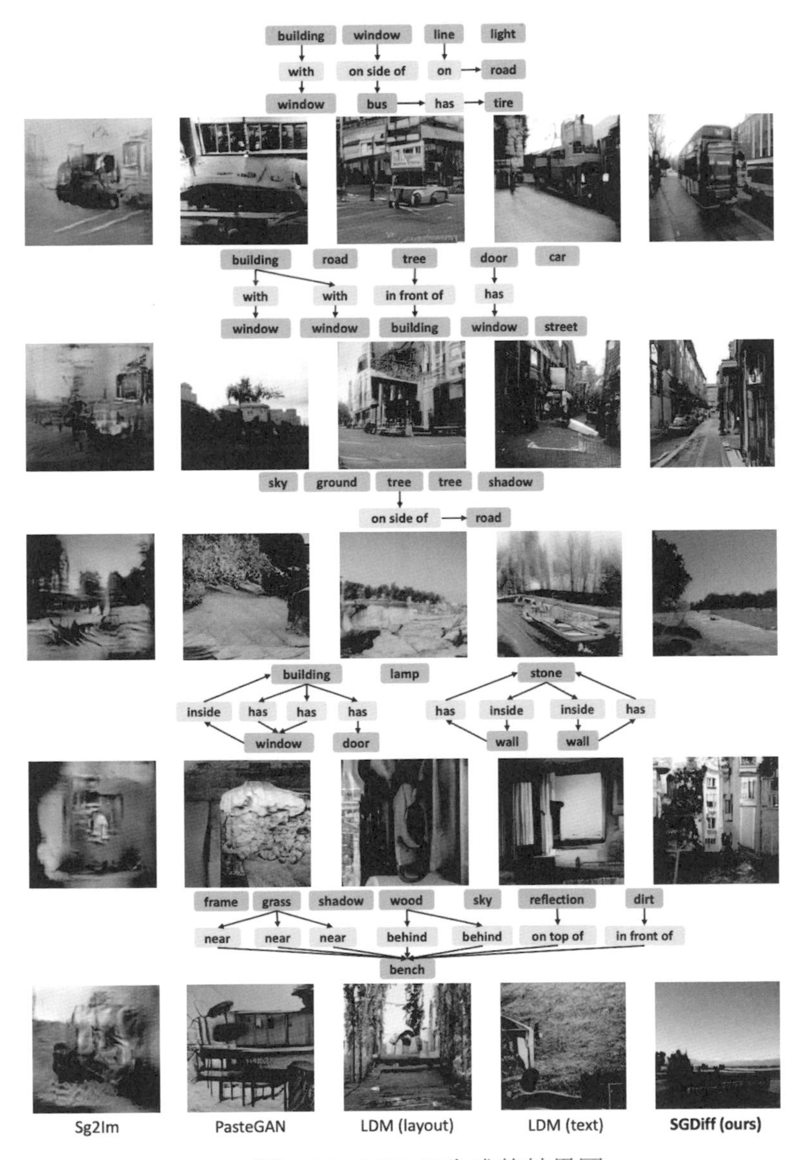

▲ 圖 7-38 SGDiff 生成的結果圖

來源：Ling Yang, Zhilin Huang, Yang Song, Shenda Hong, Guohao Li, Wentao Zhang, Bin Cui, Bernard Ghanem, Ming-Hsuan Yang. Diffusion-Based Scene Graph to Image Generation with Masked Contrastive Pre-Training. arXiv preprint arXiv:2211.11138

7.5.4 文字到 3D 內容的生成

3D 內容生成一直是各種應用程式的需求，應用領域包括遊戲、娛樂和機器人模擬等。將自然語言與 3D 內容生成相結合，對於初學者和有經驗的藝術家都大有裨益。DreamFusion[327] 採用「預訓練的文字到 2D 影像擴散模型」來執行文字到 3D 內容的生成。它透過機率密度蒸餾損失對隨機初始化的 3D 模型（神經輻射場或 NeRF）進行最佳化，該損失充分利用了 2D 擴散模型作為參數影像生成器的最佳化先驗。為了高效率地最佳化 NeRF，Magic3D[305] 提出了一個基於串聯「低解析度影像擴散先驗」和「高解析度潛在擴散先驗」的兩階段擴散框架。圖 7-39 為 Magic3D[305] 基於文字進行 3D 內容生成的結果圖。和 DreamFusion 相比，Margic3D 的效果更好。

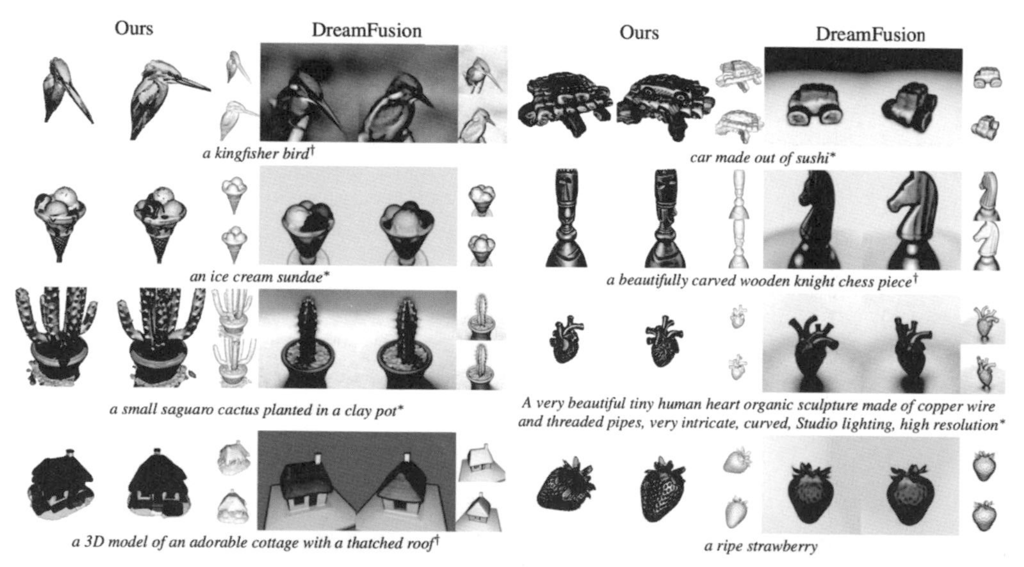

▲ 圖 7-39 Magic3D 基於文字進行 3D 內容生成的結果圖

來源：Chen-Hsuan Lin, Jun Gao, Luming Tang, Towaki Takikawa, Xiaohui Zeng, Xun Huang, Karsten Kreis, Sanja Fidler, Ming-Yu Liu, Tsung-Yi Lin. Magic3D: High-Resolution Text-to-3D Content Creation. arXiv preprint arXiv:2211.10440

7.5.5 文字到人體動作的生成

人體動作生成是電腦動畫中的基本任務，其應用範圍涵蓋遊戲和機器人學 [322]。生成的運動通常是由關節旋轉和位置表示的一系列人體姿勢。MDM（Motion Diffusion Model）[306] 採用一種無分類器擴散模型來適應人體動作生成，如圖 7-40 所示。該模型基於 Transformer，結合了運動生成文獻的見解，並透過對運動位置和速度的幾何損失使模型規範化。FLAME[307] 採用基於 Transformer 的擴散來更進一步地處理運動資料，它可以處理變長的運動，並極佳地關注自由形式文字。值得注意的是，它可以對運動的部分進行編輯，而無須進行任何包括逐幀和關節的微調。

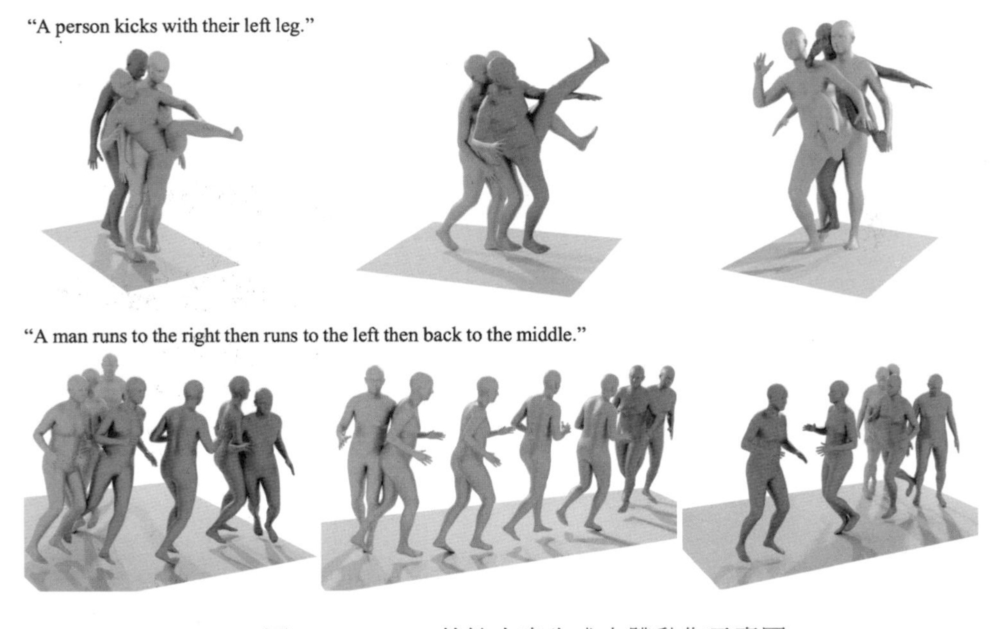

▲ 圖 7-40 MDM 基於文字生成人體動作示意圖

來源：Guy Tevet, Sigal Raab, Brian Gordon, Yonatan Shafir, Daniel Cohen-Or, Amit H. Bermano. Human Motion Diffusion Model. arXiv preprint arXiv:2209.14916

7.5.6 文字到視訊的生成

Make-A-Video[308] 透過時空分解擴散模型將文字轉為視訊，從而擴展了基於擴散的文字到影像模型。它利用聯合文字 - 影像先驗來避免需要成對的文字 - 視訊資料，並進一步提出了高清晰度、高每秒顯示畫面的文字到視訊的生成策略。Imagen Video[309] 透過串聯視訊擴散模型生成高清晰度的視訊，並將從文字到影像的生成中表現良好的一些方法應用到視訊生成中，包括凍結的 T5 文字編碼器和無分類器的指導方法。FateZero[310] 是第一個利用「預訓練的文字到影像擴散模型」實現時間一致的、零樣本的從文字到視訊編輯的框架。它將 DDIM 反演和生成過程中的、基於注意力的特徵圖融合起來，以便大幅地保持編輯過程中動作和結構的一致性。Imagen Video 基於文字生成視訊的結果如圖 7-41 所示。

▲ 圖 7-41 Imagen Video 進行文字到視訊生成

來源：Jonathan Ho, William Chan, Chitwan Saharia, Jay Whang, Ruiqi Gao, Alexey Gritsenko, Diederik P. Kingma, Ben Poole, Mohammad Norouzi, David J. Fleet, Tim Salimans. High Definition Video Generation with Diffusion Models. arXiv preprint arXiv:2210.02303

FateZero 基於文字進行視訊編輯的結果如圖 7-42 所示，紅色文字為編輯文字提示。

Source Video Prompt: A silver jeep driving down a curvy road in the countryside.

Zero-shot object shape editing with pre-trained video diffusion model [51]: silver jeep → Porsche car.

Zero-shot video style editing with pre-trained image diffusion model [41]: watercolor painting.

▲ 圖 7-42 FateZero 進行基於文字的視訊編輯

來 源：Chenyang Qi, Xiaodong Cun, Yong Zhang, Chenyang Lei, Xintao Wang, Ying Shan, Qifeng Chen. FateZero: Fusing Attentions for Zero-shot Text-Based Video Editing. arXiv preprint arXiv:2303.09535

7.6 堅固學習

堅固學習（Robust Learning）是一種強調在面對雜訊、異常值和資料分佈偏移等「干擾」的情況下，仍能保持預測準確性和穩定性的機器學習方法。在實際場景中，由於資料收集和處理的誤差，以及外界干擾等因素，訓練資料往往包含雜訊、異常值和資料分佈偏移等「干擾」，這些干擾因素會對傳統的機器學習演算法產生負面影響，導致模型性能下降。堅固學習是一種非常重要的機器學習技術，它可以提高模型的穩定性，使得模型更加適應實際場景中的資料干擾和雜訊 [16, 168, 179, 240, 248, 270]。雖然對抗性訓練 [157] 被視為一種對影像分類器的攻擊的標準防禦方法，但是對抗性淨化已顯示出顯著的性能，可以替代對抗性訓練 [270]，它使用獨立的淨化模型將受攻擊的影像淨化為乾淨的影像。給定一個對抗樣本，DiffPure[168] 基於前向擴散過程，使用少量雜訊進行擴散，然後透過逆向生成過程恢復乾淨的影像。ADP（Adaptive Denoising Purification）[270] 證明了經過降噪分數匹配訓練的 EBM[238] 可以在幾步之內有效地淨化受攻擊的影像，並進一步提出了一種有效的隨機淨化方案，即在淨化前將隨機雜訊注入影像中。PGD（Projected Gradient Descent）[16] 是一種新穎的基於隨機擴散的前置處理方法，旨在成為與模型無關的對抗防禦方法，並產生高品質的去噪結果。此外，一些人建議將引導擴散過程應用於更高級的對抗性純化 [240, 248]。

7.7 跨學科應用

7.7.1 人工智慧藥物研發

人工智慧藥物研發是指利用人工智慧技術研發新藥物的過程和方法。人工智慧技術可以用於藥物研發的不同階段，包括藥物發現、分子設計、藥效預測、毒性評估等，可以加速藥物研發的過程、提高藥物的效力和安全性。下面介紹幾種常見的與人工智慧藥物研發相關的演算法。

1. 基於深度學習的分子性質預測和新分子生成演算法，指透過利用神經網路模型學習大量分子資料在保證分子穩定性和活性的前提下，生成新的藥物分子，並預測新分子的藥效和毒副作用等，以此減少新藥物的研發時間和成本的演算法。JT-VAE [311] 是 MIT 早期用 VAE 網路對分子資料進行學習生成的框架，該框架結合了圖神經網路和基於樹結構的分解範式，以完成對分子的建模學習。如圖 7-43 所示，JT-VAE 遵循了 VAE 的大致範式，在訓練時分子（Molecule）會同時透過左邊的分子圖網路和右邊的樹編碼網路，最後還原出分子。

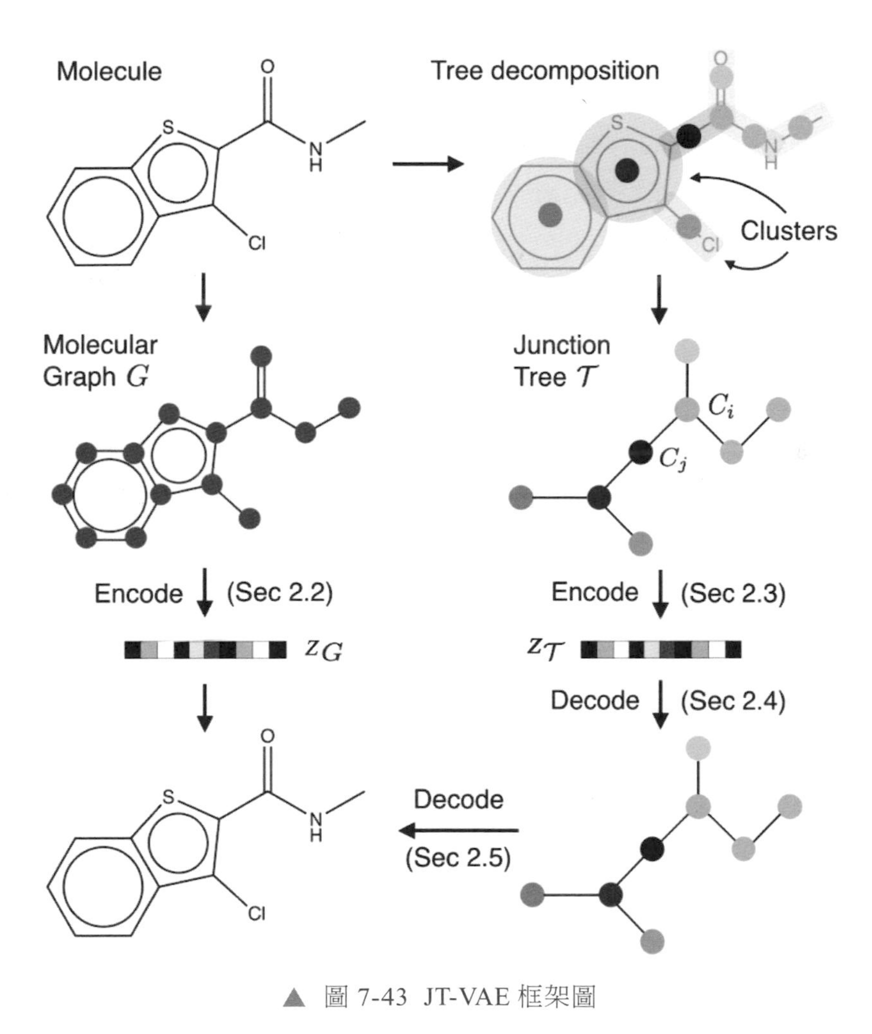

▲ 圖 7-43 JT-VAE 框架圖

來源：Wengong Jin, Regina Barzilay, Tommi Jaakkola. Junction Tree Variational Auto-Encoder for Molecular Graph Generation.In International conference on machine learning

2022 年出現了基於靶點蛋白生成藥物分子的方法 Pocket2Mol，該方法以靶點蛋白的口袋為起點，以自回歸的方式逐步生成具有高結合性、高成藥性的小分子。圖 7-44 為 Pocket2Mol 框架圖 [312]，該方法會根據靶點蛋白（Protein）一步步生成高結合度的小分子結構。

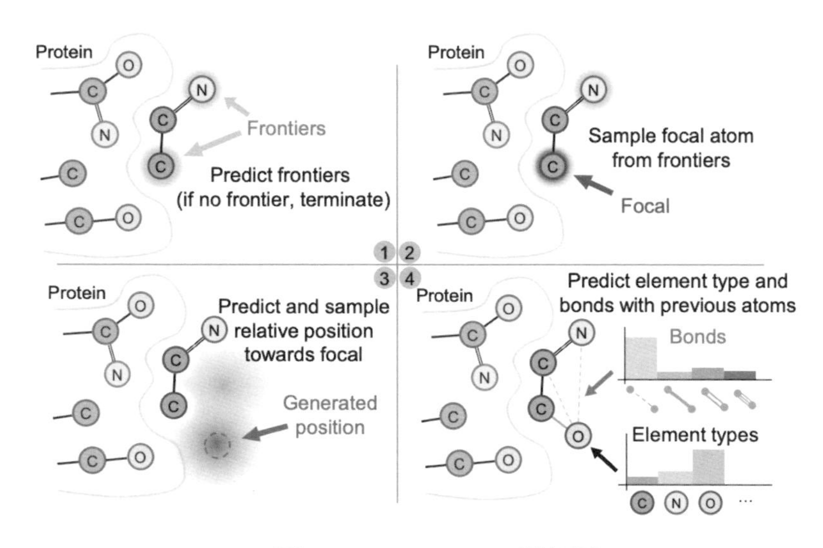

▲ 圖 7-44 Pocket2Mol 框架圖

來 源：Xingang Peng, Shitong Luo, Jiaqi Guan, Qi Xie, Jian Peng, Jianzhu Ma. Pocket2Mol: Efficient Molecular Sampling Based on 3D Protein Pockets.In International Conference on Machine Learning

2. 基於強化學習的藥物篩選演算法。藥物篩選是指在大量候選藥物中尋找具有治療效果的藥物。傳統的藥物篩選方法需要進行大量試驗，費時費力。基於強化學習的藥物篩選演算法，可以利用智慧體在環境中進行試驗，並透過學習來調整試驗策略，從而快速找到有效的藥物。

3. 基於網路分析的藥物相互作用預測演算法。藥物相互作用是指不同藥物之間產生的相互影響，包括增強、減弱、拮抗等作用。基於網路分析的藥物相互作用預測演算法可以利用複雜網路模型，對大量的藥物相互作用關係進行建模和分析，預測不同藥物之間的相互作用和可能產生的毒副作用等。

4. 基於機器學習的藥物劑量預測演算法。藥物劑量是指在治療中使用藥物的數量和頻率，藥物劑量過低可能導致治療效果不佳，劑量過高可能產生毒副作用。基於機器學習的藥物劑量預測演算法可以利用大量的患者資料和藥物劑量資訊，學習藥物的藥效和劑量關係，從而快速預測新藥物的最佳劑量。

基於擴散模型的分子 / 蛋白質生成

圖神經網路（Graph Neural Network，GNN）[85, 251, 266, 285] 和相應的圖表徵學習 [86] 技術在許多領域如分子圖建模，獲得了巨大成功 [14, 231, 250, 258, 264, 288]。在分子屬性預測 [59, 71]、分子生成 [105, 111, 152, 211] 等各項任務中，分子可以很自然地用節點 - 邊形式的圖進行表示。很多研究者將分子圖生成與擴散模型相結合，以增強對分子圖的建模能力。在藥物研發領域，AI 需要處理藥物小分子和蛋白質這些帶有幾何特徵的圖。在這個圖中包含了原子的一些內在特徵，另外我們還需要考慮到每個原子在空間的三維座標這個幾何特徵。不同於一般特徵，這些幾何特徵往往都具備一些對稱性和等變性。等變圖神經網路模型對這類等變、對稱性的特徵可以極佳地建模。GeoDiff[259] 證明了用等變馬可夫核心演化的馬可夫鏈可以產生置換不變的分子資料分佈，進一步為逆向轉移核心設計了神經網路，使神經網路參數化，以此保證生成分子圖需要的等變性。圖 7-45 為 GeoDiff 框架圖 [259]，即基於 2D 分子圖逐步去噪生成 3D 化合物。如給定了 2D 分子圖，則 Geodiff 可以用擴散過程逐步生成對應的 3D 分子化合物。

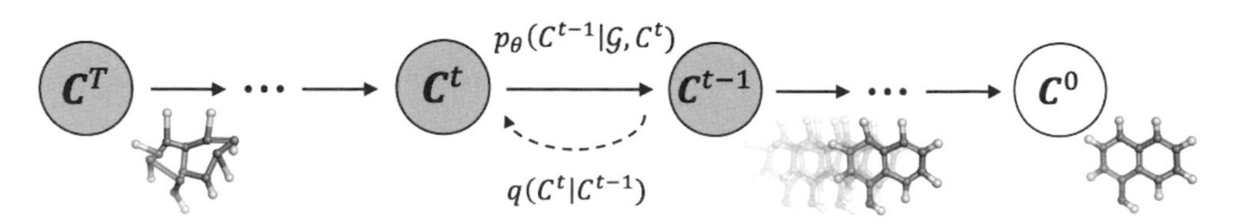

▲ 圖 7-45 GeoDiff 框架圖

來源：Minkai Xu, Lantao Yu, Yang Song, Chence Shi, Stefano Ermon, and Jian Tang. GeoDiff: A Geometric Diffusion Model for Molecular Conformation Generation. In International Conference on Learning Representations

圖 7-46 是 GeoDiff 生成的結果（分子化合物）圖。其結果和參照（Reference）結果十分相似。

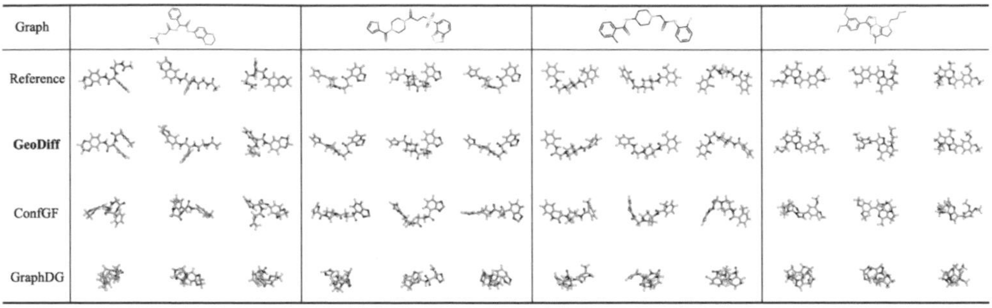

Graph
Reference
GeoDiff
ConfGF
GraphDG

▲ 圖 7-46 GeoDiff 生成的分子化合物

來源：Minkai Xu, Lantao Yu, Yang Song, Chence Shi, Stefano Ermon, and Jian Tang. GeoDiff: A Geometric Diffusion Model for Molecular Conformation Generation. In International Conference on Learning Representations

扭轉角擴散（Torsional Diffusion）[107] 是一種新的擴散框架，該框架在扭轉角的空間上操作，即在扭轉角上進行擴散，並使用了基於分數的擴散模型。圖 7-47 是扭轉角擴散框架圖，在每一次逆向過程中，模型先預測扭轉的變化，再將該變化反映到 3D 座標上進行去噪生成，即每次將 3D 座標去噪的過程轉為內部扭轉角更新的過程。

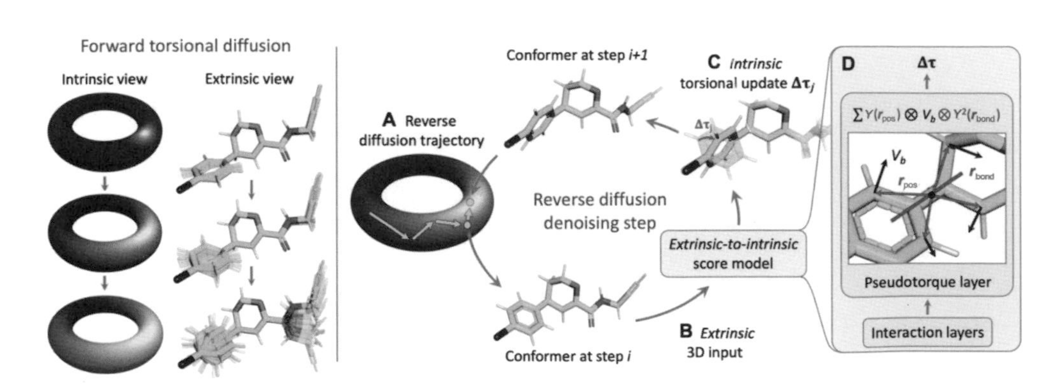

▲ 圖 7-47 扭轉角擴散框架圖

來源：Bowen Jing, Gabriele Corso, Jeffrey Chang, Regina Barzilay, and Tommi Jaakkola. Torsional Diffusion for Molecular Conformer Generation.arXiv preprint arXiv:2206.01729

以經典力場（用於模擬分子動力學）為靈感，ConfGF[210] 直接估計分子構象生成中原子座標的對數密度的梯度場。以靶點蛋白為目標的 3D 小分子藥物分子生成成為研究熱點。TargetDiff[313] 以靶點蛋白為引導資訊，透過在 3D 空間顯式建立蛋白質和分子之間的互動模型來進行分子的逐步擴散生成。圖 7-48 為以靶點蛋白（P）為條件，使用條件擴散模型生成結合度高的 3D 小分子結構的過程。

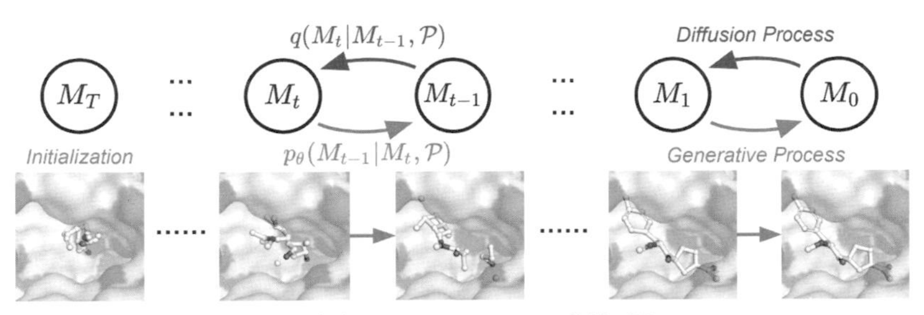

▲ 圖 7-48 TargetDiff 框架圖

來 源：Jiaqi Guan, Wesley Wei Qian, Xingang Peng, Yufeng Su, Jian Peng, Jianzhu Ma. 3D Equivariant Diffusion for Target-Aware Molecule Generation and Affinity Prediction. In International Conference on Learning Representations

此外，訓練得到的擴散模型可以作為評分函式，以此提升分子蛋白結合性的預測準確率。圖 7-49 展示了 TargetDiff 的生成結果和與某些靶點蛋白結合度的測試結果（vina 分數越低越好），該模型能夠在某些靶點上超過之前的自回歸生成模型，表現了其優越的性能。

還有研究將擴散模型用於抗體生成，比如 DiffAb[314]。DiffAb 首次提出了一種基於擴散模型的 3D 抗體設計框架，同時對抗體的互補性決定區（Complementarity- Determining Region，CDR）的序列和結構資訊建模，其多分支擴散模型框架如圖 7-50 所示。該方法同時對氨基酸類型（Amino Acid Type）、碳原子位置（C_a 位置）及轉向（Orientation）進行去噪生成。

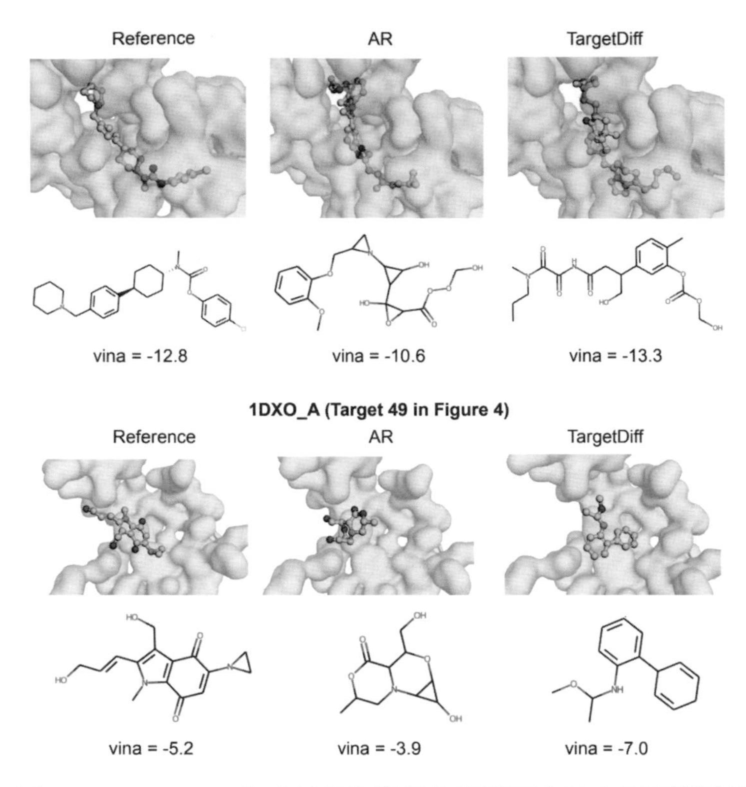

▲ 圖 7-49 TargetDiff 生成結果和與某些靶點蛋白結合度的測試結果

來 源：Jiaqi Guan, Wesley Wei Qian, Xingang Peng, Yufeng Su, Jian Peng, Jianzhu Ma. 3D Equivariant Diffusion for Target-Aware Molecule Generation and Affinity Prediction. In International Conference on Learning Representations

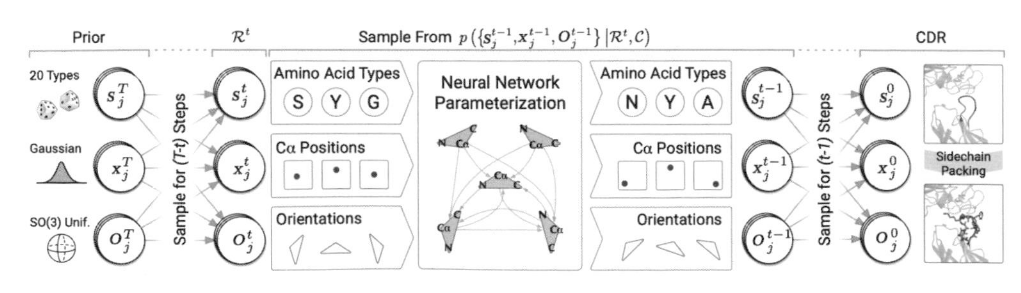

▲ 圖 7-50 多分支擴散模型框架圖

來源：Shitong Luo, Yufeng Su, Xingang Peng, Sheng Wang, Jian Peng, and Jianzhu Ma. Antigen-Specific Antibody Design and Optimization with Diffusion-Based Generative Models

實驗表明，DiffAb 可以用於各種任務，比如序列 - 結構的共同生成、固定骨架的 CDR 設計，以及抗體最佳化等，圖 7-51 展示了 DiffAb 抗體生成的結果，該圖舉出了在生成抗體和抗原相互作用時產生的能量變化和 RMSD 的分佈。可以發現部分生成樣本比參照樣本結合性更好。

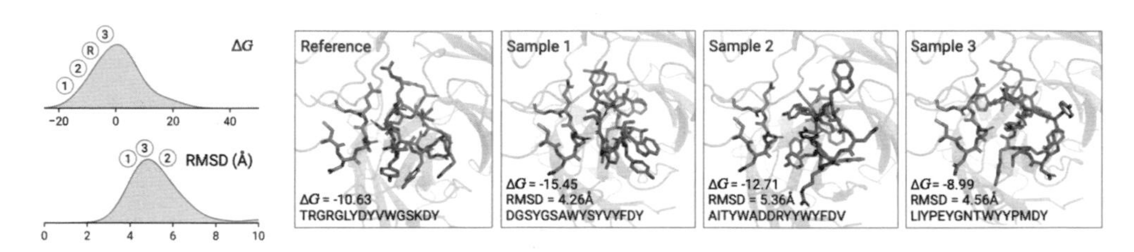

▲ 圖 7-51 DiffAb 抗體生成結果圖

來源：Shitong Luo, Yufeng Su, Xingang Peng, Sheng Wang, Jian Peng, and Jianzhu Ma. Antigen-Specific Antibody Design and Optimization with Diffusion-Based Generative Models

7.7.2 醫學影像

醫學影像學是指使用不同的成像技術，如 X 射線、磁共振成像（MRI）、電腦斷層掃描（CT）等，觀察和診斷患者的身體狀況的醫學領域。由於醫學影像學產生的影像資料非常龐大，所以需要高度精確和自動化的電腦演算法來輔助醫生進行診斷和治療。醫學影像逆問題是指從測量資料中重建出原始影像的問題。在醫學影像領域，這個問題非常重要 [36,37,178,224,257]，因為對於一些檢查方法，如 CT、MRI 等，往往只能獲取間接的測量資料，而不能直接觀察到患者的內部結構。解決這個問題可以幫助醫生更準確地診斷疾病，制定更有效的治療方案。下面介紹幾類常用的醫學影像逆問題演算法：

1. 基於逆過程的演算法。透過對成像過程的逆向建模，逆向求解出原始場景。常用的演算法有迭代逆過程演算法和逆過程演算法。

2. 基於先驗知識的演算法。透過對原始場景的先驗知識進行建模，對逆問題進行求解。常用的演算法有正規化演算法和基於貝氏理論的演算法。

3. 基於統計學習的演算法。透過訓練樣本學習出原始場景與觀察到的影像之間的映射關係，對逆問題進行求解，比如深度學習演算法。

基於擴散模型的醫學影像重建

Song 等人 [224] 利用基於分數的生成模型來重建與觀察到的測量結果一致的影像。圖 7-52 是基於擴散模型解決醫學影像逆問題的演算法框架圖。

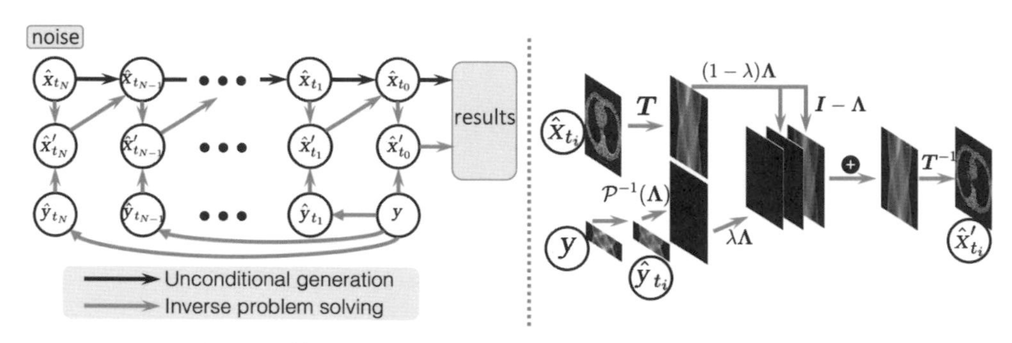

▲ 圖 7-52 基於擴散模型解決醫學影像逆問題的演算法框架圖

來　源：Yang Song, Liyue Shen, Lei Xing, and Stefano Ermon. Solving Inverse Problems in Medical Imaging with Score-Based Generative Models. International Conference on Learning Representations

圖 7-53 是基於擴散模型的醫學影像重建的結果圖。可以發現，與之前的方法相比較，該方法的重建結果與真實結果更相近，擴散模型的指標更好。

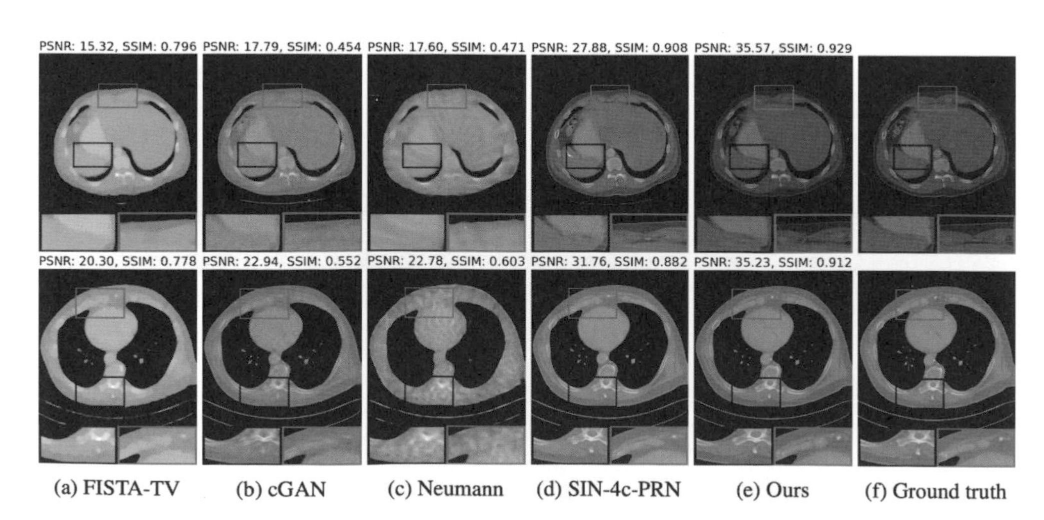

▲ 圖 7-53 基於擴散模型的醫學影像重建的結果圖

Chung 等人 [38] 使用去噪分數匹配的方法，訓練了一個連續的和時間相關的分數函式，並在數值 SDE 求解器和資料重建一致性之間反覆迭代最佳化。Peng 等人 [178] 基於觀察到的 *k*- 空間訊號逐漸引導反向擴散過程來進行 MR 重建，並提出由粗粒度到細粒度的高效採樣演算法。

第 8 章

擴散模型的未來——GPT 及大型模型

擴散模型的研究處於早期階段，理論和實證方面都有很大的改進潛力。正如前面部分所討論的，其主要的研究方向包括高效的採樣和改進似然函式，以及探索擴散模型如何處理特殊的資料結構，與其他類型的生成模型進行融合，並訂製一系列應用等。本章我們先簡介擴散模型未來可能的研究方向，然後再詳細介紹擴散模型與 GPT 及大型模型進行交叉研究的可能性。

我們需要重新檢查和分析擴散模型中的許多典型假設。舉例來說，在擴散模型前向過程中完全抹去資料中的資訊，並將其等效於先驗分佈的假設，可能並不總是成立的。事實上，在有限時間內完全去除資訊是不可能的。何時停止前向雜訊過程以便在採樣效率和樣本品質之間取得平衡是非常有趣的問題 [66]。最近在薛定諤橋（Schrödinger Bridge）和最佳傳輸 [31, 44, 46, 212, 218] 方面取得的進展有希望為此提供替代解決方案，比如提出新的擴散模型公式，並在有限時間內收斂到指定的先驗分佈。

我們還要提升對擴散模型的理論理解，擴散模型是一個強有力的模型，特別是作為唯一可以在大多數應用中與生成對抗網路（GAN）匹敵而不需要採用對抗訓練的模型。因此，挖掘利用擴散模型潛力的關鍵在於理解為什麼擴散模型對於特定任務比其他選擇更有效。辨識那些基本特徵區別於其他類型的生成模型，如變分自編碼器、基於能量的模型或自回歸模型等，也是非常重要的。理解這些區別將有助理解為什麼擴散模型能夠生成優質樣本並有更高的似然值。同樣重要的是，需要開發額外的理論去指導如何系統地選擇和確定各種擴散模型的超參數。

擴散模型的潛在表示（Latent Representations）也是值得研究的，與變分自編碼器或生成對抗網路不同，擴散模型在提供良好的資料潛在空間表示方面效果較差。因此，它不能輕鬆地用於基於語義表示操縱資料等任務。此外，由於擴散模型中的潛在空間通常具有與資料空間相同的維數，因此採樣效率會受到負面影響，模型可能無法極佳地學習表示方案 [106]。

下面我們將重點介紹擴散模型與 GPT 及大型模型進行交叉研究的可能性。為了方便讀者更進一步地理解，我們按照以下內容依次展開，首先介紹預訓練（Pre-Training）技術，然後介紹 GPT 及大型模型的發展歷史和一些關鍵的研究論文，最後討論擴散模型結合 GPT 及大型模型的可能性與方式。

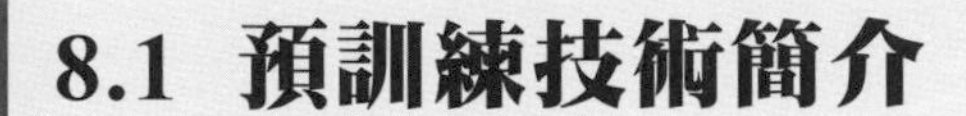

8.1 預訓練技術簡介

無監督學習是從未經標記的資料中學習模式和結構的學習。相比有監督學習，無監督學習更加靈活，因為它不需要人工標注資料，就可以在大規模資料上自動學習，並且可以發現新的知識和潛在的結構。預訓練技術是一種無監督學習的方法，它利用大規模無標注資料集進行訓練，以獲得通用的表示和規律，從而在特定任務上進行微調，以提高模型的性能。預訓練技術在自然語言處理領域的發展歷程可以分為以下幾個階段：

1. 詞向量模型（2013 年）：最早的預訓練技術是基於詞向量的，舉例來說，word2vec 和 GloVe。這些模型使用上下文資訊來生成詞向量表示，可以有效地解決語言表達的稀疏性和維度災難問題。這些詞向量模型的應用場景主要是文字分類、資訊檢索和文字生成等。

2. 語言模型（2018 年）：舉例來說，ELMo 和 ULMFiT。這些模型使用單向或雙向的語言模型來生成文字表示，可以捕捉輸入序列中的上下文資訊，並且可以適應不同的自然語言處理任務。

3. Transformer 模型（2018 年）：它使用自注意力機制來捕捉輸入序列中不同位置之間的相依關係，從而更進一步地處理長文字序列。Transformer 模型在機器翻譯和文字生成等任務中獲得了非常好的效果，是預訓練技術的重要里程碑。

4. 大規模預訓練模型（2018 年至今）：舉例來說，BERT、GPT 和 T5 等。這些模型使用更大規模的資料集進行訓練，並且使用更複雜的網路結構和訓練策略來提高效果和泛化能力。這些大規模預訓練模型在自然語言處理領域獲得了非常顯著的成果，並且成為當前自然語言處理研究的重要方向。

預訓練技術的發展經歷了從詞向量模型到語言模型，再到 Transformer 模型和大規模預訓練模型的演進。這些技術的發展不僅提高了自然語言處理的效果和泛化能力，而且促進了自然語言理解和生成等領域的研究。

8.1.1 生成式預訓練和對比式預訓練

預訓練模型可以分為 Encoder-Only、Decoder-Only 和 Encoder-Decoder 3 種結構。其中，Encoder-Only 和 Encoder-Decoder 結構常見於影像和多模態預訓練研究，而 Decoder-Only 結構常見於自然語言模型預訓練研究。Encoder 負責將輸入進行語義取出和匹配對齊，Decoder 負責將特徵進行解碼生成。Encoder-Only 和 Encoder-Decoder 結構在訓練時相依特定的標注資料，當模型變大時，微調起來比較困難。相比之下，Decoder-Only 結構更加高效，特徵取出和解碼同時進行，省去了 Encoder 階段的計算量和參數，能更快地訓練推理，有更好的可擴展性，能擴展到更大的規模。此外，Decoder-Only 結構在沒有任何資料微調的情況下，Zero-shot 的表現最好。下面介紹兩種預訓練——生成式（Generative）預訓練和對比式（Contrastive）預訓練。如圖 8-1 所示，生成式預訓練採用重構損失（Reconstruction Loss）函式，對比式預訓練採用對比損失（Contrastive Loss）函式。

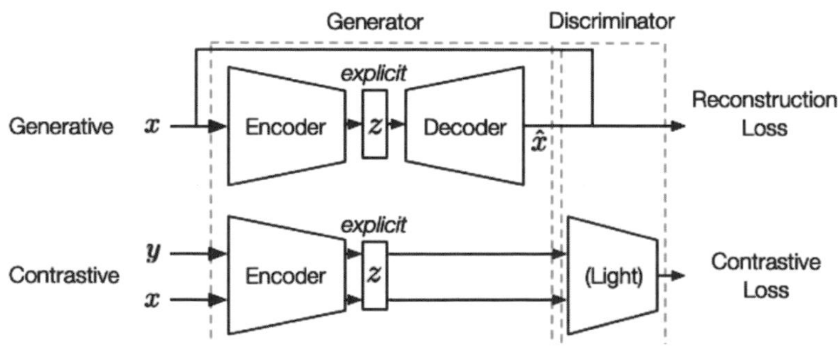

▲ 圖 8-1 生成式預訓練和對比式預訓練對比圖

生成式預訓練

生成式預訓練用一個 Encoder 將輸入 $\boldsymbol{x}$ 編碼成顯式的特徵向量 z，同時使用一個 Decoder 將 $\boldsymbol{x}$ 從 z 中重構回來，基於重構損失函式對 Encoder/Decoder 進行訓練，當生成式預訓練是 Decoder-Only 結構時，只需要訓練 Decoder。常見的生成式預訓練目標函式有遮罩式語言建模（Masked Language Modeling，MLM）和遮罩式影像建模（Masked Image Modeling，MIM）[315] 等預訓練範式。

如圖 8-2 所示，遮罩式語言建模透過最大化被遮罩的單字的預測正確率來訓練模型。如圖 8-3 所示，遮罩式影像建模透過最大化被遮罩的影像 patch 重建保真度來訓練「encoder」和「decoder」。除上述單模態生成式預訓練外，還有很多多模態生成式預訓練工作，如 UNITER、VinVL 等。

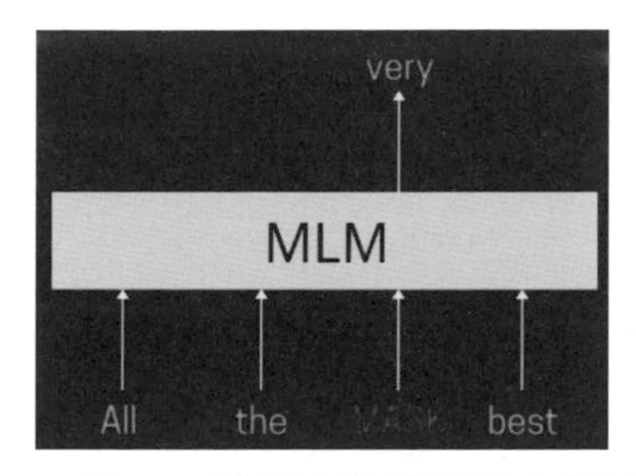

▲ 圖 8-2 遮罩式語言建模示意圖

來源：Kaiming He, Xinlei Chen, Saining Xie, Yanghao Li, Piotr Dollár, Ross Girshick. Masked Auto-Encoders Are Scalable Vision Learners. In Proceedings of the IEEE/CVF Conference on Computer Vision and Pattern Recognition

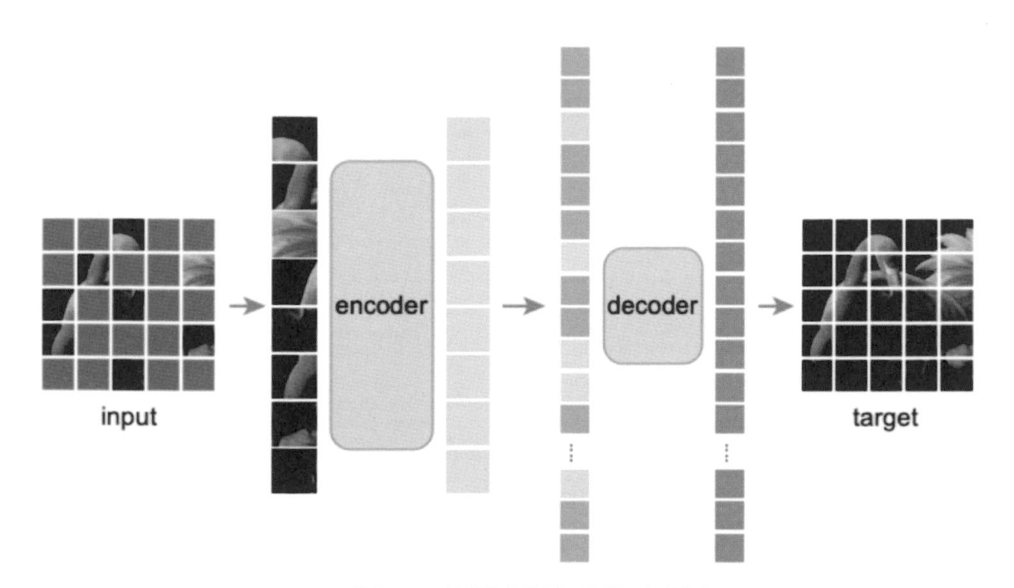

▲ 圖 8-3 遮罩式影像建模示意圖

來源：Kaiming He, Xinlei Chen, Saining Xie, Yanghao Li, Piotr Dollár, Ross Girshick. Masked Auto-Encoders Are Scalable Vision Learners. In Proceedings of the IEEE/CVF Conference on Computer Vision and Pattern Recognition

對比式預訓練

對比式預訓練是指訓練一個 Encoder 將輸入的 x 和 y 同時編碼得到顯式向量 z_x 和 z_y，使得正樣本對應的 z_x 和 z_y 相互資訊（相似度）最大化，負樣本對應的相互資訊最小化。圖 8-4 是單模態對比學習（Contrastive Learning）示意圖 [316]，輸入 x 透過資料增強 t 將樣本轉化為「positive pair」，在進行特徵取出後，最大化它們之間的共通性特徵相互資訊。

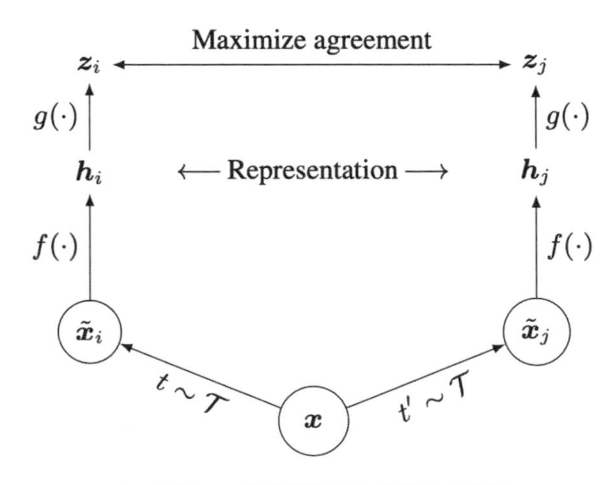

▲ 圖 8-4 單模態對比學習示意圖

來 源：Ting Chen, Simon Kornblith, Mohammad Norouzi, Geoffrey Hinton. A Simple Framework for Contrastive Learning of Visual Representations. In International Conference on Machine Learning

該範式可以泛化到多模態對比預訓練學習中，比如影像文字匹配（Image-Text Matching，ITM）、影像文字對比（Image-Text Contrastive，ITC）學習，以及視訊文字對比（Video-Text Contrastive，VTC）學習等預訓練範式。

如圖 8-5 所示，在影像文字對比學習 [317] 中，在文字（Text）和影像（Image）分別經過 Encoder 取出成對的特徵後，在批樣本中以「affinity matrix」的形式計算對比損失。

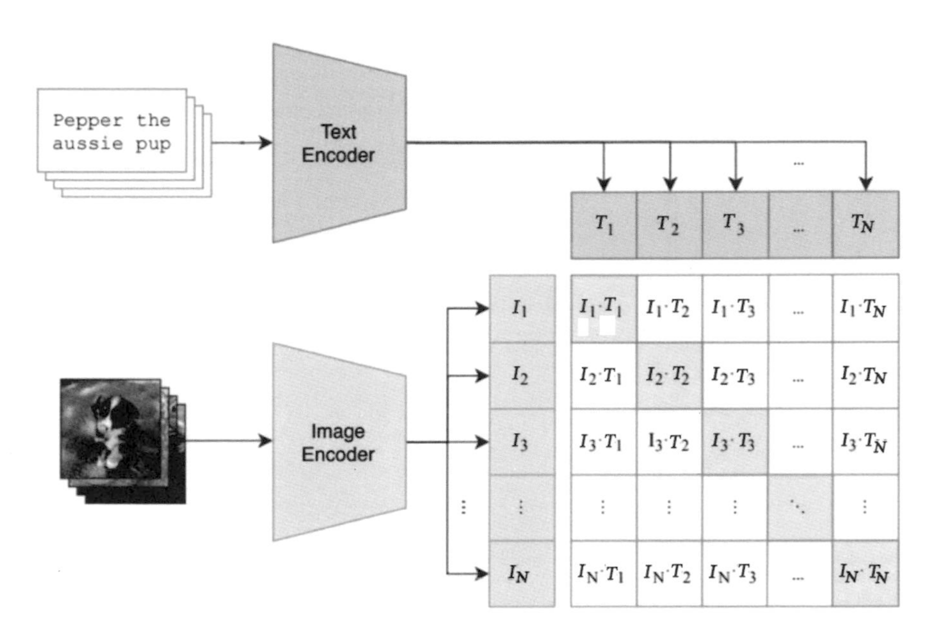

▲ 圖 8-5 影像文字對比學習示意圖

來源：Alec Radford,Jong Wook Kim,Chris Hallacy,Aditya Ramesh,Gabriel Goh,Sandhini Agarwal, Girish Sastry, Amanda Askell, Pamela Mishkin, Jack Clark,Gretchen Krueger, Ilya Sutskever. Learning Transferable Visual Models From Natural Language Supervision. In International Conference on Machine Learning

8.1.2 平行訓練技術

預訓練 - 微調範式已經被廣泛運用在自然語言處理、電腦視覺、多模態語言模型等多種場景中，越來越多的預訓練模型獲得了優異的效果。為了提高預訓練模型的泛化能力，研究者們開始逐步增巨量資料和模型參數的規模來提升模型性能，尤其是預訓練模型參數量在快速增大，至 2023 年已經達到萬億參數的規模。但如此大的參數量會使得模型訓練變得十分困難，研究者們使用不同的平行訓練技術來對大型模型進行高效訓練。平行訓練技術使用多片顯示卡平行訓練模型，主要分為 3 種平行方式：資料平行（Data Parallel）、張量平行（Tensor Parallel）和管線平行（Pipeline Parallel）。

資料平行

資料平行（Data Parallel）是最常用和最基礎的平行訓練方法。該方法的核心思想是，沿著 batch 維度將輸入資料分割成不同的部分，並將它們分配給不同的 GPU 進行計算。在資料平行中，每個 GPU 儲存的模型和最佳化器狀態是完全相同的。在每個 GPU 上完成前向傳播和後向傳播後，需要將計算出的模型梯度進行合併和平均，以得到整個 batch 的模型梯度。如圖 8-6 所示，資料被分成 4 份送到 4 個同樣的模型中進行訓練，在計算損失時會將不同模型的梯度進行平均，然後反向傳播。

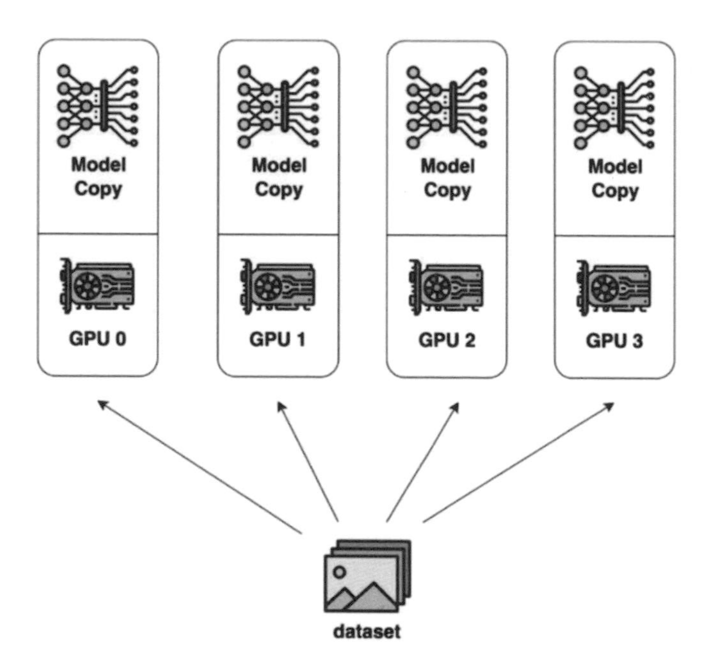

▲ 圖 8-6 資料平行訓練示意圖

張量平行

通常在訓練大型模型時，單一 GPU 無法容納完整的模型。為此，可以使用張量平行（Tensor Parallel）技術將模型拆分並儲存在多個 GPU 上。與資料平行不同，張量平行是指將模型中的張量拆分並放置在不同的 GPU 上進行計算。舉例來說，對於模型中的線性變換 $Y=AX$，可以按列或行拆分矩陣 A，並將其分別放置在兩個不同的 GPU 上進行計算，然後在兩個 GPU 之間進行通訊以獲得最終結果。這種方法可以擴展到更多的 GPU 和其他可拆分的操作符號上。如圖 8-7 所示，在整個多層感知機（MLP）中，輸入 $\boldsymbol{X}$ 首先會被複製到兩個 GPU 上。然後，對矩陣 $\boldsymbol{A}$ 採用上述列分割方式，在兩個 GPU 上分別計算出第一部分輸出的 $\boldsymbol{Y}_1$ 和 $\boldsymbol{Y}_2$。接下來，對於 Dropout 部分的輸入，採用按行劃分的方式處理矩陣 $\boldsymbol{B}$，並在兩個 GPU 上分別計算出 $\boldsymbol{Z}_1$ 和 $\boldsymbol{Z}_2$。最後，在兩個 GPU 上進行 All-Reduce 操作，以獲得最終的輸出 $\boldsymbol{Z}$。如圖 8-7 所示，在 MLP 和 Self-Attention 上實現張量平行 [328]。與 MLP 的張量平行類似，Self-Attention 的張量平行可以將「attention heads」中的 $\boldsymbol{Q}$、$\boldsymbol{K}$、$\boldsymbol{V}$ 進行張量分解平行。

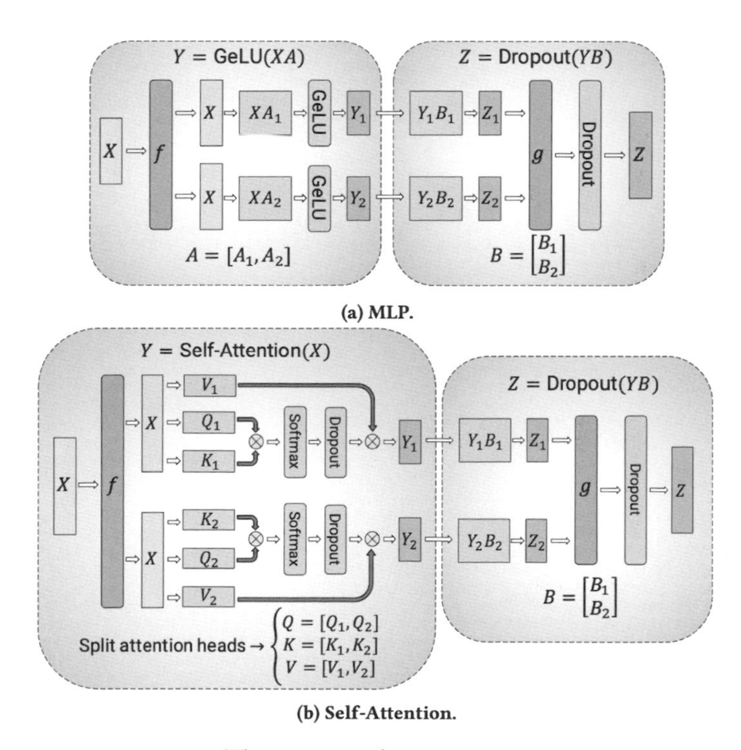

▲ 圖 8-7 MLP 和 Self-Attention

來源：Shoeybi M, Patwary M, Puri R, et al. Megatron-LM: Training Multi-Billion Parameter Language Models Using Model Parallelism. arXiv preprint arXiv:1909.08053

管線平行

管線平行（Pipeline Parallel）也是將模型分解並放置到不同的 GPU 上，以解決單顆 GPU 無法儲存整個模型的問題。但與張量平行不同的是，管線平行按層將模型儲存在不同的 GPU 上，如圖 8-8 所示。以 Transformer 為例，管線平行將若干連續的層放置在同一顆 GPU 上，然後在前向傳播過程中按照順序依次計算隱狀態（hidden state）。

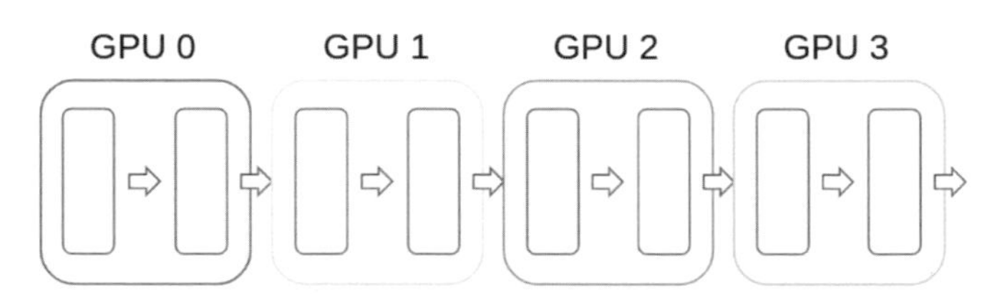

▲ 圖 8-8 管線平行訓練示意圖

以下是對這 3 種平行方式的比較。資料平行的優點是通用性強且計算和通訊效率較高，但缺點是總顯示記憶體銷耗較大；張量平行的優點是顯示記憶體效率高，缺點是引入了額外的通訊銷耗，並且通用性不是特別好；管線平行的優點是顯示記憶體效率高，並且通訊銷耗比張量平行小一些，但其缺點是在管線中可能存在氣泡（即存在無效計算時間）。

8.1.3 微調技術

微調（Fine-Tuning）技術是指在預訓練模型的基礎上，針對特定任務進行少量的訓練調整，以達到更好的性能表現。該技術可以在不重新訓練模型的情況下，快速地適應新的任務，並提高模型的準確性。微調技術通常用於深度學習模型在具體應用中的遷移學習（Transfer Learning）。在遷移學習中，預訓練模型在大規模資料上進行訓練，學習到了通用的特徵表示，而這些特徵表示可以用於多個任務。在微調時，通常是在一個較小的、與預訓練模型類似的資料集上對模型進行微調，以適應特定的任務。微調技術的具體實現方式是將預訓練模型的所有或部分層參數作為初始參數，然後透過訓練過程更新這些參數，使其適應特定的任務。在微調過程中，通常只需要在少量的任務特定資料集上進行訓練，並且訓練時採用較小的學習率，以避免過擬合。微調技術在各種深度學習應用中獲得了廣泛應用，如自然語言處理、電腦視覺和語音辨識等。以自然語言處理為例，常見的微調預訓練模型包括 BERT、GPT、XLNet 等，在微調後可用於諸如文字分類、命名實體辨識、情感分析等各種具體任務，極大地提升了模型性能。

8.2 GPT 及大型模型

GPT（Generative Pre-Training）是指使用生成式預訓練的語言模型，是 NLP 領域中的一種強大的模型。初代的 GPT 是在 2018 年由 OpenAI 提出的，之後更新為 GPT-2、GPT-3、InstructGPT，以及後續一系列變形模型（統稱 GPT-3.5 系列），最終發展到了如今的智慧對話搜尋引擎 ChatGPT，以及多模態引擎 Visual ChatGPT 和 GPT-4。初代的 GPT-1 已經在多種任務中達到了 SOTA，而之後的 GPT 甚至可以解決未經過訓練的新任務（Zero-shot），並可以生成符合人類閱讀習慣的長文字或生成符合輸入文字語義的逼真影像、視訊等。在這個更新迭代的過程中，GPT 模型和資料的體量、訓練的方式、模型的架構等都發生了改變，GPT-3 和 GPT-4 的參數量分別達到了 1750 億參數和 100 萬億參數，大型模型的概念因此被提出。

研究大型模型是至關重要的，由於業務場景複雜，對 AI 的需求呈現出碎片化、多樣化的特點。從研發到應用，AI 模型成本高且難以訂製，導致 AI 模型研發處於手工作坊狀態，公司需要應徵新的 AI 研發人員。為了解決這個問題，大型模型提供了「預訓練大型模型 + 下游任務微調」的方案，透過大規模預訓練擴展模型的泛化能力，解決通用性難題，並應用於自然語言、多模態等各項任務。為了進一步闡明 GPT 和大型模型為何有如此強大的能力，下面我們將對 GPT 的發展歷史和其中的關鍵研究論文中的技術細節進行詳細的闡述。

8.2.1 GPT-1

GPT-1[318] 試圖解決的問題是，如何在人工標注缺乏的情況下盡可能地提升性能。在 GPT-1 之前大部分的 NLP 模型都是針對特定任務而訓練的，如情感分類等，所以使用的是有監督學習。但有監督的學習方式要求大量人工標注資料，並且訓練出的模型無法泛化到其他任務上。經驗表明，從無監督學習得到的表示可以讓性能顯著提升，比如廣泛使用預訓練詞嵌入來提高 NLP 任務的性能。但是如何進行無監督訓練、如何設定目標函式、如何將無監督訓練的模型匹配下游任務，這些問題仍有待解決。為了解決上述問題，GPT-1 選擇了一種半監督方法，即「預訓練 + 微調」。該方法分為兩個階段，第一階段使用大量資料進行無監督訓練，讓模型學習詞之間的相關關係，或說「常識」；第二階段透過有監督學習的方式進一步提升模型解決下游任務的能力，並且不改變模型的主要結構。

具體來說，第一階段的目標函式是自回歸式的，模型要最大化下面這個似然函式：

$$L_1 = \Sigma_i \log P\left(u_i | u_{i-1}, \cdots, u_{i-k}, \theta\right)$$

其中 θ 是神經網路的參數，即使用前 k 個詞來預測第 k+1 個詞。這樣訓練的模型可以捕捉到詞之間的相關關係，得到較好的表示。第二階段訓練的目標函式則是有監督的形式：

$$L_2 = \Sigma_{u,y} P(y | u_1, u_2, \cdots, u_m)$$

GPT-1 的第二階段訓練使用了 $L_2 + \lambda L_1$ 來提高泛化能力。經過無監督訓練的模型只需要加上一個線性層中的 softmax 層就可以進行有監督訓練。由於無須改變模型的主要結構，所以可以較好地利用無監督訓練得到的表示。此外，在進行微調時還需要對輸入文字進行結構化的變換，如加入起始符號和結束字元，在例子之間加入分隔符號等，讓模型理解所進行的任務類型。如圖 8-9 所示，經過預訓練後的 Transformer 可以被用在各種下游任務中進行微調，比如完成 Multiple Choice（多選）、Similarity（相似度計算）、Entailment（蘊涵關係）、Classification（分類）等任務。

在模型方面，GPT-1 使用的是 Transformer，這是因為 Transformer 具有更加結構化的記憶單元來解決長距離相依問題，能夠處理更長的文字資訊，從而使得學習到的特徵在各個任務中的遷移具有更強的堅固性。完整的 Transformer 包含編碼器和解碼器兩個部分，而 GPT 只使用了 Transformer 的解碼器部分，因為解碼器中可以使用 mask 機制讓模型只能接觸到上文資訊，從而匹配 GPT 的無監督訓練目標。在此之前 LSTM 是語言模型的主要架構，但 GPT 發現 Transformer 作為語言模型，比 LSTM 具有更高的資訊容量，效果更好，因此開創了大型模型以 Transformer（及其變形）為基礎的先河。

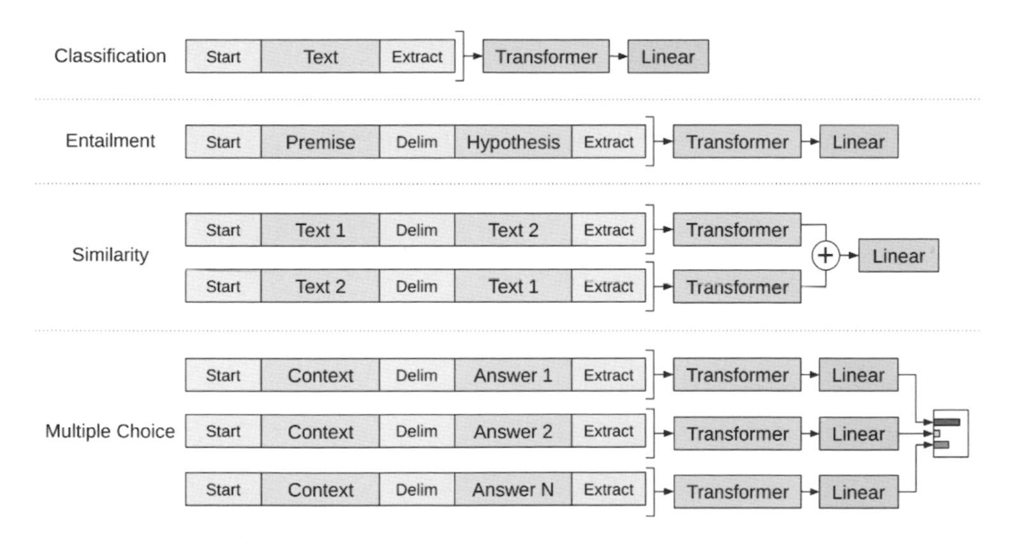

▲ 圖 8-9 經過預訓練後的 Transformer 可以被用在各種下游任務中進行微調

來源：Alec Radford, Karthik Narasimhan, Tim Salimans, Ilya Sutskever. Improving Language Understanding by Generative Pre-Training

與 GPT 同一時期的「競爭對手」BERT 是一種 mask 語言模型，即在預測句子中某一個詞的時候可以同時看到它的上下文資訊，類似於一種完形填空任務，所以 BERT 選擇的是 Transformer 的編碼器模組。GPT 僅使用前文資訊預測當前詞，這種目標函式是更難的，使用前文資訊預測未來資訊自然比完形填空難度更大。

在此我們舉出了 GPT-1 的模型參數和訓練參數，並且在後續內容中和 GPT-2、GPT-3 進行對比，以此讓大家認知 GPT 系列模型的大小。GPT-1 的總參數量為 1.17 億參數，其中特徵維度為「768」，Transformer 層數是「12」，頭數為

「12」，訓練資料為 BooksCorpus 資料集，文字大小約 5GB。該資料集是由約 7000 本書籍組成的。選擇該資料集主要的好處是書籍文字包含大量高品質長句，保證了模型學習的長距離相依。

實驗結果表明，在 12 個任務中，GPT-1 在其中的 9 個任務中的表現比專門有監督訓練的 SOTA 模型表現得更好。此外，GPT-1 還顯示出了一定的 Zero-shot 能力，即在完全未訓練過的任務類型中也有較好的性能。如圖 8-10 所示，隨著 GPT 預訓練步數的增加，模型在下游與預訓練相關任務上的 Zero-shot 的表現超過了傳統的 LSTM 模型，並且擁有更小的方差，這表明 GPT 有著更好的穩定性和記憶歸納能力。這是因為 GPT-1 在預訓練中獲得了較強的泛化能力，這也為 GPT-2、GPT-3 的出現打下了基礎。

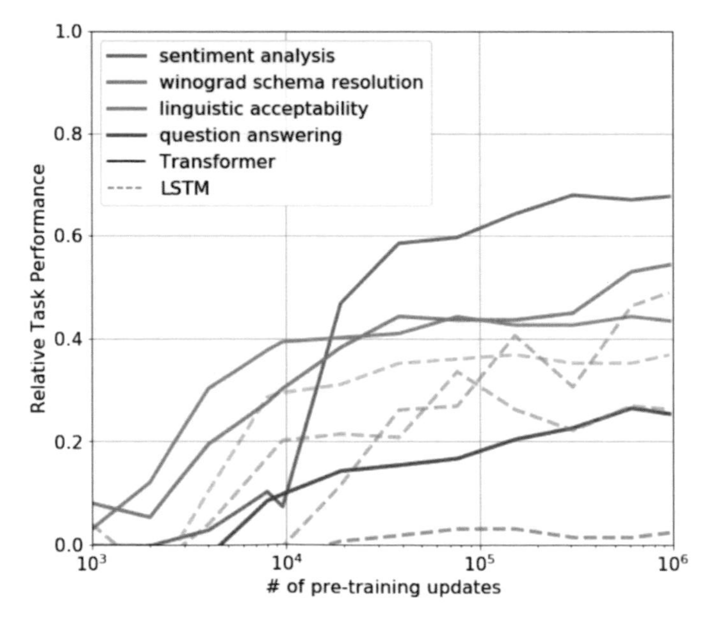

▲ 圖 8-10 GPT 在下游與預訓練相關任務上的 Zero-shot 的表現超過了傳統的 LSTM 模型

來源：Alec Radford, Karthik Narasimhan, Tim Salimans, Ilya Sutskever. Improving Language Understanding by Generative Pre-Training

8.2.2 GPT-2

GPT-2[319] 發現模型在大規模資料上進行無監督訓練後，有能力直接在多個任務之間進行遷移，而不需要額外提供特定任務的資料。在此介紹一下 GPT-2 中的核心思想——「Zero-shot」。不論是 GPT-1 還是 BERT，使用「預訓練 + 微調」的範式表示對一個新的下游任務還是需要有監督資料去進行額外的訓練的，其中可能會存在較多的人工成本。GPT-2 試圖徹底解決這個問題，其背後的思想是，當模型的容量非常大且資料量足夠豐富時，僅靠語言模型的學習便可以完成其他有監督學習的任務，不需要在下游任務中進行微調。

GPT-2 相比 GPT-1，其改進主要在模型大小和訓練資料大小上。GPT-2 有 15 億參數，Transformer 有 48 層，並且上下文視窗為「1024」。GPT-2 訓練了 4 個不同大小的模型，參數量分別為 1.17 億參數、3.45 億參數、7.62 億參數和 15 億參數，實驗結果發現模型越大，下游任務的性能就越好，並且隨著模型增大，模型的「perplexity」會下降。這表示模型更進一步地理解了語言文字。訓練樣本為從 Reddit 中挑出的高品質發文做成的網頁文字（WebText），其中有 40GB 的文字資料。WebText 資料集遠遠大於 GPT-1 使用的 BooksCorpus 資料集。GPT-2 的作者指出大規模的模型必須要用更多的資料才能收斂，而實驗結果表明模型現在仍處於欠擬合的狀態。

GPT-2 的模型架構也有所微調，層歸一化（Layer Normalization）被挪到了每個子模組之前的輸入位置，效仿了預啟動殘差網路（Pre-Activation ResNet）；對殘差層的參數進行了縮放，在最後的自注意力層後加了額外的層歸一化。這些調整都是為了減少預訓練過程中各層之間的方差變化，以使梯度更加穩定。此外，GPT-2 使用了多工訓練的方式，並提出了「Task Conditioning」的概念，即特定任務的學習目標應寫為 P（output/input,task），模型對於同一個資料，在不同的任務中應生成不同的輸出。對於語言模型「Task Conditioning」可以透過在輸入文字中加入樣例或自然語言的提示敘述等方式完成。這個概念為「Zero-shot Learning」提供了基礎。

「Zero-shot Learning」（又稱「Zero-shot Task Transfer」）指模型可以在沒有任何訓練樣本和自然語言樣例的情況下，理解任務的需求並根據自然語言指示生成正確的回答。GPT-2 希望透過大型模型和巨量資料訓練來實現這種能力。與 GPT-1 的微調階段不同，在處理下游任務時 GPT-2 不需要對敘述進行重組，而是直接接受自然語言提示，比如英文到中文的翻譯問題，模型的資料就是英文敘述，然後是單字「Chinese」和提示詞「：」。這樣 GPT-2 就不需要對下游任務的資料進行調整，也就不涉及在無監督訓練中使用特殊分隔符號了。透過建立盡可能大且多樣的資料集來收集盡可能多的、不同領域、不同任務的自然語言描述，從而讓 GPT-2 有理解任務內涵的能力。

實驗結果表明，GPT-2 在較多工上相比無監督演算法是有一定的提升的，它在 8 個任務中的 7 個任務中，在 Zero-shot 的情形下，提高了 SOTA，這說明它擁有 Zero-shot 的能力。但是在很多工中與有監督微調的方法相比還有一定差距，即使 GPT-2 的參數量比 BERT 多，但在主流的 NLP 下游任務中的表現相比 BERT 並不突出。此外，實驗結果表明該模型仍處於一個欠擬合的狀態，並且模型越大，性能越好，這說明 GPT-2 中 15 億參數還沒有達到模型的極限。如圖 8-11 所示，GPT-2 隨著參數量的增長，在各個下游任務上的性能也在上漲，並且還有繼續上漲的趨勢。

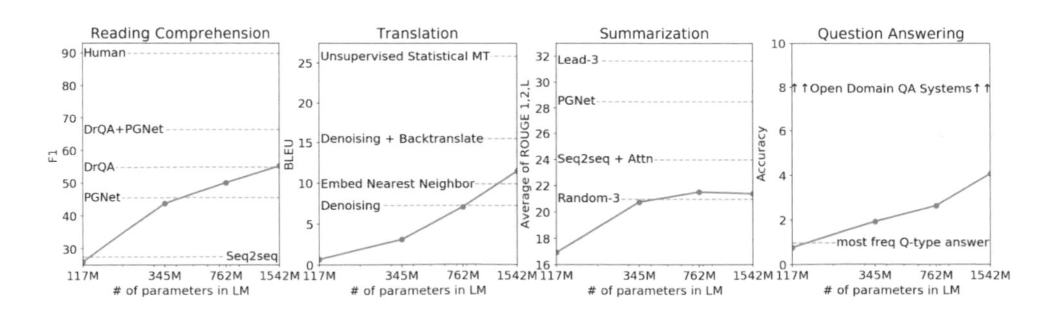

▲ 圖 8-11 GPT-2 隨著參數量的增長，性能也在上漲

來 源：Alec Radford, Jeffrey Wu, Rewon Child, David Luan, Dario Amodei, Ilya Sutskever. Language Models are Unsupervised Multitask Learners

8.2.3 GPT-3 和大型模型

從 GPT-2 的實驗可以發現，隨著模型大小的增加，模型的 Zero-shot 能力也在增加。為了建立一個盡可能強大的且不需要微調就能處理下游任務的語言模型，OpenAI 提出了 GPT-3[320]。GPT-3 的模型為 1750 億參數，遠遠超過 GPT-2 的參數。大量的模型參數和訓練資料使得 GPT-3 可以在下游的「Zero-shot」或「Few-shot」任務中有著出色的表現。不僅如此，GPT-3 可以生成高品質的文章，並且還有數學計算、撰寫程式的能力。本小節，我們將結合 GPT-3 中的核心技術和關鍵概念（少樣本學習、上下文學習、提示學習和湧現能力）介紹。

少樣本學習

少樣本學習（Few-shot Learning）是機器學習中的一種學習範式，其目標是從很少的訓練樣本中學習得到一個模型，並使其能夠快速地進行分類、辨識或回歸等任務。在傳統機器學習中，通常需要大量的標注資料來訓練模型，舉例來說，對於一個分類任務，可能需要數千或數萬個標注資料才能訓練出一個較好的模型。但是在實際場景中，很多時候我們可能只能獲得很少的標注資料。這時，少樣本學習就可以派上用場上了。少樣本學習的核心思想是透過學習少量的樣本，得到一個能夠泛化出新資料的模型。此前少樣本學習主要使用基於元學習的方法。這些方法透過使用一個元學習器，從多個小任務中學習到通用的特徵表示，從而使得模型在新的任務上可以利用少量的樣本資料進行泛化。

GPT-3 使用的是基於生成模型的「Few-shot」方法，透過在大規模無標注資料上進行預訓練，它能夠在輸入的樣本中找到樣本文字的規律，然後結合其在預訓練中學習到的文字規律去解決目標問題。GPT-3 不是 GPT-2 那種不需要任何樣本就能表現得很好的模型，而是像人類學習一樣，閱讀極少數樣本之後便可以根據過往的知識和新樣本的知識解決特定問題。注意 GPT-3 僅是閱讀新樣本，並不會根據新樣本進行梯度更新。因為在 GPT-3 的參數規模下，即使是微調，成本也是極高的。如圖 8-12 所示，當輸入文字中包含較少的幾個樣本時，GPT-3 展現了強大的從樣本中學習的能力，並超過了基於微調的 BERT 模型。

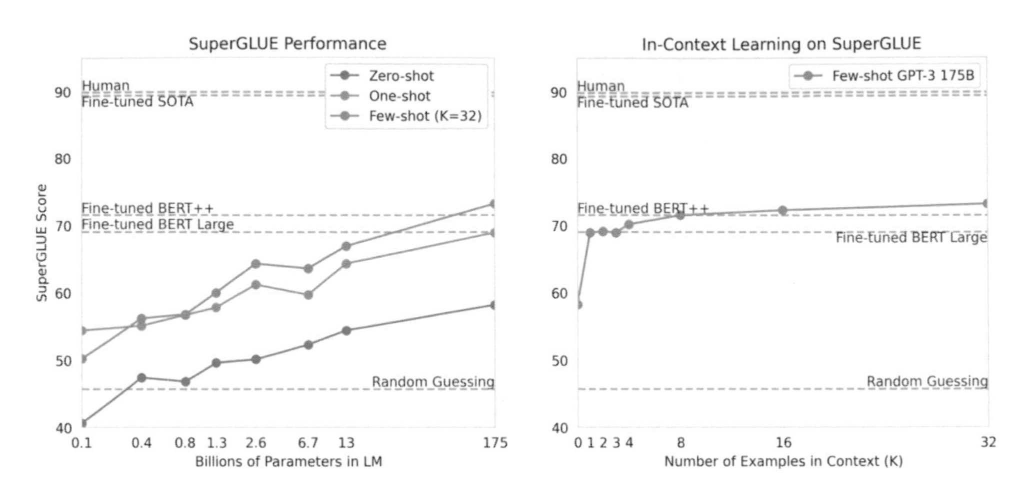

▲ 圖 8-12 （左）隨著模型參數量的不斷上漲，預訓練模型的 Few-shot 能力越來越強；
（右）隨著輸入中範例樣本的數量增加，GPT-3 的表現在樣本初始增加時性能暴漲，並在之後一直保持著上漲趨勢

來 源：Tom Brown, Benjamin Mann, Nick Ryder, Melanie Subbiah, Jared D Kaplan, Prafulla Dhariwal, Arvind Neelakantan, Pranav Shyam, Girish Sastry, Amanda Askell, Sandhini Agarwal, Ariel Herbert-Voss, Gretchen Krueger, Tom Henighan, Rewon Child, Aditya Ramesh, Daniel Ziegler, Jeffrey Wu, Clemens Winter, Chris Hesse, Mark Chen, Eric Sigler, Mateusz Litwin, Scott Gray, Benjamin Chess, Jack Clark, Christopher Berner, Sam McCandlish, Alec Radford, Ilya Sutskever, Dario Amodei. Language Models are Few-shot Learners. In Advances in Neural Information Processing Systems

具體來說，在「Zero-shot」情形下，測試輸入中僅使用當前任務的自然語言描述，而在「Few-shot」情形下，測試輸入中除了有自然語言的描述，還有在模型上下文視窗中加入的樣本。GPT-3 可以根據任務描述和樣本示範來回答問題。「One-shot Learning」是少樣本學習中的特例，其僅使用一個樣本示範。

上下文學習

上下文學習（In-context Learning）是一種比較新的自我調整學習技術，指在完成特定任務時，結合任務所處的上下文環境，將相關資訊納入模型，以提高模型的準確性和泛化能力。傳統的機器學習模型通常從一個靜態的資料集中

學習，然後應用到新的資料中。這種模型缺乏對資料的即時理解和適應能力，很難處理一些涉及時間、空間、位置等動態變化的任務。而上下文學習宣導結合任務的上下文環境進行學習，以便更進一步地理解和處理資料。注意，GPT-3 在上下文學習中不更新梯度，而是設計輸入上下文來充分挖掘模型已有的能力，從而提高性能。在 GPT-3 中，上下文學習通常在以下場景中使用：

1. 生成對話。當 GPT-3 被用於生成對話時，上下文學習可以幫助模型根據當前的上下文和對話歷史生成更加準確和流暢的回覆。舉例來說，當模型被要求回答「你最喜歡的食物是什麼？」時，上下文學習可以幫助模型基於之前的回答和對話歷史來生成更好的答案。

2. 文字生成。當 GPT-3 被用於文字生成任務時，上下文學習可以幫助模型根據當前的上下文和任務需求生成更加準確和有邏輯的文字。舉例來說，在替定一些輸入資訊後，模型可以使用上下文學習生成更加準確的摘要或描述。

3. 問答。當 GPT-3 被用於問答任務時，上下文學習可以幫助模型根據當前的問題和上下文生成更加準確和有邏輯的答案。舉例來說，在回答一個開放式問題時，上下文學習可以幫助模型在回答中融入當前的上下文，從而生成更加合理的答案。

提示學習

提示學習（Prompt Learning）是一種自我調整學習技術，用於自然語言處理領域中的預訓練語言模型。它的目標是讓預訓練語言模型能夠透過簡單的提示完成各種任務，而無須進行額外的特定任務的微調。提示學習的基本思想是使用預先定義的提示來指導預訓練語言模型的生成過程。通常這些提示針對的是特定任務的文字部分，可以是問題、關鍵字、主題等。在訓練過程中將這些提示與輸入文字一起給預訓練語言模型，模型可以根據提示生成相應的輸出結果，從而實現特定的任務。在提示學習中，「提示」被視為對模型的指令，它們指導模型在不同的上下文中執行不同的任務。使用提示的好處是，可以使模型更加專注於特定的任務，從而提高模型在這些任務上的性能和效果。此外，提示學習還可以避免在特定任務上進行額外的微調，從而減少了模型的計算負擔和訓練時間。

在 GPT-3 中，提示學習可以讓使用者輸入自訂的提示，從而指定模型要執行的任務和要生成的內容。舉例來說，使用者可以將「Translate from English to Spanish」作為提示，然後輸入一段英文文字，GPT-3 會根據這個提示生成對應的西班牙語。使用者還可以透過輸入不同的提示來控制文字風格、主題等。GPT-3 還可以使用一種名為「Completion Prompt」的提示方式，這種提示方式將任務要求以自然語言的形式呈現給模型，模型再根據提示生成相應的文字結果。在 GPT-3 中，「Completion Prompt」通常由兩部分組成：任務描述和文字範本。「任務描述」描述了模型需要完成的任務，如文字分類、生成、問答等。在「Completion Prompt」中，任務描述通常以自然語言的形式舉出，如「給定以下文字，預測它屬於哪個類別」或「給定以下問題，回答問題」等。「文字範本」則是指用於生成文字結果的範本文字。在「Completion Prompt」中，文字範本通常是一個帶有空缺的句子，模型需要根據任務描述和文字範本生成一個完整的句子。舉例來說，對於文字分類任務，文字範本可以是「在以下文字中，找出與 XXX 相關的句子」，其中 XXX 表示類別標籤。透過使用「Completion Prompt」，GPT-3 可以根據任務要求自動選擇合適的範本和文字部分，以生成符合要求的文字結果。

除了提示學習，研究者們發現還可以使用一種模擬人類思考習慣的學習方式，即「思維鏈提示」（Chain-of-Thought Prompting）[321]。人類在解決數學、邏輯等推理問題時通常要把問題分解為多個中間步驟，在一個一個解決每個問題後得到答案。思維鏈提示的目標就是使語言模型產生一個類似思維鏈的能力。在 Few-shot 場景下，輸入的樣本會包含詳細的推理過程，從而鼓勵模型在輸出的回答中提供連貫的思維鏈，以得到更準確的答案。而在 Zero-shot 情形下，僅在提示中輸入「Let's think step by step」（讓我們一步一步地思考）就能顯著提高模型預測的準確率。在多輪對話的情形下，思維鏈提示不是單獨生成每一輪對話，而是將每一輪對話當作一個環節，將它們組成一個連續的鏈條。這樣做的好處是，它可以避免生成無意義或不連貫的對話，同時還可以保持對話的連貫性和一致性。思維鏈提示的實現方法通常是將上一輪的回答作為下一輪的輸入，並使用自然語言模型生成下一輪的回答。在生成下一輪回答時，模型會考慮到上一輪的回答和任務描述，以保持對話的一致性和連貫性。

如圖 8-13 所示，標準提示（Standard Prompting）和思維鏈提示（Chain-of-Thought Prompting）對比，在思維鏈提示下，模型會在回答問題時舉出推理過程及答案，進一步利用大型模型的推理能力。

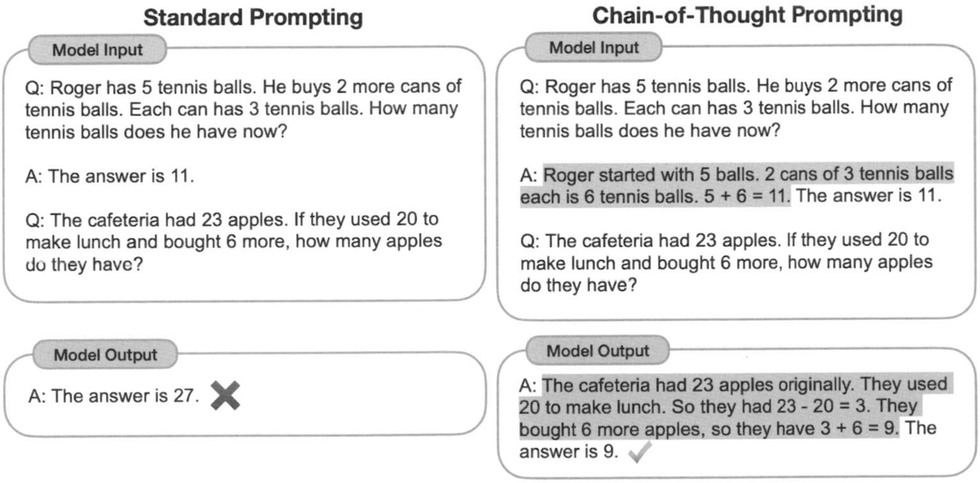

Standard Prompting

Model Input

Q: Roger has 5 tennis balls. He buys 2 more cans of tennis balls. Each can has 3 tennis balls. How many tennis balls does he have now?

A: The answer is 11.

Q: The cafeteria had 23 apples. If they used 20 to make lunch and bought 6 more, how many apples do they have?

Model Output

A: The answer is 27. 

Chain-of-Thought Prompting

Model Input

Q: Roger has 5 tennis balls. He buys 2 more cans of tennis balls. Each can has 3 tennis balls. How many tennis balls does he have now?

A: Roger started with 5 balls. 2 cans of 3 tennis balls each is 6 tennis balls. 5 + 6 = 11. The answer is 11.

Q: The cafeteria had 23 apples. If they used 20 to make lunch and bought 6 more, how many apples do they have?

Model Output

A: The cafeteria had 23 apples originally. They used 20 to make lunch. So they had 23 - 20 = 3. They bought 6 more apples, so they have 3 + 6 = 9. The answer is 9. ✓

▲ 圖 8-13　標準提示和思維鏈提示對比

湧現能力

在自然語言處理領域中，湧現能力（Emergent Ability）是指在訓練模型時，模型可以自主地學習到新的任務或功能。換句話說，湧現能力是指模型具有自學習的能力，可以在沒有額外訓練資料的情況下，自主地實現新的任務或功能。湧現能力的實現基於模型的泛化能力和模型的表示能力。模型的泛化能力指的是模型在訓練集和測試集之間的性能表現。模型的表示能力指的是模型可以在訓練集中學習到的語言表示和結構。如果模型具有足夠的泛化能力和表示能力，那麼它就能夠在新的任務或功能出現時，自主地學習到這些任務或功能，而無須重新訓練模型。

從 GPT-1、GPT-2、GPT-3 的發展歷程可以發現，隨著模型規模的增大，GPT 在極少甚至沒有提示的情況下解決新問題的能力在逐漸提升。Wei 等人 [322]

發現，隨著規模的增大，模型會出現湧現能力，即小模型沒有而大型模型有的能力。舉例來說，當模型沒有達到一定規模前，其在 Few-shot 情形下的回答隨機性較大，而當模型規模突破了臨界點後，其 Few-shot 能力會大幅提升。如圖 8-14 所示，展示了 8 個不同模型在「Few-shot」場景中展現出湧現能力的範例，可以看出在模型達到一定規模之前的表現和隨機模型一樣，但是到了一定規模之後，模型的表現顯著提高並遠遠高於隨機結果。

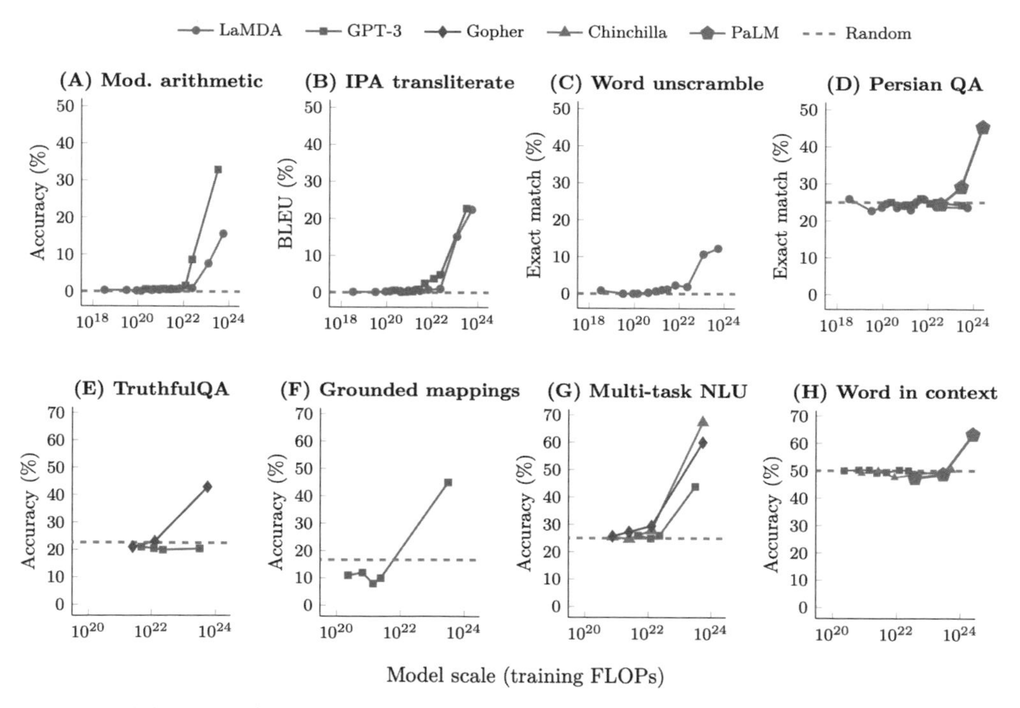

▲ 圖 8-14 8 個不同模型在「Few-shot」場景中展現出湧現能力的範例

來 源：Jason Wei, Yi Tay, Rishi Bommasani, Colin Raffel, Barret Zoph, Sebastian Borgeaud, Dani Yogatama, Maarten Bosma, Denny Zhou, Donald Metzler, Ed H. Chi, Tatsunori Hashimoto, Oriol Vinyals, Percy Liang, Jeff Dean, William Fedus. Emergent Abilities of Large Language Models. arXiv preprint arXiv:2206.07682

在 BIG-Bench 上，GPT-3 和 LaMDA 在未達到臨界點時，模型的表現都接近於零。而當 GPT-3 的規模突破 10^{22} 訓練效率，LaMDA 的規模突破 10^{23} 訓練效率時，模型的表現開始快速上升。這些結果說明，必須要有一定規模的模型才能讓機器擁有智慧。

下面介紹 GPT-3 的模型參數和訓練參數。GPT-3 有 96 個注意力層，並且每層有 96 個注意力頭。詞嵌入的維度從「1600」提升為「12888」，上下文視窗為 2048 個詞長。此外，GPT-3 還使用了稀疏注意力模組，降低了計算複雜度，僅關注相對距離不超過 k 和相對距離為 $2k$、$3k$ 等的字元。稀疏注意力有局部緊密相關和遠端稀疏相關的特性，對距離較近的上下文關注多，對距離較遠的上下文關注少。除此之外，與 GPT-2 基本相同。GPT-3 的訓練資料集為 5 個不同的資料庫，每個資料庫都有特定的權重，高品質的資料庫採樣量大，模型會被訓練更多的「epoch」。這些資料庫為 Common Crawl、WebText2、Books1、Books2 和 Wikipedia。整體資料量為 GPT-2 的 10 倍以上。

實驗結果表明，不論是「Zero-shot」還是「Few-shot」，GPT-3 在多個任務中的表現比原來的 SOTA 更好。對於部分資料庫上的任務，雖然 GPT-3 不能打敗 SOTA，但是比 Zero-shot 的 SOTA 表現得更好。在絕大多數情況下，在 Few-shot 情形下 GPT-3 的表現比在 One-shot 情形下表現得更好。但 GPT-3 仍有其局限性和可能的不良影響。雖然 GPT-3 可以生成高品質文字，但是當生成長句子時，它會出現前後矛盾或重複的情況。GPT-3 在自然語言推斷中的表現不好，無法確定某個句子是否提示了其他敘述。此外，因為在訓練時所有詞被同等看待，所以對於一些無意義的詞或虛詞也要花很多計算量去計算，無法根據任務特點或目標導向處理字元。另一方面，由於 GPT-3 過於龐大、推斷耗費較大，並且難以解釋其機制，我們並不清楚 GPT-3 是在「記憶」還是在「學習」。對於少樣本學習，我們並不清楚什麼樣的範例和提示會起作用。最後一點，GPT-3 可以生成以假亂真的新聞稿，這就表示 GPT-3 存在傳遞錯誤資訊和不實訊息，並用於作假、生成有偏見的文字的風險。

8.2.4 InstructGPT 和 ChatGPT

雖然 GPT-3 在各大自然語言處理任務，以及文字生成的任務中令人驚豔，但是它還是會生成一些帶有偏見的、不真實的、有害的、可能造成負面社會影響的資訊。由於預訓練模型是超大參數量級的模型在巨量資料上訓練出來的，與完全由人工控制的專家系統相比，預訓練模型就像一個黑盒子。沒有人能夠保證預訓練模型不會生成一些包含種族歧視、性別歧視等的危險內容，因為在幾十 GB 甚至幾十 TB 的訓練資料裡很可能會包含類似的訓練樣本。此外，GPT-3 並不能按人類喜歡的表達方式去做出回應，我們希望模型的輸出可以與人類真實意圖「對齊」（Alignment），也就是說讓語言模型的生成結果和人類意圖相匹配。這也是創造 InstructGPT 的初衷，InstructGPT 的作者對其設置的最佳化目標可以概括為「3H」：Helpful（有用的）、Honest（可信的）和 Harmless（無害的）。

為了實現 3H，InstructGPT[323] 在 GPT-3 的基礎上進行微調，其訓練方式可以分為 3 個步驟：1. 有監督微調；2. 獎勵模型訓練；3. 強化學習訓練。ChatGPT 就是採用的和 InstructGPT 一樣的技術方案開發出來的。如圖 8-15 所示，在 InstructGPT 流程示意圖中，第一步是有監督微調 GPT-3（左）；第二步是訓練一個獎勵模型（中）；第三步是使用強化學習對獎勵模型進行策略最佳化訓練。

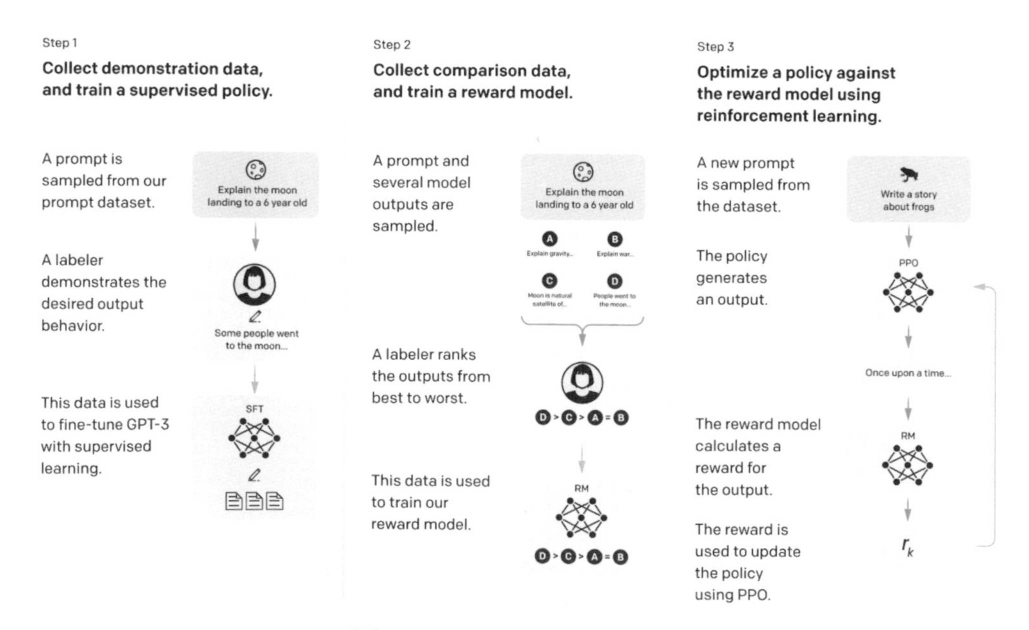

▲ 圖 8-15 InstructGPT 流程示意圖

來源：Long Ouyang, Jeffrey Wu, Xu Jiang, Diogo Almeida, Carroll Wainwright, Pamela Mishkin, Chong Zhang, Sandhini Agarwal, Katarina Slama, Alex Ray, John Schulman, Jacob Hilton, Fraser Kelton, Luke Miller, Maddie Simens, Amanda Askell, Peter Welinder, Paul F. Christiano, Jan Leike, Ryan Lowe. Training Language Models to Follow Instructions with Human Feedback. In Advances in Neural Information Processing Systems

實際上我們可以將其拆分成兩種技術方案，一種是有監督微調（SFT）；另一種是基於人類回饋的強化學習（RLHF），包含訓練獎勵模型並進行強化學習訓練。下面我們將介紹這兩種技術方案。

舉例來說，在 Few-shot 設置中，GPT-3 對和一個下游任務，通常採用固定的任務描述方式，但這與真實場景下使用者的使用方式存在較大的差別。一般來說使用者在使用 GPT-3 時不會採用某種固定的任務表述，而是根據自己的說話習慣去表達某個需求。InstructGPT 進行的有監督微調訓練就是為了讓模型能夠理解真實使用者的各種需求。在訓練過程中，首先從使用者的真實請求中採樣下游任務的描述，然後標注人員對任務描述進行續寫，從而得到對問題的高品質回答，最後使用真實任務和真實回答對模型進行微調。

基於人類回饋的強化學習，簡單來說就是對 GPT 生成的內容進行評分，符合標準的回答給予較多的回報，鼓勵模型生成這種回答，對不符合標準的回答給予較少的回報，抑制模型生成這種回答。給予人工評分的強化學習效率低、消耗資源大，其替代方案是訓練一個獎勵模型來模擬人類評分。具體方法就是，對同一個問題讓模型生成一些文章，請評分人員對這些文章根據內容好壞進行排序，然後訓練獎勵模型模擬人類的評價結果。訓練的目標函式就是簡單回歸任務的目標函式，但是為了能夠調配 GPT 生成文字的多樣性和複雜性，獎勵模型一般會採用並生成與模型體量一致的模型。訓練完成後，就可以用獎勵模型代替人工對 GPT 進行強化學習訓練了。具體來說，使用 GPT 生成一篇文章，然後使用獎勵模型對其摘要進行評分，然後使用評分值，並借助 PPO（Proximal Policy Optimization）演算法最佳化 GPT。最佳化目標為

$$E_{(x,y)\sim\pi_{\Phi}^{\mathrm{RL}}}\left[r_{\theta}(x,y)-\beta\log\frac{\pi_{\phi}^{\mathrm{RL}}(y|x)}{\pi_{\Phi}^{\mathrm{SFT}}(y|x)}\right]+\lambda\mathrm{E}_{x\sim\pi_{\mathrm{pretrain}}}\log\pi_{\Phi}^{\mathrm{RL}}$$

其中，第一項為 PPO 的最佳化目標，$r_{\theta}(x,y)$ 是訓練好的獎勵模型，$\pi_{\Phi}^{\mathrm{RL}}(y|x)$ 是強化學習模型，Φ 是需要最佳化的模型參數。模型輸出答案的獎勵越大，就越符合人類的喜好。最大化第一項就是讓模型盡可能滿足人類偏好。但是隨著模型的更新，強化學習模型產生的資料和訓練獎勵模型的資料的差異會越來越大。為確保 PPO 模型的輸出和有監督微調的輸出差距不會過大，該方法中加入了 KL 散度懲罰項 $\beta\log\frac{\pi_{\Phi}^{\mathrm{RL}}(y|x)}{\pi_{\Phi}^{\mathrm{SFT}}(y|x)}$，其中 β 是超參數，$\pi_{\phi}^{SFT}(y|x)$ 是由有監

督微調訓練得到的模型。第二項是為了降低對其他任務的影響。只用 PPO 模型進行訓練的話，會導致模型在通用自然語言處理任務上性能的大幅下降。所以為了避免下游任務的表現出現較大程度的下滑，加入了損失函式 $\lambda E_{x\sim\pi_{pretrain}} log\pi_{\phi}^{RL}$ 使模型和預訓練資料的分佈對齊，其中 λ 是調節強度的超參數，π_{pretrain} 是訓練前資料的分佈。如圖 8-16 所示，InstructGPT 模型（PPO-ptx）及沒有預訓練混合的其他變形（PPO）明顯優於 GPT-3 基準線模型（GPT、GPT（prompted））。

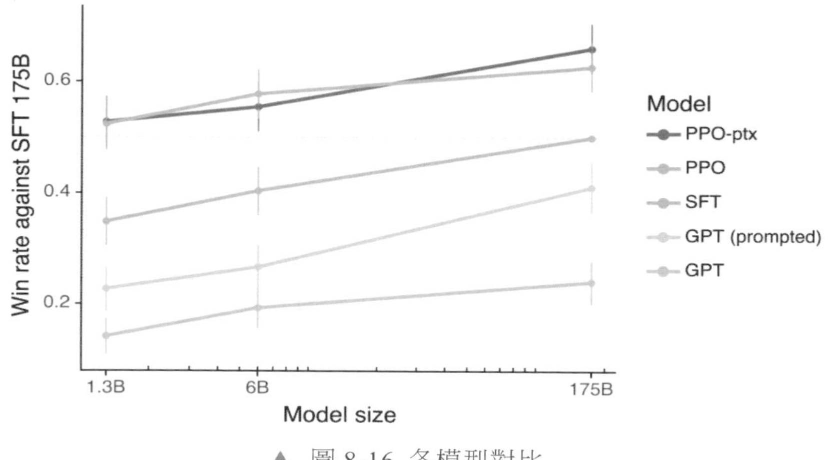

▲ 圖 8-16 各模型對比

來源：Long Ouyang, Jeffrey Wu, Xu Jiang, Diogo Almeida, Carroll Wainwright, Pamela Mishkin, Chong Zhang, Sandhini Agarwal, Katarina Slama, Alex Ray, John Schulman, Jacob Hilton, Fraser Kelton, Luke Miller, Maddie Simens, Amanda Askell, Peter Welinder, Paul F. Christiano, Jan Leike, Ryan Lowe. Training Language Models to Follow Instructions with Human Feedback. In Advances in Neural Information Processing Systems

實驗結果表明，標注人員明顯感覺 InstructGPT 的輸出比 GPT-3 的輸出更好，1.3B 的 InstructGPT 就能帶來比 175B 的 SFT 更好的體驗。此外，InstructGPT 在真實性、豐富度上表現得更好，並且對有害結果的生成控制得更好。這種提升是自然的結果，因為人工續寫微調，以及強化學習訓練會促使模型生成真實的樣本，避免有害樣本。但是 InstructGPT 對於「偏見」沒有明顯改善，有時會舉出荒謬的輸出，這可能是受限於糾正資料的數量。此外，即使是最佳化了損失函式，InstructGPT 仍會降低模型在通用自然語言處理任務上的效果。

8.2.5 Visual ChatGPT

前面所說的 GPT 技術都是應用於自然語言場景中的，在實際的生產、生活中還需要多模態的輸入、輸出形式來滿足不同需求。Visual ChatGPT 是一種結合了 ChatGPT 和視覺基礎模型（Visual Foundation Model，VFM）的多模態問答系統。視覺基礎模型一詞通常用於描述電腦視覺中使用的一組基本演算法，包括 Stable Diffusion、BLIP、ControlNet 等。這些演算法用於將標準的電腦視覺技能轉移到人工智慧應用程式中，並作為更複雜模型的基礎。Visual ChatGPT 將一系列視覺基礎模型連線 ChatGPT，讓使用者能夠與 ChatGPT 以文字和影像的形式互動，並且提供複雜的視覺指令，讓多個模型協作工作。也就是說，它不僅可以像 ChatGPT 那樣實現語言問答，還可以根據輸入的圖片實現視覺問答（VQA）、生成和修改圖片、去掉圖片中不需要的內容，等等。此外，Visual ChatGPT 可以理解使用者的指令（如搜尋、查詢），並且具有修改和改進輸出的反饋回路，可根據回饋進行調整和提高。

圖 8-17 是一個使用 Visual ChatGPT[325] 的實例，使用者上傳了一張黃色花朵的圖片，並輸入了一個複雜的語言指令：「請基於預測深度生成一朵紅色的花，然後讓它像卡通畫一樣。請一步一步地完成」。在 Prompt Manager 的幫助下，Visual ChatGPT 啟動了相關的視覺基礎模型的執行鏈。在這種情況下，首先應用深度估計模型來檢測深度資訊，然後利用深度到影像（Depth-to-Image）的模型生成帶有深度資訊的紅花影像，最後利用基於 Stable Diffusion 風格轉換的視覺基礎模型，將此影像的風格轉為卡通風格。在上述管道中，Prompt Manager 作為 ChatGPT 的排程器，提供了視覺格式的類型，以及記錄了資訊轉換的過程。最後，當 Visual ChatGPT 從 Prompt Manager 獲得「卡通」的提示時，它將結束執行管道並顯示最終結果。

為了在 ChatGPT 和視覺基礎模型之間建立一個高效的連接，團隊設計了一系列「提示」，並將視覺資訊「注入」ChatGPT。一種新型的 Prompt Manager 指定了每個視覺基礎模型的能力，以及輸入、輸出格式，並將不同的視覺資訊轉為語言格式，以便 ChatGPT 能夠理解和處理。此外它還可以處理不同視覺基礎模型之間的歷史記錄、優先順序和衝突。Visual ChatGPT 利用這個視覺基礎模型集合的回饋，迭代地建構其視覺理解和生成能力。圖 8-18 為 Visual ChatGPT 的系統架構。

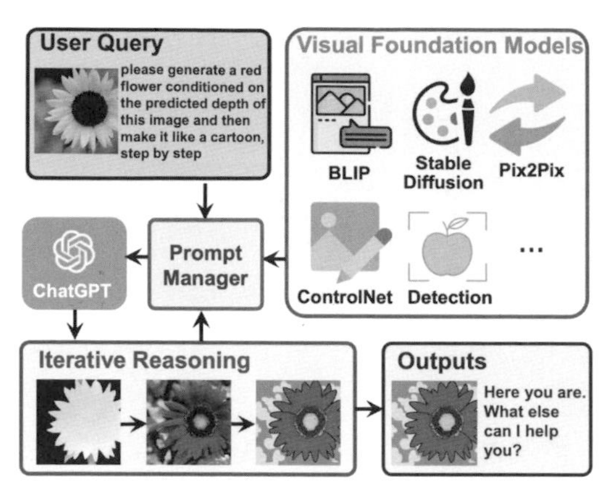

▲ 圖 8-17 Visual ChatGPT 使用實例

來源：Chenfei Wu, Shengming Yin, Weizhen Qi, Xiaodong Wang, Zecheng Tang, Nan Duan. Visual ChatGPT: Talking, Drawing and Editing with Visual Foundation Models. arXiv preprint arXiv:2303.04671

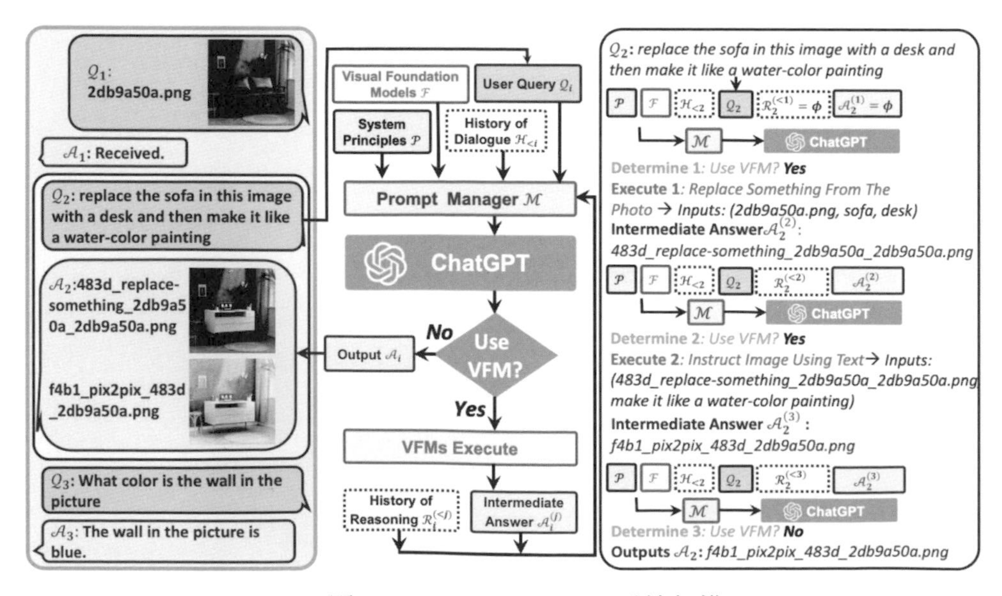

▲ 圖 8-18 Visual ChatGPT 系統架構

來源：Chenfei Wu, Shengming Yin, Weizhen Qi, Xiaodong Wang, Zecheng Tang, Nan Duan. Visual ChatGPT: Talking, Drawing and Editing with Visual Foundation Models. arXiv preprint arXiv:2303.04671

Visual ChatGPT 的系統架構由使用者查詢（User Query）模組、提示管理（Prompt Manager）模組、視覺基礎模型（VFM）、呼叫 ChatGPT API 系統和迭代互動（Iterative Reasoning）模組、輸出（Outputs）模組組成。其中 ChatGPT 和 Prompt Manager（圖 8-18 中為 M）負責意圖辨識和語言理解，並決定後續的操作和產出。以圖 8-18 中的 3 輪對話過程為例：

1. Visual ChatGPT 接收使用者的影像。當使用者輸入一張圖片 Q_1 時，模型回答收到 A_1。

2. Visual ChatGPT 根據使用者的文字修改影像，併發送給使用者。（1）Q_2 包含「沙發改為桌子」和「把畫風改為水彩畫」兩個要求，Prompt Manager+ChatGPT 辨識出需要呼叫 VFM；（2）Prompt Manager+ChatGPT 共同協作辨識出第一個意圖是替換圖片內容，因此系統呼叫「replace-something」功能，生成了符合第一個意圖的影像即「Intermediate Answer」；（3）Prompt Manager+ChatGPT 辨識出第二個意圖是根據語言修改影像，因此系統呼叫「pix2pix」功能，對上一個影像操作，生成符合第二個意圖的影像；（4）Prompt Manager+ ChatGPT 辨識到任務已完成，不再需要呼叫 VFM，並輸出生成的兩張影像。

3. Visual ChatGPT 辨識影像：使用者提出 Q_3，Prompt Manager+ChatGPT 發現不需要 VFM，而是呼叫 VQA 功能，回答問題得到答案 A_3。

可以看到，整個生成過程主要是由 Prompt Manager 與 ChatGPT 控制的。此外，Visual ChatGPT 生成最終答案要經歷一個不斷迭代的過程，它會不斷自我詢問，自動呼叫更多的 VFM。而當使用者指令不夠清晰時，Visual ChatGPT 會詢問其能否提供更多細節，避免機器自行揣測甚至篡改人類意圖。

8.3 基於 GPT 及大型模型的擴散模型

本節將結合 GPT 及大型模型來對擴散模型未來的研究方向進行簡要闡釋，主要從模型的演算法研究和應用範式兩方面進行分析。

8.3.1 演算法研究

從模型的演算法研究上來看，擴散模型與 GPT 及大型模型一樣都是生成式預訓練，關於擴散模型可能的研究方向有以下幾個：

1. 當訓練資料量和模型參數量不斷上漲時，GPT 及大型模型的變現會呈現出上漲的趨勢，並在達到某一個點時發生突變，也就是擁有「湧現能力」。擴散模型是否擁有同樣的上漲趨勢，以及是否會有湧現能力是值得探索的，但是由於擴散模型的訓練是非常消耗資源的，所以增大型模型參數訓練的最佳化問題也需要考慮進來。

2. ChatGPT 等應用擁有卓越性能的一大原因是，在其模型訓練過程中加入了基於人類回饋的強化學習進行微調，這能夠大大提升微調的效果。因此在擴散模型中加入基於人類標注得到的「Reward Model」，並進行強化學習微調也是值得嘗試的，況且引入人類回饋還能大大提升擴散模型在「Human Evaluation」中的表現。

3. LLaMA[326] 等大型模型開放原始碼後，很多研究者探索了基於大型模型進行高效微調的方法，即不微調大型模型本身，僅透過構造相關指令集和擁有少量參數的 adaptor 的方式挖掘大型模型儲存的知識。因此，如何高效微調 Stable Diffusion 等來適應新的任務（如 ControlNet）是值得進一步研究的。

8.3.2 應用範式

從模型的應用上來說，GPT 及大型模型已經能夠廣泛用於各種任務了，但擴散模型的應用範式還有待探索：

1. 目前大部分擴散模型在生成任務中表現出色，能夠生成逼真的、符合輸入提示語義的樣本。但是，很少有研究探索擴散模型在認知推理或少樣本泛化等任務中的應用的。因此，將擴散模型推廣到更多的應用範式，進一步向 GPT 及大型模型的應用領域探索，對於發揮擴散模型的潛能是至關重要的。

2. 在 Visual ChatGPT 中，擴散模型被當成視覺基礎模型使用，但是對於多模態智慧問答任務，自然語言和多模態特徵也很重要。因此，如何開發出語言擴散大型模型，甚至多模態擴散大型模型來為多模態應用服務是值得進一步探索的。不同模態的擴散大型模型如何與現有基於 LLM 的大型模型形成協作作用也是值得研究的。

附錄 A 相關資料說明

在撰寫本書時，作者參考了大量的專業文獻，並諮詢了相關領域的權威人士，以確保本書的準確性和權威性。這些文獻和專家提供了豐富的資訊和見解，對於本書的撰寫有著至關重要的作用。

為了方便讀者更進一步地了解本書，作者提供了詳細的資料，說明了相關專家的姓名和機構，以展示這些資料對於本書研究的重要性和影響。我們相信，透過這些文獻和專家建議，本書的內容和觀點將更加深入和全面。

最後，我們再次感謝這些領域專家和文獻作者，他們的研究成果不僅為本書提供了豐富的內容，也為相關領域的研究和發展做出了重要的貢獻。在此，我們要向所有為本書提供幫助和支持的專家、作者表達衷心感謝。

本書相關資料請登入官網獲取。